Klaus Weinert

Trockenbearbeitung und Minimalmengenkühlschmierung

Springer
Berlin
Heidelberg
New York
Barcelona
Budapest
Hongkong
London
Mailand
Paris
Singapur
Tokio

Klaus Weinert

Trockenbearbeitung und Minimalmengenkühlschmierung

Einsatz in der spanenden Fertigungstechnik

Mit 138 Abbildungen

Springer

Professor Dr. -Ing. Dr. h. c. Klaus Weinert
Universität Dortmund
ISF Institut für Spanende Fertigung
Baroper Straße 301
44227 Dortmund

ISBN 3-540-64793-7 Springer-Verlag Berlin Heidelberg New York

Die deutsche Bibliothek - CIP-Einheitsaufnahme

Weinert, Klaus:
Trockenbearbeitung und Minimalmengenkühlschmierung : Einsatz in der spanenden Fertigungstechnik / Klaus Weinert. - Berlin ; Heidelberg ; New York ; Barcelona ; Hongkong ; London ; Mailand ; Paris ; Singapur ; Tokio : Springer, 1998
(VDI Buch)
ISBN 3-540-64739-7

Satz: Reproduktionsfertige Vorlage des Autors
Umschlaggestaltung: Struve & Partner, Heidelberg

SPIN: 10676510 68/3020 - 5 4 3 2 1 0 - Gedruckt auf säurefreiem Papier

Vorwort

Mit der Verwendung von Kühlschmierstoff als Hilfsstoff in der spanenden Fertigung sind Kosten und Probleme zur Vermeidung von Gesundheitsschädigungen und Umweltbelastungen verbunden. Gründe genug, sich mit Fragen über den Einsatz von Kühlschmierstoff und mit Möglichkeiten zu seiner Reduzierung auseinanderzusetzen.

Allerdings übernimmt der Kühlschmierstoff wichtige Aufgaben bei der Zerspanung und unterstützt so leistungsfähige und sichere Prozesse. Ein einfacher Verzicht würde entsprechende Einbußen mit sich bringen. Der Weg zu einer Trockenbearbeitung führt nur über eine umfassende Analyse und eine darauf aufbauende sorgfältige Abstimmung aller am Zerspanungsprozeß beteiligten Komponenten.

Die allgemeine Bedeutung des Problemfeldes „Reduzierung von Kühlschmierstoffen" führte in den letzten Jahren zu vielfältigen Aktivitäten in Wissenschaft und Praxis. So entstand 1994 das Projekt „Trockenbearbeitung prismatischer Teile". Es wurde in der Folge für eine Laufzeit von drei Jahren mit Mitteln des Bundesministeriums für Bildung, Wissenschaft, Forschung und Technologie (BMBF) gefördert. Dieses Projekt basierte auf der Kooperation zwischen industriellen Anwendern, Werkzeug-/Maschinenherstellern und Hochschulen. Die administrative Betreuung oblag dem Forschungszentrum Karlsruhe, Projektträger für Fertigungstechnik und Qualitätssicherung des BMBF (PFT). Im Vordergrund dieses Vorhabens stand die praktische Umsetzung. Es konnten für bestimmte Bearbeitungsverfahren praxisfähige Lösungen zur Trockenbearbeitung entwickelt und bis zur Serienreife geführt werden. Darüber hinaus wurden grundlegende Erkenntnisse über die komplexen Zusammenhänge des tribologischen Systems „Zerspanung" erarbeitet.

Nach dem derzeitigen Stand der Technik ist es aber auch unstrittig, daß ein vollständiger Verzicht auf Kühlschmierstoffe für viele Zerspanungsprozesse nicht möglich ist. Als Kompromiß bietet sich häufig die Minimalmengenkühlschmierung an.

Das allgemein hohe Interesse und viele Nachfragen zur „Trockenbearbeitung und Minimalmengenkühlschmierung" waren der Grund, dieses Buch zu erstellen. Es beschränkt sich allerdings auf die wesentlichen spanenden Verfahren mit geometrisch bestimmter Schneide und erhebt nicht den Anspruch, ein umfassendes Lehrbuch zu sein. Vielmehr zielt es darauf ab, dem Fertigungsingenieur Hinweise für den Umgang mit diesem Thema zu vermitteln.

Zunächst werden die tribologischen Aspekte beim Zerspanen behandelt, um Aufschluß über Reibungs- und Verschleißvorgänge und die dabei ablaufenden

Mechanismen zu geben. Ein Abschnitt beschäftigt sich ausführlich mit verschiedenen Konzepten der Kühlschmierstoffversorgung. Unumgänglich dabei ist eine Abhandlung über den Kühlschmierstoff an sich. Der Hauptteil des Buches setzt sich mit verschiedenen Fertigungsverfahren auseinander und stellt die jeweiligen spezifischen Belange dar. Anhand konkreter Beispiele und Ergebnisse von Untersuchungen werden Möglichkeiten und Grenzen der Trockenbearbeitung und des Einsatzes der Minimalmengenkühlschmierung aufgezeigt. Ein weiterer Abschnitt geht auf Anforderungen an Maschine und Umfeld ein, die sich aus einem Verzicht der konventionellen Kühlschmierstoffversorgung ergeben, wobei eine Vorstellung realisierter Anlagen ebenfalls erfolgt. Schließlich werden Gesichtspunkte zu einer wirtschaftlichen Bewertung unterschiedlicher Kühlschmierstoffkonzepte diskutiert.

Für die Mitarbeit bei der Erstellung dieses Buches gilt mein besonderer Dank den Herren Dr.-Ing. D. Biermann, Dipl.-Ing. Th. Bruchhaus, Dipl.-Ing. M. Buschka, Dipl.-Ing. M. Finke, Dipl.-Ing. J. Jasper, Dipl.-Ing. G. Johlen, Dipl.-Ing. H. Löbbe, Dipl.-Ing. D. Opalla, Dipl.-Ing. M. Schneider, Dipl.-Ing. M. Schroer, Dipl.-Ing. K. Schulte und Dipl.-Ing. D. Thamke. Weiterhin danke ich auch Frau Sirena Alvarez für die Mitwirkung bei der Erstellung des Manuskriptes.

Dortmund, im Juni 1998 *Klaus Weinert*

Inhaltsverzeichnis

Abkürzungen und Formelzeichen

Abkürzungen

BAZ	Bearbeitungszentrum
BG	Berufsgenossenschaft
BIA	Berufsgenossenschaftliches Institut für Arbeitssicherheit
BTA	Boring and Trepanning Association
CBN	Kubisches Bornitrid
ChemG	Chemikaliengesetz
CNC	Computerized Numerical Control
CVD	Chemical Vapour Deposition
DIN	Deutsches Institut für Normung e.V.
DL	Druckluftzufuhr
DLC	Diamond Like Carbon
EP	Extreme Pressure
ESR	Einschneiden-Reibahle
FEM	Finite-Elemente-Methode
FK	Feine Korngröße
GefStoffV	Gefahrstoffverordnung
GK	Grobe Korngröße
HM	Hartmetall
HP	High Purity
HRC	Härte nach Rockwell
HSC	High Speed Cutting
HSK	Hohlschaftkegel
HSS	Hochleistungsschnellarbeitsstahl
HSS-E	Hochlegierter Hochleistungsschnellarbeitsstahl
HV	Härte nach Vickers
ISO	International Organization for Standardization
IT	ISO-Toleranz

KSS	Kühlschmierstoff
MAK	Maximale Arbeitsplatzkonzentration
MK	Mittlere Korngröße
MKS	Mindermengenkühlschmierung
MMKS	Minimalmengenkühlschmierung
MSR	Mehrschneiden-Reibahle
NC	Numerical Control
PCBN	Polykristallines kubisches Bornitrid
PKD	Polykristalliner Diamant
PVD	Physical Vapour Deposition
SPS	Speicherprogrammierbare Steuerung
TA	Technische Anleitung
TRgA	Technische Regel für gefährliche Arbeitsstoffe
TRGS	Technische Regel für Gefahrstoffe
TRK	Technische Richtkonzentration
VHM	Voll-Hartmetall
VHMS	Voll-Hartmetall-Schneide
WBH	Wärmebehandlung
WGK	Wassergefährdungsklasse
WHG	Wasserhaushaltsgesetz
Wst	Werkstück
WSP	Wendeschneidplatte
Wz	Werkzeug

Formelzeichen

a_e	mm	Arbeitseingriff
a_p	mm	Schnittiefe
b	mm	Kontaktzonenbreite
b	mm	Abstand Thermoelement-Bohrungsoberfläche
c_p	kJ/(kg K)	spezifische Wärmekapazität
d	mm	Werkzeugdurchmesser
D	mm	Bohrungsdurchmesser
f	mm	Vorschub
f	-	Reibungszahl
f_z	mm	Vorschub pro Zahn/Schneide
F	N	Kraft
F_c	N	Schnittkraft
F_f	N	Vorschubkraft
F_n	N	Normalkraft
F_p	N	Passivkraft
R	-	Faktor für die Reduzierung des KSS-Einsatzes
F_t	N	Tangentialkraft
KB	mm	Kolkbreite
KL	mm	Kolklippenbreite
KT	mm	Kolktiefe
l	mm	Bohrtiefe
l	mm	Länge
L_f	m	Bohrweg
M	-	Verhältnis Schmierstoff - zerspantes Material
M_b	Nm	Bohrmoment
n	min^{-1}	Drehzahl
p	bar	Druck
p_B	bar	Betriebsdruck
P	kW	Leistung

Q_W	m^3/h	Zeitspanvolumen
r	kJ/kg	Verdampfungsenthalpie
r_ε	mm	Eckenradius
R_z	µm	gemittelte Rauhtiefe
$SV\alpha$	µm	Schneidkantenversatz der Spanfläche
$SV\gamma$	µm	Schneidkantenversatz der Freifläche
t	s	Zeit
t_c	s	Schnittzeit
t_h	s	Hauptzeit
t_{mess}	s	Meßzeit
t_n	s	Nebenzeit
T	°C	Temperatur
T_K	µm	Rundheitsabweichung
$T_{Schneide}$	°C	Schneidentemperatur
$T_{Werkstück}$	°C	Werkstücktemperatur
v_c	m/min	Schnittgeschwindigkeit
v_f	mm/min	Vorschubgeschwindigkeit
v_R	m/min	Reibgeschwindigkeit
v_w	mm/s	Werkstückgeschwindigkeit
VB	mm	Verschleißmarkenbreite
VB_{Ecke}	mm	Verschleißmarkenbreite an der Schneidenecke
$\dot{V}$	l/min	Volumenstrom
$\dot{V}_{abs}$	m^3/h	Absaugvolumenstrom
$\dot{V}_D$	l/min	Nachverdichter-Volumenstrom
$\dot{V}_{erfaßbar}$	m^3/Jahr	erfaßbarer KSS-Verlust
$\dot{V}_{fehl}$	m^3/Jahr	nicht erfaßbarer KSS-Verlust
$\dot{V}_{nachsetzen}$	m^3/Jahr	KSS-Nachsetzmenge zum Ausgleichen der KSS-Verluste
z	-	Anzahl der Schneiden
-	°dGH	deutsche Gesamthärte

α_0	°	Freiwinkel
χ_r	°	Einstellwinkel
γ_0	°	Spanwinkel
η	-	Nutzungsgrad
ν	mm^2/s	kinematische Viskosität
Δd	µm	Durchmesserabweichung (Welle)
ΔD	µm	Durchmesserabweichung (Bohrung)
ρ	g/cm^3	Dichte
σ	N/mm^2	Normalspannung
τ	N/mm^2	Schubspannung

1 Einleitung

Die Weiterentwicklung, Optimierung und Steigerung der Leistungsfähigkeit von produktionstechnischen Verfahren ist ein wichtiger Faktor zum Erhalt und zur Verbesserung der Wettbewerbsfähigkeit von Unternehmen. Nicht nur zur Sicherung der Marktposition im nationalen, sondern auch zum Bestehen im internationalen Wettbewerb ist es erforderlich, daß die Entwicklung und Fertigung von Gütern kostengünstig und mit hoher Qualität erfolgt. Es reicht nicht aus, die Effizienz einzelner Fertigungsverfahren zu steigern – vielmehr ist es notwendig, die gesamte Prozeßkette zu optimieren. Die Wettbewerbssituation auch in der Einzelteil- und Kleinserienfertigung macht es notwendig, Kostensenkungspotentiale zu nutzen. In ausgeführten Produktionsystemen erfolgt die eigentliche Wertschöpfung am Produkt während der Hauptnutzungszeiten; also dann, wenn Werkzeuge aktiv im Einsatz sind. Nur in diesen Phasen finden der Zielsetzung dienende Veränderungen am Produkt statt. Diese Phasen sind ausschließlich technologisch orientiert und setzen für ihre Gestaltung fertigungstechnisches Wissen voraus. Zu ihrer Durchführung sind notwendigerweise Nebentätigkeiten – z. B. Informations-, Werkstück- und Werkzeugbereitstellung erforderlich. Ferner ist u. a. Aufwand für die Betriebsmittelbereitschaft zu leisten. Eine effiziente Hauptnutzung bei gleichzeitiger Minimierung des Aufwandes für die Nebentätigkeiten ist anzustreben.

Das Ausschöpfen von Rationalisierungspotentialen in der Fertigung verlangt kontinuierliche Verbesserungsmaßnahmen. Diese können allerdings nur über das Verstehen der an der Produkterzeugung beteiligten Prozesse hergeleitet werden. Prozeßergebnisse liefern normalerweise keine Ansatzpunkte für verbessernde Maßnahmen. Erst eine prozeßorientierte Analyse ermöglicht die Bewertung für das Zustandekommen eines Ergebnisses, nicht das Ergebnis selbst.

1.1 Zerspanprozeß

Das Ziel eines Fertigungsprozesses besteht in dem wirtschaftlichen Herstellen des Produktes unter Einhaltung der vorgegebenen Qualitätsmerkmale unter Vermeidung von Umweltbelastungen. In dem Strukturdiagramm (Abb. 1.1) kennzeichnet das Ergebnis die Zielfunktion. Sie stellt die Ausgangsgröße des Prozesses dar. Auf den Zerspanprozeß wirken als Eingangsgrößen das Verhalten von Maschine, Werkzeug und Werkstück sowie die Eigenschaften des Prozeßhilfsstoffes. Sie sind über die Stellgrößen miteinander gekoppelt. Der Prozeß wird mit Kenngrößen wie Kräften, Schwingungen, Temperaturen usw. beschrieben. Das Verhalten der Eingangsgrößen und auftretende Störeinflüsse führen zu orts- und zeitabhängigen Änderungen der Prozeßkenngrößen mit entsprechenden Auswirkungen auf die Zielfunkfunktion.

Die Maschine erzeugt die notwendigen Wirkbewegungen. Abweichungen von den Sollwerten bei Positionierung und Bewegungsablauf führen zu Bearbeitungsfehlern. Von dem momentanem Zustand des Werkzeuges werden die Prozeßkenngrößen und das Prozeßergebnis bestimmt. Besonders zu erwähnen ist, daß sich durch Verschleiß des Werkzeuges zeitliche Veränderungen ergeben. Das Werkstück selbst übt über seine physikalischen Eigenschaften einen erheblichen Einfluß aus. Härte und Zähigkeit bestimmen die notwendige Zerspanleistung mit allen ihren Begleiterscheinungen. Gestalt und Elastizitätsmodul haben Einfluß auf Deformationen. Schließlich wird über die Einspannung mit ihrer Positionsgenauigkeit und Koppelsteifigkeit ein entsprechender Einfluß ausgeübt.

Komplex werden die Zusammenhänge besonders auch dadurch, daß die Einflußgrößen nicht unabhängig voneinander wirken. Es besteht eine gegenseitige Abhängigkeit, die in der Abb. 1.1 durch die Verbindung der Blöcke untereinander gekennzeichnet ist. Die Vielzahl der Einflußgrößen und ihre Wechselwirkung untereinander lassen derzeit eine geschlossene Modellierung nicht zu. Eine Analyse des Zerspanprozesses muß über die Betrachtung einzelner Aspekte vorgenommen werden.

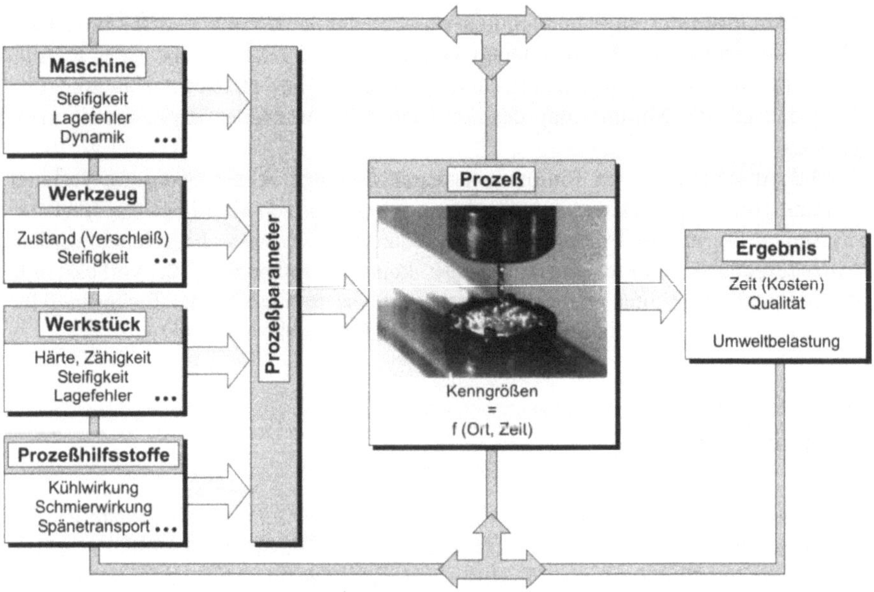

Abb. 1.1. Zerspanprozeß

1.2 Kühlschmierstoff

Als Fertigungshilfsstoff übernimmt der Kühlschmierstoff im Zerspanprozeß multifunktionale Aufgaben. Zunächst soll er über Reibungsminderung entstehende Wärme reduzieren und über Kühlwirkung entstandene Wärme abführen. Über diese Funktionen wird die Wärmebelastung direkt beeinflußt mit entsprechenden Auswirkungen auf das Prozeßverhalten. Darüber hinaus übernimmt der Kühlschmierstoff in vielen Fällen die wichtige Aufgabe des Spantransports, der für leistungsfähige Zerspanungsvorgänge unabdingbar ist. Er befreit auch Werkzeuge, Werkstücke, entsprechende Wechselsysteme, Spannvorrichtungen und Maschinenführungen von Spänerückständen und schafft damit Voraussetzungen für einen störungsfreien, automatischen Betrieb. Der Kühlschmierstoff unterstützt ferner eine gleichmäßige Temperierung von Werkstück und Maschine und erleichtert so das Einhalten von Toleranzen.

Als unerwünschter Nebeneffekt beim Einsatz von Kühlschmierstoff tritt eine Beeinträchtigung des Arbeitsumfeldes auf. Ferner entstehen Produktionsrückstände. Das gesundheits- und umweltgefährdende Potential macht es notwendig, sich mit den ökologischen Aspekten der Fertigung auseinanderzusetzen (Abb. 1.2).

Der Anteil der Kühlschmierstoffkosten an den Fertigungskosten ist nicht zu vernachlässigen. Er übersteigt den der Werkzeugversorgung um ein Mehrfaches [5, 6]. Allerdings variieren die Kosten für den Kühlschmierstoffeinsatz stark mit der Fertigungsstruktur, der Art der Kühlschmierstoffversorgung und den technischen Gegebenheiten der Entsorgung. Eine Bewertung muß auch berücksichtigen, daß im Kühlschmierstoffkreislauf Schwund auftritt (Abb. 1.2). Durch Verschleppen, Leckage, Verdampfung, Verdunstung u. ä. entstehen Verluste, die einerseits ausgeglichen werden müssen und die andererseits Folgeprozesse wie Reinigung und Entsorgung nach sich ziehen. Darüber hinaus ist der Kühlschmierstoff einer Alterung unterworfen. Die Folgen reichen von ständigen Pflegemaßnahmen bis hin zum Ersatz der eingesetzten Mengen. Mit all diesen Vorgängen ist auch der Einsatz von Energie verbunden.

Der effiziente Umgang mit Kühlschmierstoff erfordert Maßnahmen mit dem Ziel, die kostentreibenden Faktoren einzudämmen. Der konsequenteste Weg zur Kostenreduzierung ist der vollständige Verzicht, also die Trockenbearbeitung. Allerdings entfällt damit auch die Unterstützung der Funktionen Kühlen, Schmieren und Spantransport.

Für den Zerspanprozeß bedeutet dies stärkere Reibungs- und Adhäsionsvorgänge zwischen dem Werkstoff und den Wirkelementen des Werkzeugs, eine Erhöhung der durch den Span, das Werkstück und das Werkzeug abzuführenden Wärmemenge und im ungünstigen Fall den Verbleib der heißen Späne im Arbeitsraum der Maschine. Alle diese Effekte bedingen eine höhere thermische Belastung von Werkzeug, Bauteil und Maschine, was sich nachteilig auf die Werkzeugstandzeit und auf die Bauteil- und Maschinengenauigkeit auswirken kann. Vor einer prozeßsicheren Trockenbearbeitung steht also die Anpassung der am Prozeß beteiligten Komponenten Werkzeug, Maschine und Bauteil.

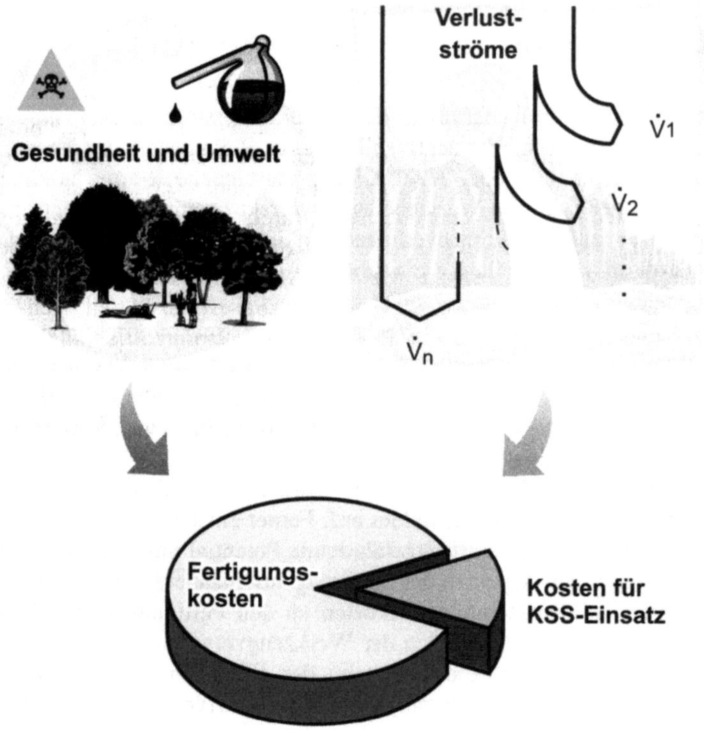

Abb. 1.2. Problemfelder des Kühlschmierstoffeinsatzes

Die Fortschritte in der Entwicklung der Schneidstoffsubstrate und der Beschichtungen haben dazu geführt, daß heute leistungsfähige Werkzeuge für viele Einsatzfälle der Trockenbearbeitung zur Verfügung stehen. Konzeptionen von Werkzeugmaschinen, die die Belange der Trockenbearbeitung – und hier insbesondere den Spantransport – berücksichtigen, unterstützen ebenfalls eine derartige Zielsetzung. Allerdings ist nicht in allen Anwendungen eine reine Trockenbearbeitung sinnvoll, da die geforderte Werkstückqualität nicht immer erreicht werden kann. Als Kompromiß kann die Minimalmengenkühlschmierung (MMKS) eingesetzt werden. Die geringen Mengen an Kühlschmierstoff verbessern gegenüber der Trockenbearbeitung das Arbeitsergebnis und sind ein wichtiger Schritt zur Reduzierung des Kühlschmiereinsatzes. Voraussetzung dazu ist aber auch hier eine sogfältige Abstimmung aller beteiligten Komponenten auf den jeweiligen Zerspanprozeß. Besonders zu beachten ist dabei der Vorgang der Spanbildung mit den Wechselwirkungen zwischen Werkzeug, Werkstück und Zwischenstoff.

1.3 Vorgänge der Spanbildung

Die Struktur eines tribologischen Systems besteht aus den vier Elementen Grundkörper, Gegenkörper, Zwischenstoff und Umgebungsmedium, auf die ein Beanspruchungskollektiv einwirkt. Übertragen auf den Zerspanprozeß bildet das Werkzeug den Grundkörper und das Werkstück mit dem abfließenden Span den Gegenkörper. Abriebpartikel vom Grund- und Gegenkörper, Kühlschmierstoff sowie Partikel aus chemischen Reaktionen zwischen den einzelnen Systemelementen sind Bestandteile des Zwischenstoffs. Aus dem Zusammenwirken der tribologischen Einflußgrößen entstehen physikalische und chemische Prozesse, die sich in den i. Allg. nebeneinander auftretenden Hauptverschleißmechanismen Adhäsion, Abrasion, Oberflächenzerrüttung und tribochemische Reaktion äußern und die Verschleiß zur Folge haben [1, 2]. Damit wird unterstrichen, welche Bedeutung der Reibung an den Wirkflächen zukommt. Von ebenso großer Bedeutung sind die Vorgänge, die während des Zerspanens im Werkstoffinnern ablaufen. Der Werkstoff wird durch den Schneidkeil verdrängt und dadurch abgetrennt; begleitet von Verformungs- und Fließvorgängen, die in ihrer Ausprägung von den mechanischen, thermischen und metallurgischen Werkstoffeigenschaften beeinflußt werden [3, 4]. Die in Abb. 1.3 gezeigte Spanwurzelaufnahme macht deutlich, wie komplex der Spanbildungsvorgang ist.

Ein Volumenelement, das sich zum Zeitpunkt t_0 in ausreichender Entfernung zur Spanbildungszone befindet, ist zunächst keiner besonderen mechanischen und thermischen Beanspruchung ausgesetzt. Durch das kontinuierliche Eindringen des Schneidkeils mit der Schnittgeschwindigkeit v_c in den Werkstückstoff nähert es sich der Scherzone und wird zunächst elastisch und nach dem Überschreiten der Fließgrenze plastisch verformt (t_1). In der Scherzone wird Material vom Werkstück abgetrennt und fließt über den Span stark plastisch verformt ab (t_2). Ein Trennen des Materials durch Überschreiten der Festigkeit erfolgt dabei nur unmittelbar vor der Schneidkante, wobei die neue Werkstückstoffoberfläche und die Spanunterseite entstehen. Bei harten Werkstoffen und bei Metallmatrix-Verbundwerkstoffen mit keramischen Phasen und somit geringer Duktilität kann es zu einer vorauslaufenden Rißbildung an der Werkstückoberfläche kommen. Die Risse können sich in der Spanwurzel ausbreiten, so daß der Span im Bereich der Spanoberseite eine geringe plastische Verformung aufweist. Eine solche Spanwurzel läßt typische schuppenförmige Spansegmente erkennen. Aufgrund der Trennung des Werkstückstoffes durch die Schneidkante und der Reibung zwischen Freifläche und Werkstückstoffoberfläche wird die Randzone beeinflußt, was sich in einer Umstrukturierung des Gefüges äußern kann. Mögliche Begleiterscheinungen können platische Verformungen, Härteveränderungen und Rißbildungen sein. Zum Zeitpunkt t_3 ist das betrachtete Volumenelement zu jeweils einem Teil an der Werkstückoberfläche und an der Spanunterseite des abfließenden Spanes zu finden. Im Span ist es wegen der bei der Spanbildung ablaufenden Vorgänge stark plastisch verformt. Am Werkstück ist es in der Oberfächenrandzone beeinflußt.

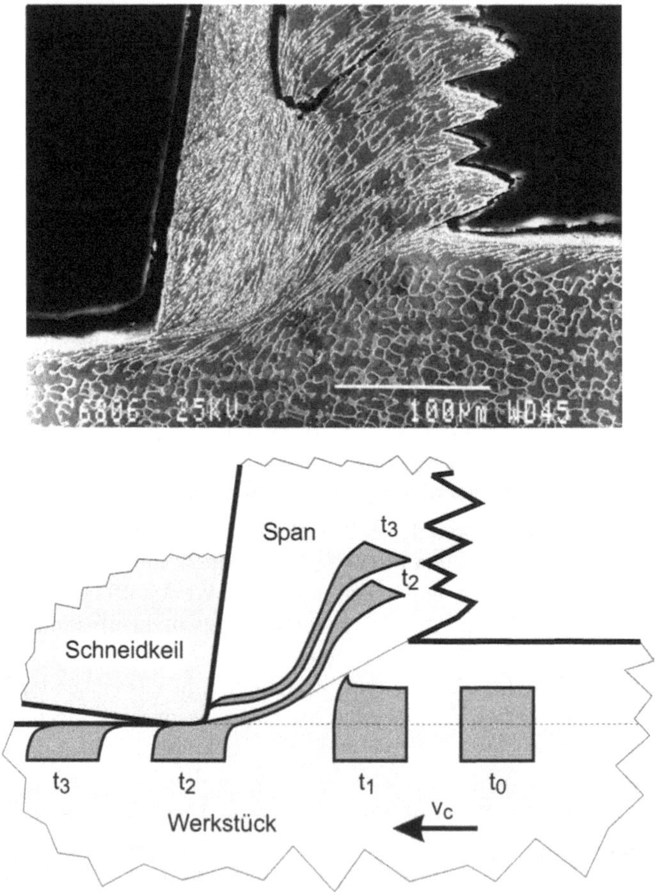

Abb. 1.3. Spanbildung: Spanwurzelaufnahme und schematische Darstellung

Auch die plastomechanischen Vorgänge im zu zerspanenden Werkstoff stehen in enger Wechselbeziehung mit den Eigenschaften von Span- und Freifläche des Schneidkeils und den Prozeßparametern. Der gesamte Wärmehaushalt wird durch Einsatz von Kühlschmierstoff maßgebend geprägt. Einerseits senkt er die Reibung an den Wirkflächen und andererseits wird von ihm Wärme abtransportiert. Eine Auseinandersetzung mit Fragen des Kühlschmierstoffeinsatzes ist daher auch immer eine Auseinandersetzung mit dem Spanbildungsprozeß, wobei die spezifischen Gegebenheiten des jeweiligen Fertigungsverfahrens zu berücksichtigen sind.

1.4 Literatur zu Kapitel 1

[1] Kloos, K.-H.: Technische Verschleißvorgänge in tribologischen Systemen und deren Simulation. Vortragstexte des Symposiums „Reibung und Verschleiß bei metallischen und nichtmetallischen Werkstoffen", Leitung: K.H. zum Gahr. Oberursel: DGM-Informationsgesellschaft 1990, S. 29–48

[2] Meister, D.: Aspekte von Zerspanung und Verschleiß. In: Weinert, K. (Hrsg.): Spanende Fertigung, 1. Ausg. Essen: Vulkan-Verlag 1994, S. 67–84

[3] Warnecke, G.: Spanbildung bei metallischen Werkstoffen. München: Technischer Verlag Resch 1974

[4] Weber, H.; Loladze, T.N.: Grundlagen des Spanens. Beren: VEB Verlag Technik 1986

[5] Weinert, K.; Adams, F.-J.; Thamke, D.: Was kostet Kühlschmierung? – Erfassung der Kosten für den Kühlschmierstoffeinsatz in der Großserienfertigung. Technica 44 (1995) 7, S. 19–23

[6] Zielasko, W.: Trockenbearbeitung – ein alternatives Verfahren zur Ablösung von Kühlschmierstoffen in der Großserienfertigung. Handbuch des Deutschen Industrieforums für Technologie zum Thema Industrieabfälle, Juni 1993

2 Tribologische Aspekte beim Zerspanen

Die Zerspanung metallischer Werkstoffe mit geometrisch bestimmter Schneide nimmt im Rahmen der Fertigungstechnologie eine wichtige Stellung ein. Reibung und Verschleiß an Werkzeugen bestimmen häufig die Einsatzgrenzen des Zerspanprozesses und sind nicht nur von wirtschaftlichem, sondern auch von technologischem Interesse. Die Komplexität eines Zerspanprozesses, die mit den zu berücksichtigenden realen Einflußgrößen stark anwächst, erschwert eine systematische Analyse der Reibungs- und Verschleißvorgänge an den verschiedenen Wirkflächen von Werkzeugen. Um diese Vorgänge analysieren und beherrschen zu können, ist jedoch eine genaue Kenntnis der tribologischen Prozesse in der Kontaktzone zwischen Werkzeug und Werkstück von entscheidender Bedeutung.

Zur Zusammenfassung der für Reibung und Verschleiß zugrundeliegenden Mechanismen wurde 1966 der Begriff Tribologie (griech.: Reibungslehre) geprägt [13]. Durch den interdisziplinären Einsatz von Methoden der Ingenieur- und Werkstoffwissenschaften sowie der Physik und der Chemie können technologische Prozesse bezüglich ihrer Wirkungsgrade optimiert werden.
Tribologie wird dabei folgendermaßen definiert:

Tribologie ist die Wissenschaft und Technik von aufeinanderwirkenden Oberflächen in Relativbewegung. Sie umfaßt die Gesamtheit von Reibung und Verschleiß, einschließlich Schmierung, und schließt entsprechende Grenzflächenwechselwirkungen sowohl zwischen Festkörpern als auch zwischen Festkörpern und Flüssigkeiten oder Gasen ein.

Diese Definition macht deutlich, daß die Reibung und der daraus resultierende Verschleiß nicht durch eine einzelne Werkstoffeigenschaft bestimmt wird, sondern immer im Zusammenwirken verschiedener Elemente eines tribologischen Systems, kurz eines Tribosystems, gesehen werden müssen [23, 24].

2.1 Tribologische Systembetrachtungen

Unter Reibung wird nach DIN 50281 die Größe verstanden, die einer Relativbewegung sich berührender Oberflächen entgegenwirkt [6]. Reibung verursacht Energiedissipation, die durch zusätzlich aufzuwendende mechanische Energie ausgeglichen werden muß. Außerdem entsteht i.d.R nach kürzerer oder längerer Einsatzdauer eine Schädigung der Oberfläche oder des oberflächennahen Bereiches, die als Verschleiß bezeichnet wird. Maßnahmen zur Verschleißreduzierung lassen sich nur dadurch erfolgreich durchführen, daß die Verschleißvorgänge

innerhalb eines Tribosystems mit allen ihren Einflußgrößen möglichst genau analysiert werden.
Der Verschleißvorgang wird durch

- das Beanspruchungskollektiv und
- die Struktur des Tribosystems (Materialpaarung etc.)

beeinflußt. Die Verschleißkenngrößen kennzeichnen den Verschleißvorgang und machen ihn beschreibbar (Abb. 2.1).

Um den Verschleiß und seine Ursachen systematisch beschreiben zu können, wird zwischen dem Reibungszustand, den Verschleißmechanismen, der Verschleißart und den damit verbundenen Verschleißerscheinungsformen unterschieden [7].
Eine Unterteilung der Reibungszustände erfolgt nach DIN 50281 [6] in

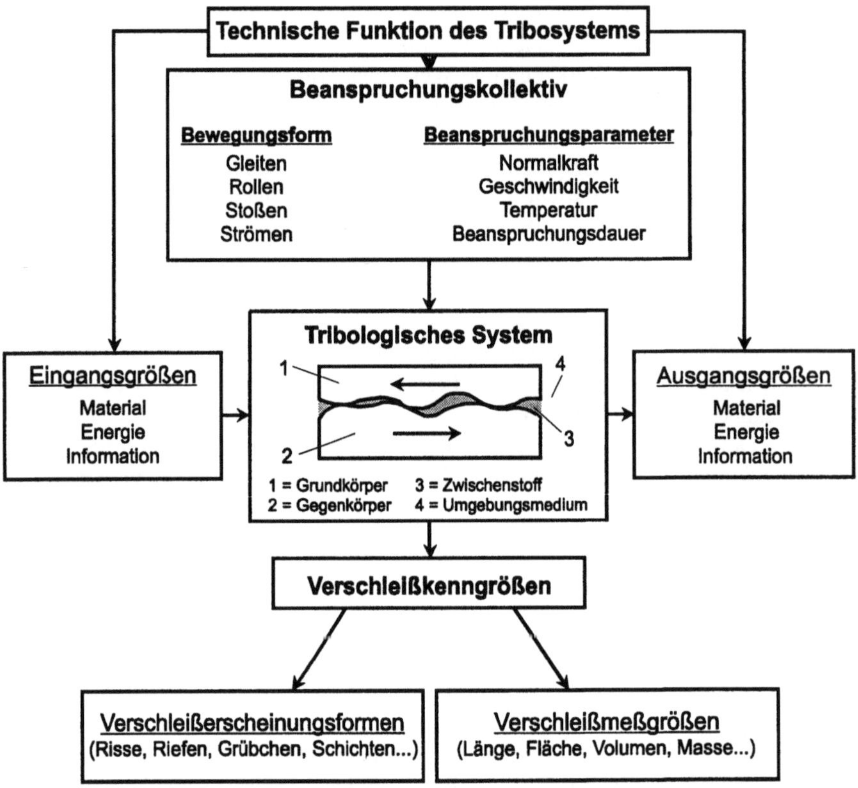

Abb. 2.1. Darstellung eines tribologischen Systems und seiner Einflußgrößen

- Festkörperreibung,
- Grenzreibung,
- Mischreibung,
- Flüssigkeitsreibung (Hydrostatik, Hydrodynamik) und
- Gasreibung (Aerostatik, Aerodynamik),

wobei in einzelnen Systemen je nach vorliegender Kinematik verschiedene Reibungszustände gleichzeitig oder zeitlich versetzt vorliegen können. Aus der Reibung resultiert zwangsläufig Verschleiß, der zu Veränderungen am Grund- und Gegenkörper führt. Die hierbei vorliegenden Verschleißmechanismen und die mit ihnen verbundenen Verschleißerscheinungsformen werden im folgenden erläutert:

- *Adhäsion:* Ausbilden und Trennen von Haftverbindungen an der Grenzfläche (Kaltverschweißung, Fressen)
  Verschleißerscheinungsformen: Löcher, Kuppen, Schuppen, Materialübertrag
- *Abrasion:* Materialabtrag durch ritzende Beanspruchung
  Verschleißerscheinungsformen: Kratzer, Riefen, Mulden, Wellen
- *Tribochemische Reaktion:* Entstehung von Reaktionsprodukten durch die tribologische Beanspruchung bei chemischen Reaktionen von Grundkörper, Gegenkörper und Zwischen- bzw. Umgebungsmedium
  Verschleißerscheinungsformen: Reaktionsprodukte (Schichten, Partikel)
- *Oberflächenzerrüttung:* Ermüdung und Rißbildung durch Wechselbeanspruchung im Oberflächenbereich
  Verschleißerscheinungsformen: Risse, Grübchen

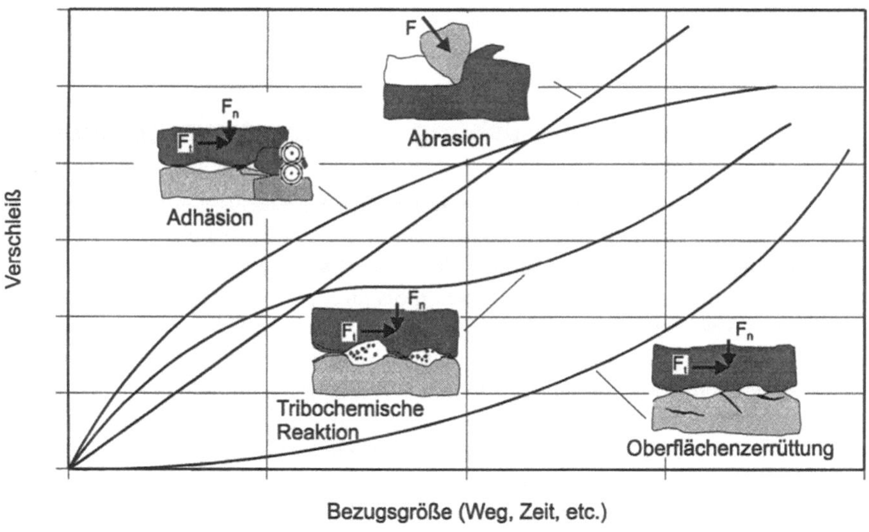

Abb. 2.2. Qualitative Entwicklung der vier Hauptverschleißmechanismen

Diese Mechanismen können sowohl einzeln als auch in Kombination auftreten. Durch die Vielzahl der möglichen Kombinationen gestaltet sich eine eindeutige Bestimmung der Verschleißursachen oft schwierig. Die verschiedenen Hauptverschleißmechanismen weisen jedoch typische zeitliche Entwicklungen auf (Abb. 2.2). Ist die Verschleißentwicklung eines realen tribologischen Prozesses bekannt, kann möglicherweise auf die vorherrschenden Verschleißmechanismen zurückgeschlossen werden.

Die Abrasion führt meist zu einer linearen Zunahme des Verschleißes. Adhäsion und tribochemische Reaktion weisen in der Einlaufphase des Tribosystems einen höheren Verschleiß auf, der dann geringer wird und später auch wieder ansteigen kann. Eine Zerrüttung der Oberfläche setzt erst nach einer größeren Anzahl von Wechselbeanspruchungen ein und führt dann zu einem schnellen Versagen des Bauteils [23].

Die Einteilung in Verschleißarten bezieht sich vornehmlich auf die Relativbewegung der Reibpartner zueinander und die wirkenden Kräfte innerhalb des Tribosystems. Die häufig auftretenden Verschleißarten bei einer Werkstoffpaarung Feststoff/Feststoff sind

- Gleitverschleiß,
- Roll- oder Wälzverschleiß,
- Prall- oder Stoßverschleiß,
- Schwingungsverschleiß und
- Furchungsverschleiß.

Unter Einwirkung von flüssigen oder gasförmigen Systempartnern kann es außerdem noch zu Spülverschleiß und Kavitationsverschleiß kommen. Die hier aufgeführten Verschleißarten können je nach Bedingungen einzeln oder zusammen auftreten.

2.2 Tribologische Beanspruchung von Zerspanwerkzeugen

Bei der Analyse des Zerspanvorganges lassen sich die Einflüsse auf die Reibungs- und Verschleißvorgänge am Werkzeug sowohl den am Zerspanprozeß beteiligten Tribokontaktpartnern (Werkzeug und Werkstück) als auch den weiteren im Kontaktbereich vorhandenen stofflichen Komponenten und den Kontaktbedingungen zuordnen (Abb. 2.3). Das hierdurch bestimmte, i. d. R. sehr komplexe tribologische System erfordert also eine systematisch strukturierte Analyse der einzelnen Komponenten und eine hieraus resultierende Betrachtung des gesamten Systems.

Entsprechend der allgemeinen Systembeschreibung für tribologische Systeme aus DIN 50320 [7] wird üblicherweise das verschleißrelevante Element des Tribosystems als der Grundkörper bezeichnet. Als Gegenkörper wird das Element angesehen, dessen Verschleiß nicht für den Prozeßverlauf entscheidend ist.

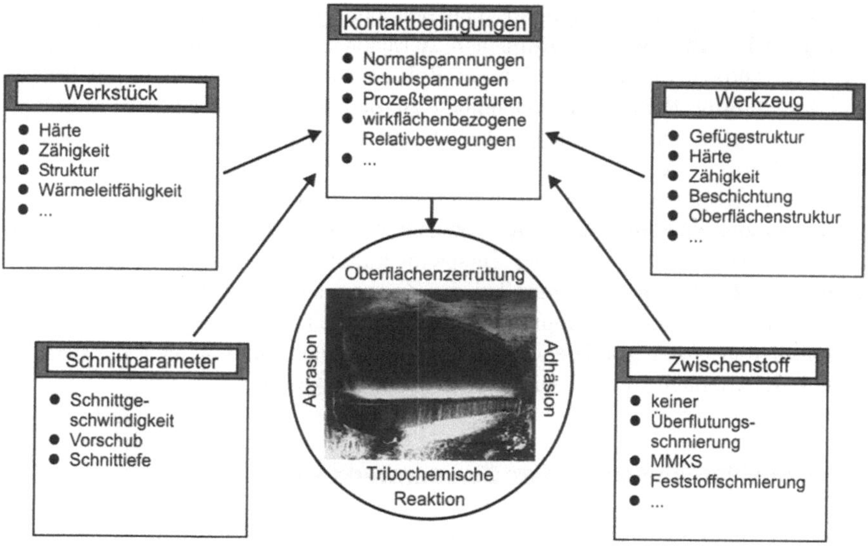

Abb. 2.3. Einflußgrößen auf die tribologische Belastung des Schneidkeils

Nach dieser Vorgabe bildet das Werkzeug bei der Zerspanung den Grundkörper und das Werkstück den Gegenkörper. Relevant für das tribologische Verhalten des Systems ist insbesondere der Zwischenstoff, welcher die Reibungs- und Verschleißvorgänge an den Wirkflächen des Werkzeugs stark beeinflußt. Hierzu zählen neben dem Kühlschmierstoff auch die durch den Prozeß entstehenden Reaktionsprodukte, die sich unter hohem Druck und hoher Temperatur in der Kontaktzone bilden. Weiterhin wirken in der Kontaktzone abrasive Zwischenstoffe, die sich beispielsweise als Hartstoffe aus dem Schneidenbereich lösen und die Spanfläche durch Selbstfurchung schädigen können.

Als Zwischenstoffe bei der Zerspanung sind heute Kühlschmierstoffe unterschiedlichster Zusammensetzung im Gebrauch. Verschiedene Dosiermengen und Zuführmöglichkeiten (s. Kap. 3) von konventioneller Überflutungsschmierung über Minimalmengenkühlschmierung (MMKS) bis hin zur Feststoffschmierung oder Trockenbearbeitung haben entscheidenden Einfluß auf das tribologische Verhalten des Systems. Bei der steigenden Anzahl an modernen Schneidstoffen und der Vielzahl der Werkstückstoffe und damit verbundenen unterschiedlichen Prozeßparametern und Kontaktbedingungen kann es kein standardisiertes tribologisches Modell für die Zerspanung geben. Vielmehr ist den einzelnen beteiligten stofflichen Partnern und dem entsprechenden Belastungskollektiv bei der Modellierung Rechnung zu tragen.

Der Verschleißzustand von Schneiden bei der Zerspanung hat einen entscheidenden Einfluß auf die Ausbildung der Oberfläche der bearbeiteten Werkstücke. Formfehler an den Schneiden und Freiflächen bilden sich auf der Oberfläche ab und führen damit zu einer schlechten Oberflächengüte.

Bei der umfassenden tribologischen Betrachtung von Zerspanvorgängen müssen jedoch nicht nur die Wirkflächen zwischen Schneidteil und Werkstück betrachtet werden. Insbesondere bei der Bohrungsbearbeitung gewinnt der Einsatz leistengeführter Werkzeuge zunehmend an Bedeutung. Hier sind die tribologischen Vorgänge an den Führungsleisten entscheidend für die Fertigungsqualität [10, 12].

Das Ziel zahlreicher Untersuchungen ist es, den Einfluß der Reibungsmechanismen weiter zu klären, um damit Maßnahmen zum Minimieren des Verschleißes und zur Leistungssteigerung der Zerspanoperationen zu entwickeln. Für die Beurteilung der Wirkmechanismen bei der Zerspanung sind nicht nur makroskopische, sondern auch mikroskopische und physikalische Werkzeug- und Werkstückeigenschaften von besonderer Bedeutung. Wesentlich sind u. a. auch die Oberflächenbeschaffenheit sowie Detailgestaltung der Werkzeuge.

2.2.1 Verschleißerscheinungen an Zerspanwerkzeugen

Der Verschleiß an Zerspanwerkzeugen wird verursacht durch hohe mechanische (Zug-, Druck- und Schubspannungen), thermische und chemische Beanspruchungen in den Wirkzonen zwischen Werkzeug und Werkstück. Hieraus resultieren typische Verschleißerscheinungsformen, die einzeln oder zusammen mit unterschiedlicher Stärke auftreten.

Schneidenverschleiß

An Werkzeugschneiden können je nach Werkzeugtyp und Belastung unterschiedliche Verschleißerscheinungsformen beobachtet werden (Abb. 2.4). Zur Beurteilung des Verschleißes gibt man üblicherweise die Verschleißmarkenbreite sowie die Tiefe des Kolkverschleißes (Kolktiefe) an. Die Verschleißerscheinungsformen sind auf die Verschleißmechanismen Adhäsion, Abrasion, tribochemische Reaktion und Oberflächenzerrüttung zurückzuführen [3].

Im Kontaktbereich zwischen Spanfläche und Span liegt vor allem die Adhäsion vor. Dabei können die dabei auftretenden Adsorptions- und Reaktionsschichten der Spanfläche abgetragen werden. Hier ist auch die Aufbauschneidenbildung zu beobachten, die bei geringer Schnittemperatur bzw. Schnittgeschwindigkeit bevorzugt auftritt.

Die Abrasion wird vorwiegend durch harte, im Werkstück enthaltende Partikel, wie z. B. Oxide oder Carbide hervorgerufen. Insbesondere bei sehr harten Werkstückmaterialien ist die Abrasion Hauptursache für den Verschleiß an Zerspanwerkzeugen. Werden zudem Bestandteile des Schneidstoffes in das zu zerspanende Werkstück übertragen und eingelagert, wird die Abrasion am Zerspanwerkzeug durch Selbstfurchung extrem verstärkt. Bei hohen Schnittemperaturen werden zunehmend tribochemische Reaktionen wirksam, die vorwiegend zwischen der Spanfläche des Werkzeuges und dem Span auftreten. Hierdurch kann die Festigkeit des Schneidstoffes beeinträchtigt werden, wodurch ein erhöhter Werkzeugverschleiß entsteht.

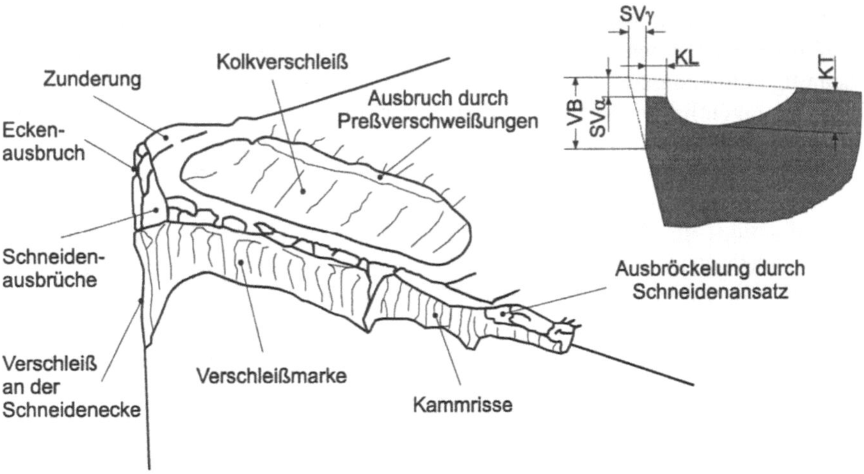

Abb. 2.4. Verschleißerscheinungsformen am Schneidkeil

Die Oberflächenzerrüttung ist hauptsächlich auf eine wechselnde mechanische und thermische Belastung des Werkzeuges zurückzuführen und wird daher durch die Bearbeitung im unterbrochenen Schnitt begünstigt. Sie tritt aber auch bei Zerspanprozessen mit kontinuierlichem Eingriff bei großer Schwingungsneigung und nichtkontinuierlicher Spanbildung auf. Diese Verschleißmechanismen führen zu unterschiedlichen Verschleißerscheinungsformen, die nebeneinander am Zerspanwerkzeug vorliegen können. In Abb. 2.5 sind die an Bohrwerkzeugen vorwiegend auftretenden Verschleißerscheinungsformen dargestellt.

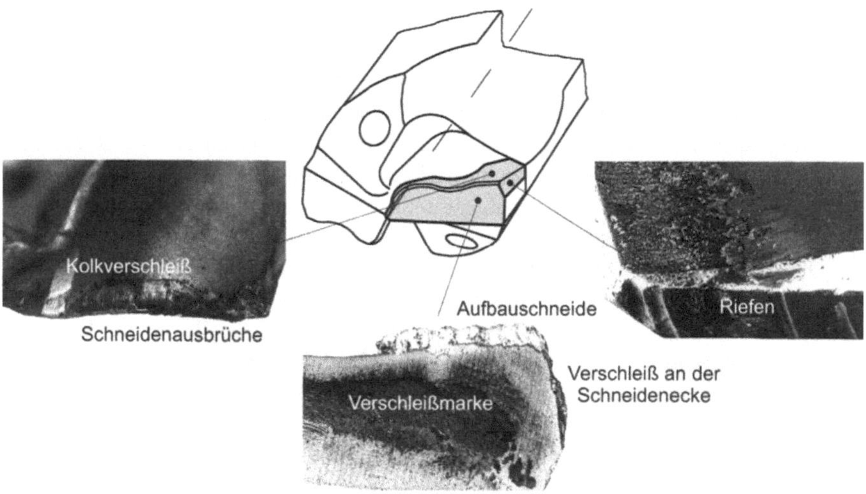

Abb. 2.5. Verschleißerscheinungen am Bohrwerkzeug

Im Vergleich zu anderen spanenden Bearbeitungsprozessen weisen die Bohrverfahren hinsichtlich der Kinematik des Prozesses eine Besonderheit auf. Die Schnittgeschwindigkeit steigt mit dem Werkzeugradius linear an. In der Mitte liegt im eigentlichen Sinne kein Zerspanvorgang vor, da hier keine Relativgeschwindigkeit zwischen Werkzeug und Werkstück stattfindet. Daher sind im Bereich der Querschneide verstärkt Quetschvorgänge festzustellen. Das Material fließt radial nach außen, wird hier abgetrennt und anschließend durch die Spankanäle abgeführt. Im Zentrum des Werkzeugs besteht eine erhöhte Druckspannung, der nach Möglichkeit durch geeignete Werkstoffeigenschaften Rechnung getragen werden muß. Im Bereich der Schneidenecke liegt die maximale Schnittgeschwindigkeit vor, wodurch insbesondere die thermische Belastung und damit tribochemische Mechanismen sowie eine Werkstoffentfestigung verschleißbestimmend ist. Moderne Vollhartmetall-Bohrwerkzeuge bestehen daher aus einem Gradientenwerkstoff. Eine zähe Hartmetallsorte auf WC/Co-Basis bietet im Kern ausreichende Stabilität, während äußere Bereiche aus einer verschleißbeständigeren Hartmetallsorte auf Basis von WC/Ti(Ta)C/Co mit hohem Kobaltanteil bestehen, die für höhere Schnittgeschwindigkeiten geeignet ist. Der Übergang zwischen den verschiedenen Hartmetallsorten erfolgt kontinuierlich [1].

Führungsleistenverschleiß

Leistengeführte Bohrwerkzeuge wie Tiefbohrwerkzeuge und Einschneiden-Reibahlen besitzen Führungsleisten, welche das Werkzeug gegen die radial wirkenden Komponenten der Zerspankräfte an der Bohrungswand abstützen. Hierdurch sind i. d. R. sehr hohe Zerspanleistungen möglich. Der Mittenverlauf der Werkzeuge wird geringer, außerdem glätten die Führungsleisten die Bohrungswand und führen so zu einer Verbesserung der Oberflächengüte.

Tiefbohrverfahren dienen hauptsächlich zur Herstellung von Bohrungen, deren Länge-zu-Durchmesser-Verhältnis größer fünf ist. Die radial wirkenden Komponenten der Zerspankräfte führen zu extrem hohen Flächenpressungen zwischen Führungsleisten und Bohrungswand. Dem Verschleiß der Führungsleisten kommt hinsichtlich der Bohrungsqualität eine herausragende Bedeutung zu. Somit ist hier der Verschleißzustand der Schneiden nur sekundär qualitätsbestimmend, da die Führungsleisten den letzten und endgültig formenden Einfluß auf die Bohrungswand haben. In Abb. 2.6 ist ein typisches Verschleißbild der Führungsleisten eines BTA-Vollbohrwerkzeuges dargestellt. Wird der Verschleiß zu groß, ist zwangsläufig mit qualitativ schlechteren Bohrungsqualitäten zu rechnen.

Das Prinzip der leistengeführten Bohrwerkzeuge hat zu einer Weiterentwicklung von Reibwerkzeugen zur Bohrungsfeinbearbeitung geführt. Die Funktion des Zerspanens und des Führens des Werkzeugs wird hier ebenfalls auf die Wirkelemente Schneide und Führungsleiste aufgeteilt. Auch hier ist der Verschleißzustand der Führungsleisten bestimmend für die Bohrungsqualität. Abb. 2.7 zeigt schematisch die tribologischen Kontakte der Wirkelemente (Schneide und Führungsleisten) einer Einschneiden-Reibahle mit der Bohrungswand. Dargestellt sind weiterhin die Randbedingungen, die den tribologischen Kontakt bzw. das Belastungskollektiv beeinflussen.

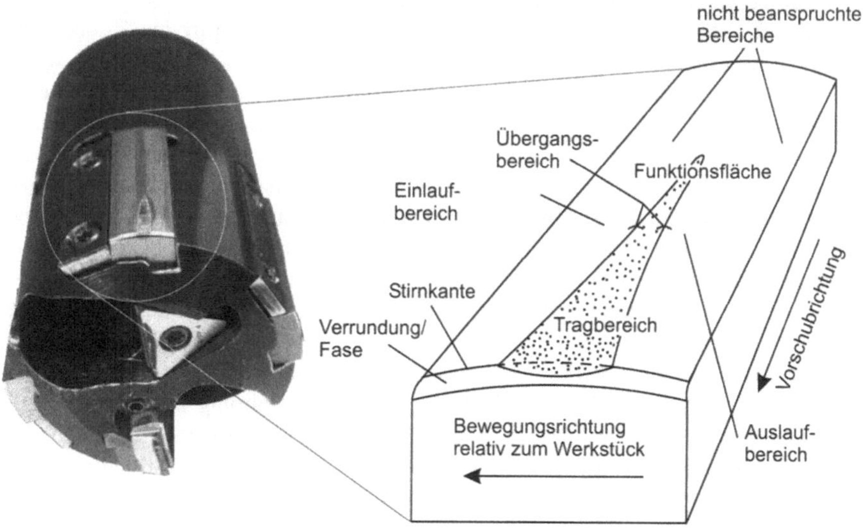

Abb. 2.6. Leistenverschleiß an Tiefbohrwerkzeugen

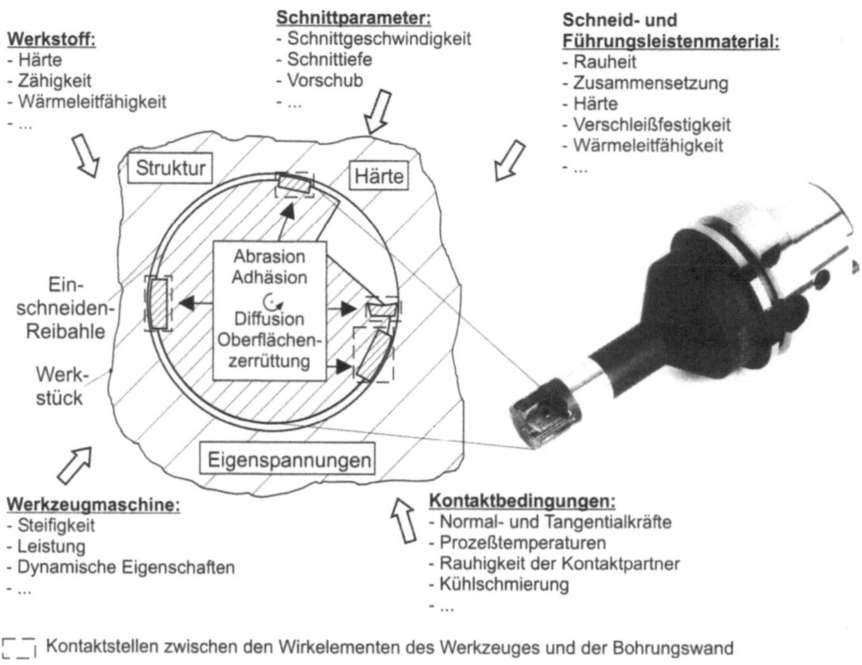

Abb. 2.7. Tribologische Analyse an Einschneiden-Reibahlen

Der Verschleiß der Führungsleisten wird hauptsächlich durch Gleitreibung hervorgerufen. In Abhängigkeit davon, wie der Kühlschmierstoff die Kontaktzone erreicht, kommt es zu Misch-, Grenz- oder Trockenreibung. Der Umfangsschliff in Kombination mit dem fehlenden axialen Hinterschliff der Führungsleisten einer Einschneiden-Reibahle führt in Abhängigkeit der wirkenden Zerspankraft an der Schneide und dem radialen Überstand der Schneide gegenüber den Führungsleisten zu einem großflächigen Kontakt der Führungsleisten mit der Bohrungswand. Die höchste Belastung tritt im Stirnbereich der Führungsleiste auf, die gegenüber der Schneide angeordnet ist. Als Verschleißmechanismen können in Abhängigkeit des zu bearbeitenden Werkstoffs und der Prozeßführung Abrasion, Adhäsion, tribochemische Reaktion und Oberflächenzerrüttung unterschiedlich stark ausgeprägt auftreten.

Durch die Wechselwirkungen zwischen den Führungsleisten und der Bohrungswand, kann es in der Oberflächenrandzone der Bohrung zu Veränderungen der Gefügestruktur, der Härte und des Eigenspannungszustandes kommen. Die Beeinflussung der Oberflächenrandzone wird wiederum durch die Randbedingungen des tribologischen Kontaktes bzw. das Belastungskollektiv bestimmt.

2.2.2 Modelluntersuchungen

Der Zerspanprozeß mit den unmittelbar nicht zu erfassenden Kraftverhältnissen an den einzelnen Wirkflächen bildet ein komplexes System. Für die Ermittlung der Kontaktbedingungen, auch unter dem Einfluß von KSS, ist eine Reduktion des tribologischen Systems im Sinne der DIN 50322 [8] hin zu einem Modellversuch sinnvoll. Spanbildungsprozesse waren vielfach Gegenstand von Modelluntersuchungen, da die Spanbildung mechanische, chemische und thermische Vorgänge beinhaltet, die geschlossen nicht zu analysieren sind.

Ein Vergleich der Ergebnisse aus Modellversuchen mit solchen aus realen Zerspanprozessen belegt die Aussagekraft der Modellprüfung bezüglich des Zerspanvorgangs. Aus den so gewonnenen Erkenntnissen über Reibungs- und Verschleißvorgänge an Zerspanwerkzeugen können Optimierungen bezüglich der Prozeßführung bei der Zerspanung und bei der Detailgestaltung von Werkzeugen abgeleitet werden.

Die vom realen Zerspanprozeß losgelöste Untersuchungsumgebung bietet folgende Vorteile:

- einfache Variation der Tribopartner,
- hohe Reproduktionsgüte der Versuchsdurchführung,
- Variation verschiedener mechanischer und thermischer Belastungsgrößen und
- Ermittlung vergleichbarer Kennzahlen.

Der Zerspanvorgang als materialdeterminierter tribologischer Prozeß weist eine offene Systemstruktur auf, da Werkstückmaterial und Späne die Systemgrenzen überschreiten und nur einmal in Kontakt zur Schneide treten. Bei der Recherche zu Modelluntersuchungen von Zerspanungsprozessen kann festgestellt werden, daß i. d. R. Prüfvorrichtungen mit geschlossener Systemstruktur verwendet wurden, bei denen der Grundkörper immer wieder in Kontakt mit der gleichen Fläche des Gegenkörpers gerät. Beispiele hierfür sind der Stift-Scheibe-, Klötzchen-Walze- oder Vier-Kugel-Apparat [3, 9].

Variation der Tribosystemstruktur

Zur Beurteilung der Auswirkungen der Systemstruktur können Experimente mit einem speziellen Modellprüfstand mit offener und geschlossener Systemstruktur zur Simulation der Verschleiß- und Reibungsvorgänge an den verschiedenen Wirkflächen des Schneidteils durchgeführt werden. Bei geschlossenen Systemen tritt die Reibfläche des Gegenkörpers wiederholt mit dem Grundkörper in Kontakt, während bei offenen Systemen die Berührungsfläche zuvor generell keinen tribologischen Kontakt mit dem Grundkörper hatte. Bei teilweise offenen Systemen weist die Oberfläche des Gegenkörpers Bereiche auf, die einmalig und andere, die wiederholt in Reibkontakt mit dem Grundkörper standen [20].

Anhand von Modellversuchen und realen Zerspanungsversuchen mit vergleichbaren Prozeßparametern wurden Übereinstimmungen und Unterschiede des Reibungs- und Verschleißverhaltens der Modell- und Zerspansysteme ermittelt. Bei den Untersuchungen stand der Einfluß der Systemstruktur sowohl auf die Prozeßgrößen, z. B. Temperatur, Tangential- und Normalkraft, als auch auf den Verschleiß bzw. die Oberflächenrandzone der Kontaktpartner im Mittelpunkt des Interesses. Als Kontaktpaarung wurden in der Praxis oft anzutreffende Schneidstoff-Werkstoff-Kombinationen untersucht. Die hier ermittelten Zusammenhänge wurden durch einen Vergleich mit dem realen Drehprozeß hinsichtlich ihrer Übertragbarkeit bewertet (Abb. 2.8). Hierdurch läßt sich die Abbildungsgüte der Modelluntersuchungen beurteilen.

Charakteristisches Merkmal eines Zerspanungsprozesses ist das offene oder mindestens teilweise offene System, da ständig neues Material in Kontakt mit der Schneide kommt und Späne am Wirkpunkt der Zerspanung den Prozeß verlassen. An dieser Stelle muß angezweifelt werden, ob Modelluntersuchungen mit geschlossener Systemstruktur tatsächlich geeignet sind, Ergebnisse zu liefern, die auf den realen Zerspanprozeß übertragbar sind und diesen beschreiben.

Die Güte der Modellierung eines Zerspanprozesses zeigt sich darin, wie gut die im Modellversuch ermittelten Ergebnisse mit denen des realen Prozesses übereinstimmen. Hierzu muß der Modellversuch trotz Reduzierung der Einflußgrößen in weiten Bereichen dem realen Zerspanprozeß entsprechen. Zur Frage nach den zu variierenden Systemgrößen existieren zahlreiche Untersuchungen, die beispielsweise Maßstabsfaktoren oder den Energieumsatz im System berücksichtigen. Für nicht geschlossen analytisch berechenbare Systeme sollen sich das reale und das reduzierte System lediglich in folgenden Größen unterscheiden [11]:

- Mechanische Belastung,
- Geschwindigkeit,
- Zeit und
- Formeigenschaften der beteiligten Elemente.

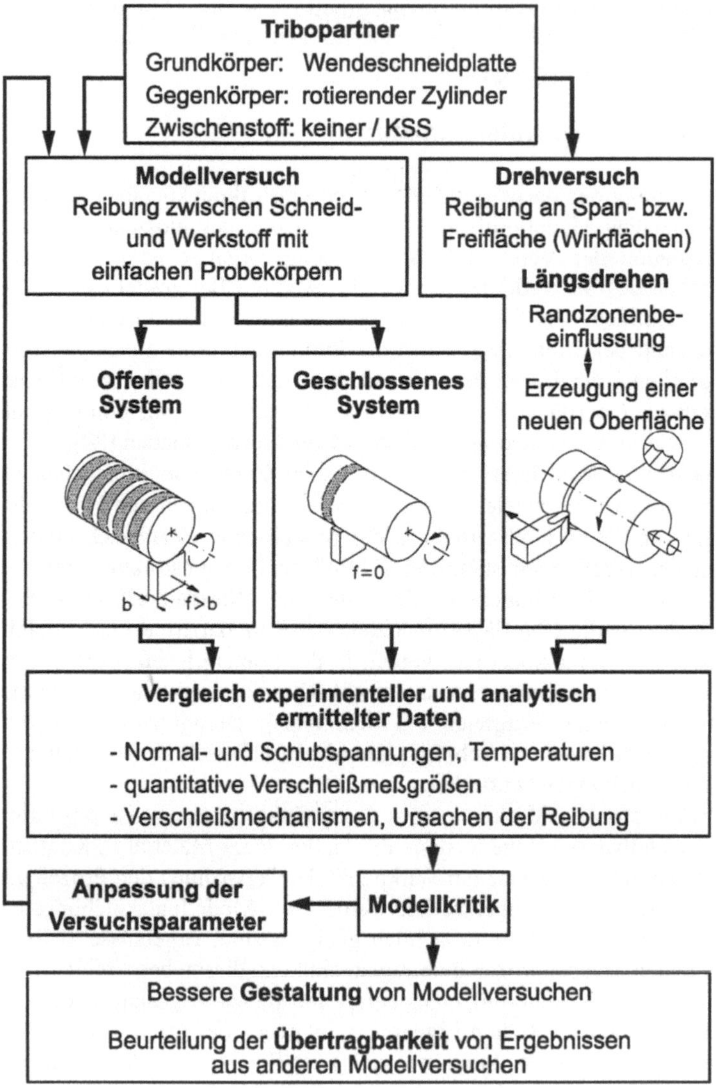

Abb. 2.8. Schritte zur Modellierung der Wirkflächenreibung am Schneidteil

Diese Einschränkung in den Variationsmöglichkeiten der Modellprüfung wurden bei den Modellversuchen berücksichtigt, um Vergleiche zwischen Zerspanprozeß, Modellversuch mit offener und mit geschlossener Systemstruktur durchzuführen. Mit einem tribologischen Modellversuchsstand wurde somit eine Untersuchungsmöglichkeit geschaffen, um eine Simulation von Reibungs- und Verschleißvorgängen zwischen Werkstück und Werkzeug bei Variationen der Systemstruktur zu ermöglichen.

Der Aufbau des Modellprüfstandes orientiert sich an der Kinematik des Längsdrehens. Ein Gegenkörper wird hierbei an einen rotierenden Gegenkörper angepreßt. Zur Realisierung einer offenen Systemstruktur kann zusätzlich eine translatorische Vorschubbewegung überlagert werden, um ständig unbeanspruchte Materialbereiche in Kontakt mit dem Grundkörper zu bringen. Ohne translatorische Vorschubbewegung ergibt sich ein Modellversuch mit geschlossener Systemstruktur.

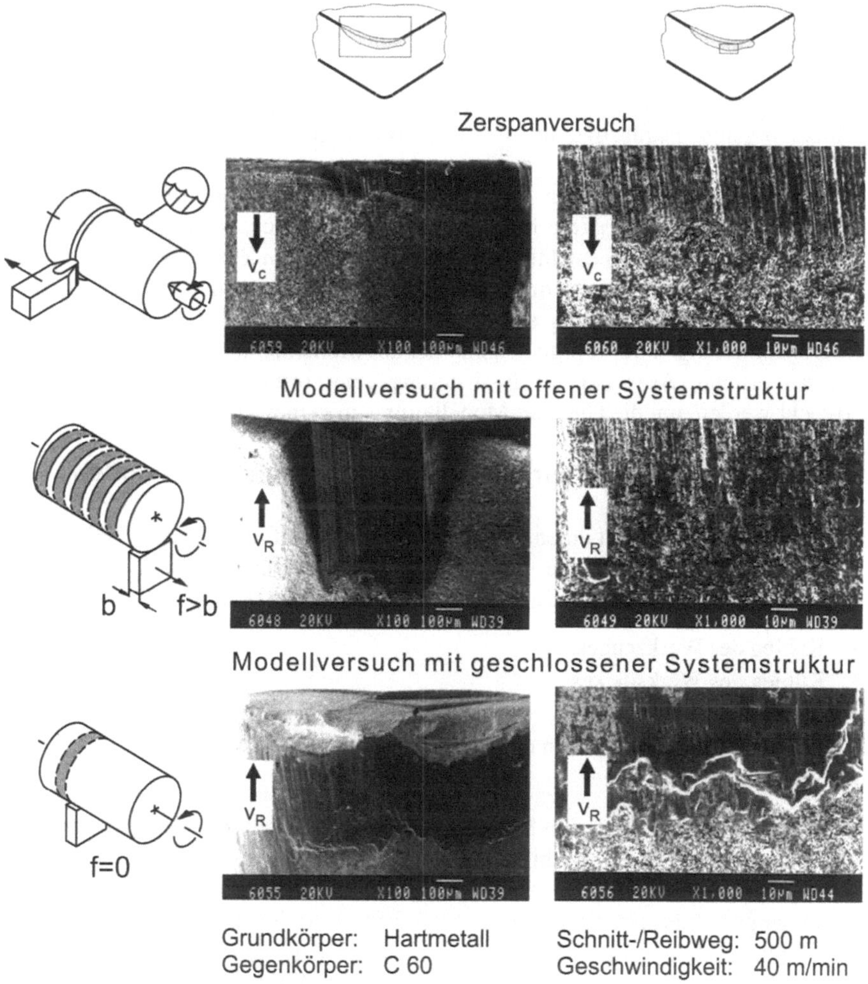

Abb. 2.9. Verschleißerscheinungen von Zerspanversuch und Modellversuch im Vergleich [17]

Abb. 2.9 zeigt Verschleißerscheinungen an den Freiflächen von Hartmetallwendeschneidplatten. Gegenübergestellt sind Ergebnisse von Versuchen mit unterschiedlicher Systemstruktur.

Deutlich zu erkennen ist die gute Übereinstimmung der Verschleißerscheinungsformen des Zerspanvorgangs im Vergleich zur Modellierung mit offener Systemstruktur. Hier sind insbesondere bei einer starken Vergrößerung Riefen zu erkennen, die auf einen ausgeprägten abrasiven Verschleißvorgang zurückzuführen sind. Adhäsive Verschleißmechanismen prägen hingegen bei der Modellprüfung mit geschlossener Systemstruktur das Verschleißbild. Dieses weist deutliche Unterschiede gegenüber dem realen Prozeß auf. Der wiederholte Kontakt des Grundkörpers mit einem ringförmigen Bereich am Gegenkörper verursacht eine lokale Erhöhung der Kontaktflächentemperatur und eine Einglättung des Kontaktbereiches am Gegenkörper. Durch diese beiden Vorgänge werden adhäsive Verschleißvorgänge begünstigt, die in dieser Ausprägung im Zerspanprozeß nicht auftreten.

Mit diesen Untersuchungen konnte gezeigt werden, daß die Modellierung mit geschlossener Systemstruktur hinsichtlich der vorherrschend auftretenden Verschleißmechanismen offensichtlich nicht geeignet ist, den Zerspanvorgang befriedigend nachzubilden. Die auftretenden Verschleißmechanismen bei der Zerspanung und der Modellprüfung mit offener Systemstruktur weisen hingegen gute Übereinstimmungen auf. Folglich sollte bei der Modellierung von Zerspanprozessen der erhöhte Aufwand zur Realisierung einer offenen Tribosystemstruktur erbracht werden, um die Güte der Modellierung zu verbessern.

Modelluntersuchungen zur Wirksamkeit von Kühlschmierstoffen

Der Kühlschmierstoff hat einen bedeutenden Einfluß auf die Prozeßsicherheit, die Fertigungsqualitäten und die Standzeiten der Zerspanwerkzeuge. Der Kühlschmierstoff erfüllt im wesentlichen folgende Funktionen (s. Kap. 3):

- Kühlen des Werkzeuges,
- Kühlen des Werkstückes,
- Maschinentemperierung,
- Schmieren der Wirkflächen des Werkzeuges und
- Spantransport.

Diese Funktionen müssen durch andere am Zerspanprozeß beteiligte Komponenten übernommen werden, wenn der Kühlschmierstoff reduziert oder ganz vermieden wird. Auf dem Weg zu einer umweltverträglichen Bearbeitung stellt die Minimalmengenkühlschmierung einen Zwischenschritt zwischen konventioneller Überflutungsschmierung und Trockenbearbeitung dar. Um jedoch die Anforderungen für sinnvolle Substitutionsmöglichkeiten von Kühlschmierstoffen zu erfassen, ist es unerläßlich, deren Aufgaben und Wirkungsweisen zu analysieren.

Der Drehprozeß als ein kinematisch vergleichsweise einfacher Fertigungsprozeß bietet im Unterschied zum Bohrprozeß für den Einsatz von Kühlschmierstoffen günstige Voraussetzungen. Der Schneidteil des Werkzeuges ist i. d. R. gut zugänglich für den Kühlschmierstoff und stellt für dessen Zuführung keine Probleme dar. Die Frage ist jedoch, ob der Kühlschmierstoff entgegen der Spanbewegung und der Schnittbewegung die Schneide der Werkzeuge und die daran angrenzenden Bereiche der Span- und der Freiflächen erreichen kann. Die Wirksamkeit des Kühlschmierstoffes in den extrem stark belasteten Zonen des Werkzeuges hinsichtlich der Beeinflussung von Reibungs- und Verschleißmechanismen ist bislang nicht eindeutig geklärt [4].

Zur Analyse der Reibungsverhältnisse in diesen Bereichen wurden Modellversuche durchgeführt. Als Kühlschmierstoffe kamen sowohl konventionelle Zwischenstoffe wie Emulsion und Schneidöl in Form von Überflutungsschmierung zum Einsatz. Zusätzlich wurden auch Minimalmengenkonzepte in die Untersuchungen einbezogen.

Bei der Modellierung mit geschlossener Systemstruktur konnte durch den Einsatz von Kühlschmierstoffen eine Reduzierung der Reibungszahl von $f = 0{,}42$ auf $f = 0{,}08$ nachgewiesen werden. Die Modellierung mit offener Systemstruktur, welche stärker den Verhältnissen bei der Zerspanung entspricht, lieferte davon abweichende Verhältnisse. Bei Flächenpressungen von etwa 1.500 N/mm^2 konnte der Kühlschmierstoff nicht in den unmittelbaren Kontaktbereich zwischen Wendeschneidplatte und Gegenkörper gelangen, so daß nur eine vernachlässigbare Minderung der Reibungszahlen feststellbar war. Da im geschlossenen System durch häufigen Überlauf der Reibspur auf dem Gegenkörper eingebrachter Kühlschmierstoff in die Werkstückoberfläche hineingepreßt wird und gleichzeitig eine Einglättung der Reibspur stattfindet, werden für reibungsmindernde Vorgänge günstige Voraussetzungen geschaffen. Bei der Modellprüfung mit offener Systemstruktur findet diese Einglättung jedoch nur durch den einmaligen Kontakt statt. Lokal vorhandene Rauhigkeitsspitzen des Gegenkörpers als primäre Ursachen für Reibung können nicht mit Kühlschmierstoff benetzt werden, wodurch eine Schmierung nahezu wirkungslos bleibt.

Diese Ergebnisse belegen Aussagen, daß Kühlschmierstoff während des Zerspanprozesses in die stark belastete Zone nahe der Schneide nicht eindringen kann und somit die Wirkung von Kühlschmierstoff auf weniger beanspruchte Zonen der Span- und Freiflächen beschränkt ist. Auch diese Ergebnisse zeigen, daß die Systemstruktur einen entscheidenden Einfluß auf die tribologischen Vorgänge im Kontaktbereich zwischen Grund- und Gegenkörper hat.

2.3 Belastungsgerechte Wirkelemente

Der Einsatz von Kühlschmierstoffen in der spanenden Fertigung ist heute allgemeiner Standard, obwohl wirtschaftliche, ökologische und arbeitsmedizinische Gesichtspunkte es erforderlich machen, den Verbrauch einzuschränken oder ganz zu vermeiden. Hierzu sind jedoch die Wirkelemente des Zerspanwerkzeuges den veränderten Bedingungen belastungsgerecht anzupassen, die bei einer umweltverträglichen Prozeßgestaltung vorliegen.

2.3.1 Schneiden- und Führungsleistenwerkstoffe

Schneiden sowie Führungsleisten unterliegen während der Zerspanung hohen mechanischen, thermischen und chemischen Beanspruchungen. Um eine hohe Leistungsfähigkeit der dafür eingesetzten Werkstoffe bei gleichzeitig hoher Verschleißbeständigkeit zu gewährleisten, müssen diese im wesentlichen folgende Eigenschaften aufweisen:

- hohe Härte und Druckfestigkeit,
- hohe Biegefestigkeit und Zähigkeit,
- hohe Warmfestigkeit,
- hohe thermische Wechselbeständigkeit und
- hohe chemische Beständigkeit.

Ein reproduzierbares Verschleißverhalten des Zerspanwerkzeuges ist eine wesentliche Voraussetzung für eine hohe Prozeßsicherheit. Für die Durchführung eines wirtschaftlichen Bearbeitungsprozesses ist es erforderlich, die oben genannten Eigenschaften zu optimieren. Da sich die Forderungen jedoch teilweise widersprechen, ist ein einziger optimaler Schneiden- und Führungsleistenwerkstoff für vielfältige Bearbeitungsaufgaben nicht realisierbar. Insbesondere für die umweltverträgliche Prozeßgestaltung muß das Leistungspotential der Schneiden und Führungsleisten erhöht und den geänderten Randbedingungen angepaßt werden, um gegenüber dem konventionellen Prozeß konkurrenzfähig zu sein.

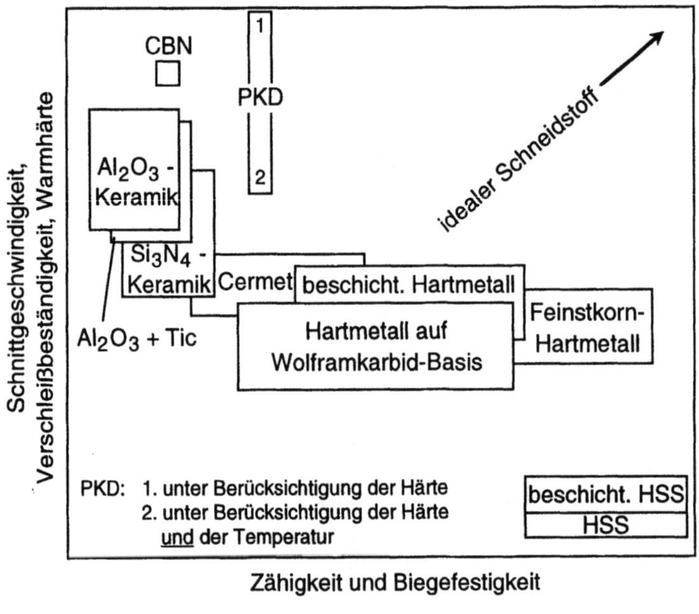

Abb. 2.10. Eigenschaften verschiedener Schneidstoffe [16]

Für die Zerspanwerkzeuge sind in der Vergangenheit zahlreiche Schneidstoffe entwickelt und optimiert worden. Dabei wurden oftmals nur die Haupteigenschaften Härte oder Zähigkeit für eine Beurteilung der Leistungsfähigkeit herangezogen (Abb. 2.10). Für eine Reduzierung von Kühlschmierstoffen bei der Zerspanung muß der Schneidstoff im wesentlichen eine hohe Warmfestigkeit aufweisen.

2.3.2 Beschichtungen

Neben dem Einsatz von Kühlschmierstoffen ist das Beschichten von Zerspanwerkzeugen ein zunehmend angewandtes Mittel zur Verbesserung der Kontakteigenschaften, zur Leistungssteigerung und zur Erhöhung der Prozeßsicherheit. Beschichtungen haben in Abhängigkeit der zu erwartenden Verschleißmechanismen unterschiedliche Funktionen zu erfüllen:

- Minderung des Werkstoffabtrags infolge abrasiven Verschleißes durch eine Hartstoffschicht,
- Reduzierung des adhäsiven Verschleißes durch Sperrschichten zwischen Schneid- und Werkstückstoffen mit hoher Affinität zueinander,
- Absenkung der Werkzeugtemperaturen durch Aufbringung einer thermischen Sperrschicht mit geringem Wärmeleitkoeffizienten und
- Verbesserung der Gleiteigenschaften an Span- und Freifläche durch reibungsmindernde Schichten.

Tabelle 2.1. Eigenschaften häufig eingesetzter Beschichtungen [14, 15, 18, 19]

Bezeichnung	Härte [HV 0,1]	Eigenschaften
TiN	2200–2800	gute chemische und thermische Beständigkeit, geringe Adhäsionsneigung, geringe Diffusionsneigung
TiC	2800–3700	hohe Härte, geringer Wärmeausdehnungskoeffizient, hohe Verschleißbeständigkeit gegen Abrasion
Al_2O_3	2500–3000	hohe Warmhärte und Oxidationsbeständigkeit, geringe Wärmeleitfähigkeit, geringe Zähigkeit
TiCN	2700–4500	hohe Härte, geringe Reibungszahl, hohe Verschleißbeständigkeit gegen Abrasion
TiAlN	2100–3600	hohe Härte, hohe Warmhärte und Oxidationsbeständigkeit, geringe Wärmeübergangszahl

Die Realisierung dieser Funktionen durch moderne Beschichtungen hat im Bereich der Zerspantechnik zu einer erheblichen Steigerung der Leistungsfähigkeit der Werkzeuge geführt. Je nach Anforderung können hierdurch Schnittgeschwindigkeit und/oder Standzeit erhöht werden.

Meistens werden Hartmetalle als Substrat eingesetzt, beschichtet werden aber auch HSS-Werkzeuge, Cermets, in Ausnahmefällen auch Keramiken. Konventionell eingesetzte Schneidstoffbeschichtungen für Hartmetalle besitzen üblicherweise eine höhere Härte als das Substrat, um die vergleichsweise guten Zähigkeitseigenschaften von Hartmetallen mit der hohen Härte von Beschichtungsstoffen zu verbinden. Die Schichten können sowohl chemisch im CVD-(Chemical Vapour Deposition)-Verfahren als auch physikalisch im PVD-(Physical Vapour Deposition)-Verfahren aufgebracht werden. CVD-Verfahren werden unter hohen Temperaturen zwischen 900 und 1.000 °C durchgeführt und bieten die Möglichkeit zur Mehrlagenbeschichtung [22]. Das PVD-Verfahren läuft bei Temperaturen zwischen 450 und 500 °C ab und ist so auch für Substrate mit geringerer Warmfestigkeit geeignet. In Tabelle 2.1 wird ein Überblick über gebräuchliche Beschichtungen gegeben.

Neben harten Beschichtungen werden zur Reibungs- und Verschleißreduzierung tribologischer Systeme seit einiger Zeit auch vergleichsweise weiche Schichten eingesetzt. Beispiele hierfür sind modifizierte Kohlenstoffschichten, die sich je nach Prozeßführung des Beschichtungsprozesses in verschiedene Richtungen anpassen lassen und je nach Last Reibungszahlen kleiner 0,2 im Kontakt mit Stahl aufweisen [5]. Je nach Beschichtungsart weisen die verschleiß- und reibarmen Kohlenstoffschichten Härten von 1.000–6.000 HV bei gleichzeitig guten Zähigkeitseigenschaften auf. Durch die geringe Adhäsionsneigung dieser Schichten können Kaltverschweißungen vermieden werden. Hiermit wird nicht nur der Grundkörper, sondern auch der nicht beschichtete Gegenkörper geschützt. Einen weiteren Vorteil bieten diese Schichten hinsichtlich der vergleichsweise geringen Beschichtungstemperaturen von unter 200 °C. Damit wird eine temperaturbedingte Schädigung des Substrats vermieden.

Eine neuartige, weiche Beschichtung hat als wesentlichen Bestandteil Molybdän-Disulfid (MoS_2) und wird bei Bohrwerkzeugen zur Reduzierung der Aufbauschneidenbildung und zur Verbesserung der Spanabfuhr in den Spankanälen verwendet. Sie reduziert jedoch primär nicht den Verschleiß und wird daher als Zweilagenbeschichtung in Verbindung mit einer Hartstoffschicht angeboten [2]. Während des Zerspanvorganges findet ein gewollter Schichtabtrag statt, der insbesondere auf der Spanunterseite als Feststoffschmierschicht dient. Die Schicht soll so gestaltet sein, daß dieser Abtrag über die gesamte Standzeit des Werkzeugs gewährleistet ist.

Beim Einsatz derart beschichteter Tiefbohrwerkzeuge unter Verwendung von Minimalmengenkühlschmierung konnte gezeigt werden, daß die Neigung zur Aufbauschneidenbildung und zu Ablagerungen an den Führungsleisten erheblich reduziert werden konnte und damit günstige Bedingungen zur Tiefbohrbearbeitung mit Minimalmengenkühlschmierung besonders bei der Zerspanung von Aluminium gegeben sind.

2.3.3 Topographie der Wirkelemente

Das Einsatzverhalten eines Werkzeugs wird u. a. durch seine Oberflächenbeschaffenheit maßgeblich bestimmt. In Abb. 2.11 sind die Verschleißkenngrößen Kolktiefe, Kolkbreite und Verschleißmarkenbreite am Beispiel umfangsgeschliffener Wendeschneidplatten der Hartmetallsorte P10 beim Längsdrehen von Vergütungsstahl dargestellt. Verläuft der Spanfluß senkrecht zu den Schleifriefen, wird eine um ca. 25–30 % höhere Kolktiefe und Verschleißmarkenbreite, jedoch eine um den gleichen Betrag geringere Kolkbreite beobachtet als bei einem zur Schleifrichtung parallelen Spanfluß.

Infolge des Spanflusses über die Spanfläche müssen zu Beginn der Drehbearbeitung erhabene Teilchen, z. B. die Rauhigkeitshügel der Schleifriefen, einer starken Scherkraft standhalten. Bei Überschreitung der maximalen Schubspannung werden Teilchen aus der Oberfläche herausgerissen, wodurch der Kolkverschleiß beginnt. Durch die senkrecht zur Bewegungsrichtung verlaufenden Schleifriefen ist der Spanfluß behindert, die Späne können schlechter abgleiten und werden stärker gestaucht. Diese erhöhte Spanstauchung führt zu einer stärkeren mechanischen und vor allem thermischen Belastung des Schneidteils. Hierdurch kommt es bei einem senkrecht zu den Schleifriefen verlaufenden Spanfluß zu günstigeren Diffusionsbedingungen zwischen Werkzeug und Werkstückstoff und damit zu tribochemischen Verschleißvorgängen, die sich in der verstärkten Kolktiefe äußern.

Zur Erklärung der Abhängigkeit zwischen der Größe der Verschleißmarkenbreite und der Lage der Schleifriefen zur Spanflußrichtung ist die Spannungsverteilung am Schneidkeil zu berücksichtigen. Verläuft der Span senkrecht zu den Schleifriefen, kommt es zu einer stärkeren Reibung zwischen Span und Spanfläche, als wenn der Span parallel zu den Schleifriefen abgleitet.

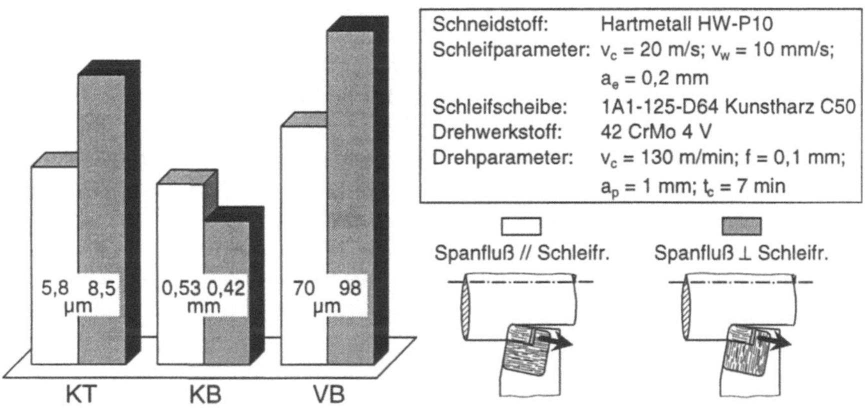

Abb. 2.11. Verschleißverhalten spanflächengeschliffener Wendeschneidplatten beim Drehen

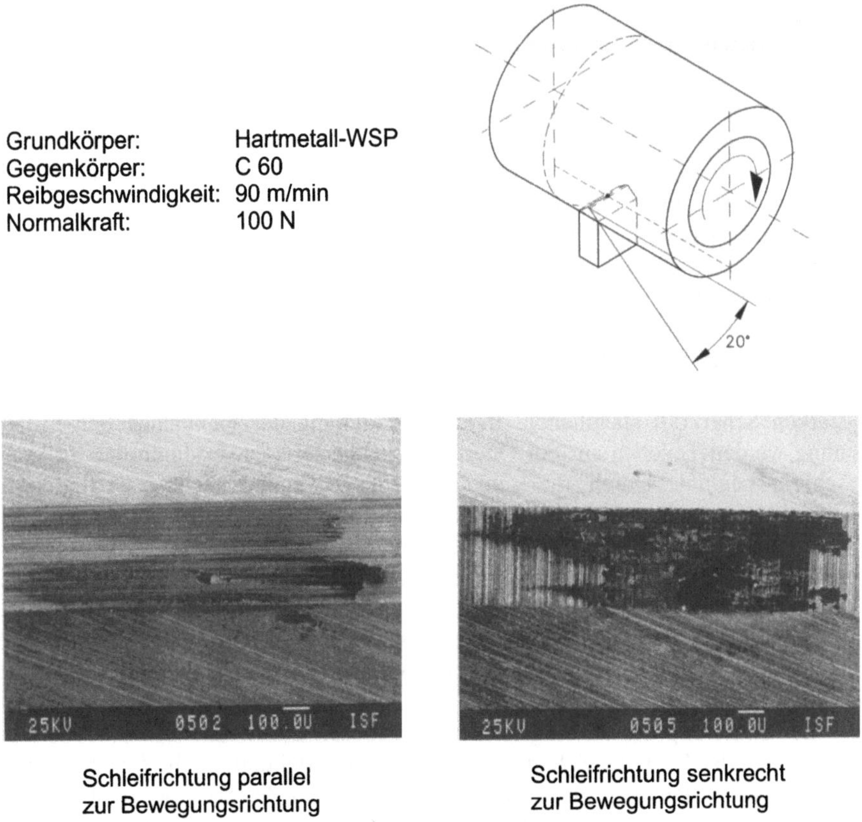

Abb. 2.12. Modellversuche zum Einfluß der Schleifrichtung

Die Reibung führt zu einer stärkeren Spanstauchung, wodurch die mechanische Belastung des Schneidkeils zunimmt. Diese äußert sich in einer Erhöhung der Schub- und Normalspannungen im Bereich der Spanstauchung, die sich bis ins Grundmaterial des Werkstückes auswirkt. Da der Werkstückstoff sich nicht nur plastisch, sondern auch elastisch verformt, nimmt auch die Belastung der Freifläche zu, was an der Zunahme der Verschleißmarkenbreite zu erkennen ist. Verläuft der Span parallel zu den Schleifriefen, ist die Belastung des Schneidkeils geringer, was eine geringere Verschleißmarkenbreite erklärt [21].

Die Modellprüfung bietet hier eine sehr gute Möglichkeit, die im realen Prozeß gewonnenen Ergebnisse isoliert für einzelne Wirkflächen des Zerspanwerkzeuges zu verifizieren. Der Kontaktbereich mit einer Breite von 0,3 mm wurde parallel bzw. senkrecht zur Reibbewegungsrichtung angeschliffen und anschließend auf dem Modellprüfstand mit offener Systemstruktur eingesetzt.

Abb. 2.12 zeigt eine rasterelektronenmikroskopische Aufnahme des Kontaktbereiches. Während im linken Bildteil nur sehr geringe Ablagerungen im Verschleißbereich festzustellen sind, ist rechts der gesamte Kontaktbereich durch Aufschweißungen abgedeckt. Wie schon bei den Zerspanversuchen festgestellt wurde, bilden also die senkrecht zur Bewegungsrichtung orientierten Schleifriefen dem darüber hinweggleitenden Material einen größeren Widerstand, wodurch sich mehr Material in der Kontaktzone ablagert.

Bei Reibversuchen wurden die Normal- und die Tangentialkraft gemessen, um hieraus die Reibungszahl zu bestimmen. Bei allen betrachteten Versuchen lag die Reibungszahl bei senkrechtem Anschliff zur Bewegungsrichtung 2–7 % über denen bei parallelem Anschliff.

Untersuchungen zum Einlippentiefbohren in Grauguß mit Druckluftunterstützung zur Gewährleistung der sicheren Spanabfuhr haben gezeigt, daß bei der Trockenbearbeitung vielfach höhere Anforderungen an die belastungsgerechte Gestaltung der Wirkelemente gestellt werden müssen. Außerdem sollten optimierte Bearbeitungsparameter in engen Grenzen eingehalten werden, da beispielsweise ein Verschleißminimum an den Führungsleisten bei Verminderung oder Erhöhung der Schnittgeschwindigkeit verlassen wird.

Die Auswirkungen einer belastungsgerechten Gestaltung der Wirkelemente – hier die Führungsleisten des Einlippentiefbohrers – zeigt Abb. 2.13. Aufgetragen ist der sich einstellende Führungsleistenverschleiß für verschiedene Ausführungsformen bei sonst konstanten Versuchsbedingungen (s. Kap. 4.6.4). Ausgehend von der Standardausführung mit Umfangsfase wurde im ersten Schritt diese verrundet und bei einer weiteren Optimierung zusätzlich poliert. Es ist zu erkennen, daß mit einer stirnseitigen Verrundung eine deutliche Verschleißreduzierung erreicht werden kann, beim zusätzlichen Polieren war während des betrachteten Bohrwegs kein Verschleiß meßbar.

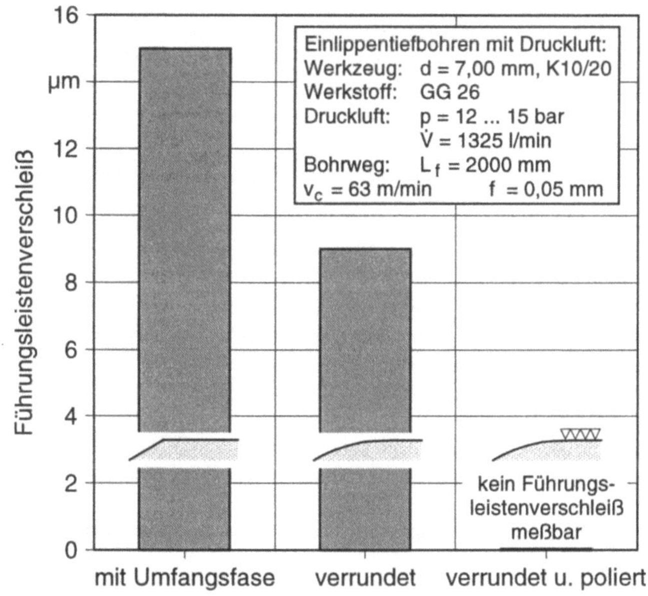

Abb. 2.13. Verschleißverhalten bei modifizierten Führungsleisten

Abschließend kann festgestellt werden, daß für eine umweltgerechte Prozeßgestaltung das Tribosystem Zerspanung optimiert werden muß. Ansatzpunkte hierzu sind abgestimmte Werkstoffe für Schneiden und Führungsleisten sowie deren mikroskopische und makroskopische Gestaltung. Weiterhin kommt der detaillierten Analyse der Wirksamkeit von Zwischenstoffen und Beschichtungen eine erhöhte Bedeutung zu.

2.4 Literatur zu Kapitel 2

[1] Buschka, M.; Opalla, D.: EMO '97: Neue Trends bei spanenden Werkzeugen. VDI-Z 139 (1997) 11/12, S. 38–41

[2] Cselle, T.; Eichler, R.; Zielasko, W.; Thamke, D.: Reduzierung des Kühlschmierstoffeinsatzes beim Tiefbohren mit Einlippenbohrern. In: Weinert, K. (Hrsg.): Spanende Fertigung, 2. Ausg. Essen: Vulkan-Verlag 1997, S. 141–154

[3] Czichos, H.; Habig, K.-H.: Tribologie-Handbuch: Reibung und Verschleiß. 1. Aufl. Braunschweig: Vieweg-Verlag 1992

[4] De Chiffre, L.:Mechanics of Metal Cutting and Cutting Fluid Action. International Journal of Machine Tool Design and Research 17 (1977), S. 225–234

[5] Dimigen, H.; Grischke, M.: Verschleißschutz mit modifizierten Kohlenstoffschichten. Vortragstexte zur Tagung „Reibung und Verschleiß", 21.–22. März 1996, Bad Nauheim 1996, S. 47–54

[6] DIN 50281: Reibung in Lagerungen: Begriffe, Arten, Zustände, physikalische Größen. Berlin: Beuth-Verlag 1977

[7] DIN 50320: Verschleiß: Begriffe, Systemanalyse von Verschleißvorgängen. Gliederung des Verschleißgebietes. Berlin: Beuth-Verlag 1979

[8] DIN 50322: Verschleiß: Kategorien der Verschleißprüfung. Berlin: Beuth-Verlag 1986

[9] DIN 50324: Tribologie: Prüfung von Reibung und Verschleiß, Modellversuche bei Festkörpergleitreibung (Kugel-Scheibe-Prüfsystem). Berlin: Beuth-Verlag 1992

[10] Fuß, H.: Aspekte zur Beeinflussung der Qualität von BTA-Tiefbohrungen. Dissertation, Universität Dortmund 1986

[11] Habig, K.-H.: Verschleiß und Härte von Werkstoffen. München-Wien: Carl Hanser Verlag 1980

[12] Hagemeyer, C.: Eine tribologische Studie zum Einsatz von Führungsleisten aus Keramik und Cermet beim BTA-Tiefbohren. Fortschrittsberichte, VDI-Reihe 2 Nr. 293, Düsseldorf: VDI-Verlag 1993

[13] Jost, H. P.: Lubrication (Tribology) Education and Research – A report on the present position and industry's needs. London: Her Majesty's Stationary Office, 1966

[14] Kammermeier, D.: Charakterisierung von binären und ternären Hartstoffschichten anhand von Simulations- und Zerspanversuchen. Fortschrittsberichte, VDI-Reihe 2 Nr. 271, Düsseldorf: VDI-Verlag 1992

[15] König, U.: Moderne Entwicklungen auf dem Gebiet der CVD-Beschichtung von Hartmetallen. VDI-TZ-Proceedings, Beschichten mit Hartstoffen, Düsseldorf: VDI-Verlag 1992, S. 205–220

[16] König, W., Klocke, F.: Fertigungsverfahren - Drehen, Fräsen, Bohren. Bd. 1. 5. Aufl. Düsseldorf: VDI-Verlag 1997

[17] König, W.; Tönshoff, H.-K.; Weinert, K.; Wobker, H. G.: Kontaktbedingungen an den Wirkflächen von Zerspanwerkzeugen. Berichtskolloquium zum DFG-Schwerpunktprogramm Wirkflächenreibung bei inelastischer Verformung metallischer Werkstoffe, 14. September 1995, Hannover

[18] Mack, M.: Oberflächentechnik. Bibliothek der Technik Bd. 38, Landsberg/Lech: Verlag moderne Industrie 1990

[19] Quinto, D. T. u. a.: High Temperature Microhardness of Hard Coatings – Produced by Physical and Chemical Vapor Deposition. Thin Solid Films, 153 (1987), S. 19–36

[20] Weinert, K.: Prozeßorientierte Analyse in der spanenden Fertigung. In: Weinert, K. (Hrsg.): Spanende Fertigung. 1. Ausg. Essen: Vulkan-Verlag 1994,, S. 27–55

[21] Weinert, K.; Willsch, C.; Schneider, M.: Influence of Grinding on the Quality of the Cutting Edge. Production Engineering, Vol III/2, München: Carl Hanser Verlag 1996, S. 49–52

[22] Wuttke, W.: Tribophysik: Reibung und Verschleiß von Metallen. 1. Aufl. München: Carl Hanser Verlag 1987

[23] Zum Gahr, K.-H.: Grundlagen des Verschleißes. In: VDI-Bericht 600 „Metallische und nichtmetallische Werkstoffe und ihre Verarbeitungsverfahren im Vergleich". Düsseldorf: VDI-Verlag 1987, S. 29–56

[24] Zum Gahr, K.-H.: Systemabhängig – Gleitverschleiß von Metallen, Keramik und Polymeren im Vergleich. Maschinenmarkt 97 (1991) 22, S. 84–97

3 Kühlschmierstoffkonzepte

In diesem Kapitel werden die unterschiedlichen KSS-Konzepte, die in der spanenden Fertigung zum Einsatz kommen, beschrieben. Ausgehend vom derzeitigen Stand der Technik werden insbesondere die alternativen Möglichkeiten wie Minimalmengenkühlschmierung und Trockenbearbeitung erläutert.

3.1 Konventionelle Kühlschmierung

Unter konventioneller Kühlschmierung soll daher das Überfluten des Werkzeugs, des Spanes sowie des Werkstückes mit Kühlschmierstoff verstanden werden. Die Überflutungskühlschmierung kann bei den meisten Werkzeugmaschinen ohne besondere technische Probleme, z. B. mittels um die Hauptspindel angeordneter Düsen, realisiert werden. Neben den am häufigsten angewendeten Überflutungsverfahren wurden einige Zuführungsverfahren entwickelt, von denen die Innenzuführung des Kühlschmierstoffes beim Bohren und insbesondere beim Tiefbohren besondere Bedeutung erlangt hat.

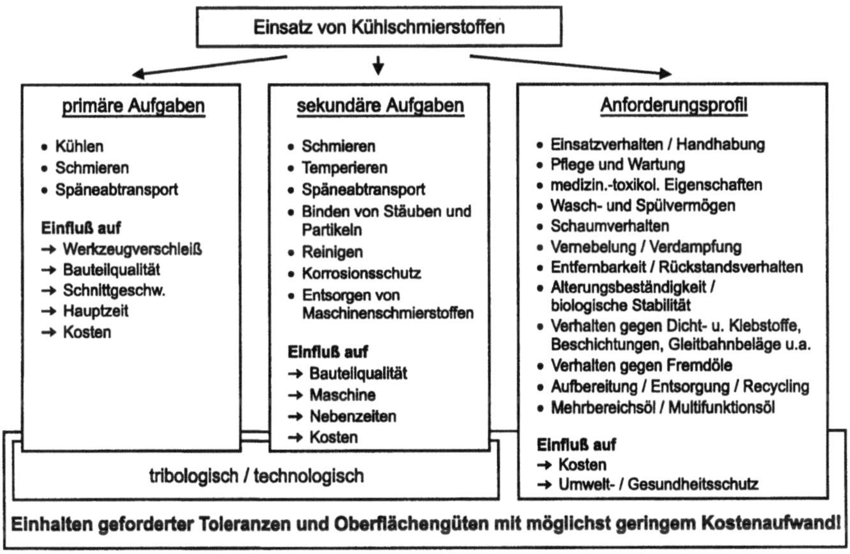

Abb. 3.1. Aufgaben und Anforderungsprofil von Kühlschmierstoffen

3.1.1 Aufgaben von Kühlschmierstoffen

Bei der spanenden Fertigung sollen Werkstücke in den geforderten Toleranzen und Oberflächengüten mit möglichst geringem Kostenaufwand gefertigt werden (Abb. 3.1). Die primäre Anforderung an einen Kühlschmierstoff für den Zerspanprozeß ist daher die Herabsetzung der Bearbeitungskosten durch Reduzierung des Werkzeugverschleißes und damit Erhöhung der Werkzeugstandzeit durch die beschleunigte Wärmeabfuhr und die Schmierung zwischen Werkzeug und Span sowie zwischen Werkzeug und Werkstück. Weiterhin sollen höhere Schnittgeschwindigkeiten ermöglicht und die Oberflächengüte der gefertigten Werkstücke verbessert werden.

Prozeßspezifisch kommen dem Kühlschmierstoff sekundäre Aufgaben wie die Schmierung außerhalb der Wirkzone Schneide/Span zwischen Werkzeug, Werkstück und Spänen, die Unterstützung des Spanabfuhr sowie die Systemkühlung zu. Dabei ist sowohl eine zu starke Aufheizung der Werkstücke, die zu einer entsprechenden Ausdehnung führt, zu vermeiden als auch die Temperaturbelastung der Werkzeugträger zu verringern. Darüber hinaus wird auch die Kühlung und Temperierung der Werkzeugmaschine und insbesondere der Spindel durch den Kühlschmierstoff wahrgenommen. Schwankende KSS-Temperaturen beeinflussen daher die Maßgenauigkeit.

Neben diesen tribologischen und technologischen Anforderungen muß der Kühlschmierstoff weitere Aufgaben wie das Reinigen und den Korrosionsschutz von Werkstück, Werkzeug und Maschine übernehmen. Daraus ergibt sich ein umfangreiches Anforderungsprofil für Kühlschmierstoffe bei spanenden Fertigungsverfahren. Neben dem Einsatzverhalten müssen ebenso Aspekte des Gesundheits-, Arbeitsplatz- und Umweltschutzes berücksichtigt werden. Eigenschaften der jeweiligen Kühlschmierstoffe wie die Emulsions- bzw. Ölreinhaltung oder der Aufwand zur Reinhaltung der Luft und Entsorgung der gebrauchten Kühlschmierstoffe spielen bei einer Entscheidung über den Einsatz einer bestimmten KSS-Art ebenso eine Rolle.

Während des Betriebes gelangen fortwährend Verunreinigungen wie Späne oder Abrieb sowie Fremdöle in den Kühlschmierstoff. Sie müssen aus dem KSS-Kreislauf entfernt werden, da sie die Standzeiten der Werkzeuge und des Kühlschmierstoffes und das Bearbeitungsergebnis negativ beeinflussen sowie die Pumpen zusetzen und zu höherem Verschleiß führen können. Ein großer Kostenfaktor wird daher durch die Entsorgung der Filterrückstände und der verbrauchten Kühlschmierstoffe verursacht [11].

3.1.2 Arten von Kühlschmierstoffen

Nach DIN 51385 [8] wird eine Unterteilung der Kühlschmiersstoffe in nichtwassermischbare, wassermischbare und wassergemischte Kühlschmierstoffe vorgenommen. Die wassergemischten Kühlschmierstoffe werden einfach durch Anrühren der wassermischbaren Konzentrate mit Wasser zur gebrauchsfertigen Mischung hergestellt. Aus dem Verbrauch der KSS-Mengen und dem Vergleich der Standzeiten der wassermischbaren und nichtwassermischbaren Kühlschmierstoffe kann man abschätzen, daß etwa fünf- bis siebenmal mehr Zerspanungsvorgänge mit wassermischbaren als mit nichtwassermischbaren Kühlschmierstoffen durchgeführt werden [37].

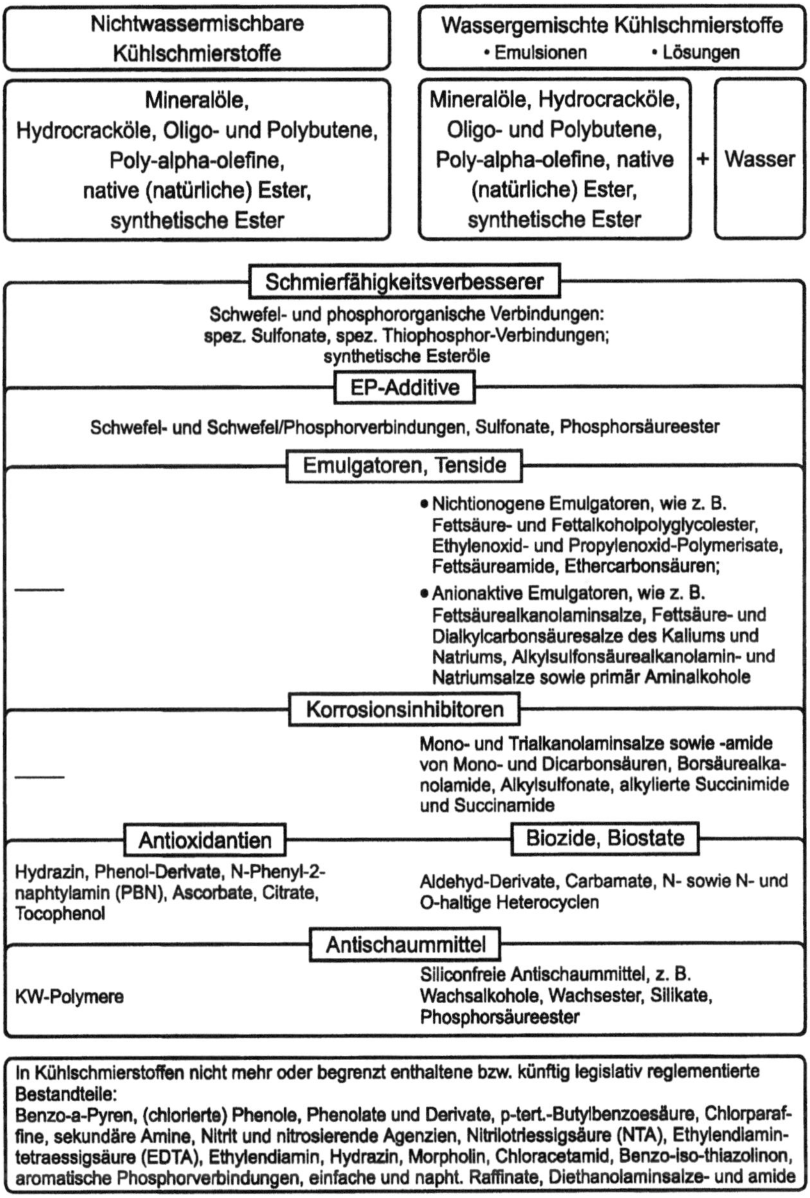

Abb. 3.2. KSS-Zusammensetzung für Zerspanvorgänge (nach [40])

Nichtwassermischbare Kühlschmierstoffe

Nichtwassermischbare Kühlschmierstoffe sind Mineralöle, die meist Wirkstoffe zur Verbesserung der Schmierfähigkeit, des Verschleißschutzes, des Korrosionsschutzes, der Alterungsbeständigkeit und des Schaumverhaltens enthalten. Mineralöle werden auf Erdölbasis hergestellt und bestehen normalerweise aus einer Vielzahl von Kohlenwasserstoffen. Je nach Grundzusammensetzung unterscheidet man paraffinische, isoparaffinische, naphthemische und aromatische Grundöle. Aus toxikologischen Gründen werden praktisch ausschließlich paraffinische und isoparaffinische Grundöle eingesetzt. Die ständig steigenden Anforderungen an Kühlschmierstoffe haben dazu geführt, daß für spezielle Anwendungen Syntheseöle entwickelt wurden. Vereinzelt werden auch sog. native Öle eingesetzt, die aus natürlichen Rohstoffen hergestellt werden (Abb. 3.2).

Additive werden den Kühlschmierstoffen beigemischt, um die Eigenschaften optimal auf den jeweiligen Einsatzzweck abzustimmen. Je nach Anwendungszweck variiert der Anteil von Grundöl und Additiven erheblich. Sogenannte Mehrzweckschneidöle, die auch für Maschinenschmierung und Hydraulik eingesetzt werden können, haben i. d. R. nur etwa 3 % Additive, während Spezialöle zum Tiefbohren und Räumen bis zu 45 % Additive enthalten können. Da die spanende Bearbeitung im Gebiet der Mischreibung abläuft, kommt insbesondere der richtigen Auswahl der polaren Wirkstoffe und der EP-Additive (extrem pressure) eine entscheidende Rolle bei der Formulierung von Kühlschmierstoffen zu.

Schmierungsverbessernde Zusätze dienen dazu, die Reibung an der Zerspanstelle herabzusetzen. Hierzu werden natürliche Fettöle (Palmöl, Rüböl) oder synthetische Fettstoffe (Ester) zulegiert. Beim Zerspanvorgang kommt es in Abhängigkeit von der Reaktivität der Oberflächen und der chemischen Struktur der Produkte zur Adsorption oder Chemiesorption der polaren Moleküle an der Metalloberfläche. Die stärkere Wirkung wird erreicht, wenn es zur Ausbildung der chemischen Bindung zwischen polarem Wirkstoff und der Metalloberfläche kommt, wobei die Bildung eines halbfesten Schmierfilms, der sog. Metallseifen, begünstigt wird. Die Wirksamkeit dieses Schmierfilms läßt aber bei Temperaturen oberhalb seines Schmelzpunktes (120–180 °C) nach [36].

Weiterhin werden Mineralölen EP-Zusätze zugefügt. Ihr Wirkmechanismus beruht darin, daß sie meistens bei höherer Temperatur mit den Metalloberflächen reagieren und Schutzschichten bilden. Diese Schutzschichten vermeiden den metallischen Kontakt der Reibpartner und haben eine geringere Scherfestigkeit als deren Verbindung zu den Grundmetallen. Somit werden sowohl die Kräfte gesenkt als auch die Entstehungswärme an der Zerspanstelle vermindert. Verwendung finden phosphor- und schwefelhaltige Verbindungen sowie freier Schwefel. Die chlororganischen Verbindungen haben aufgrund ihrer Umweltrelevanz und hier spezifisch für bestimmte Chlorparaffine wegen des Verdachts auf krebserregenden Potentials nur noch untergeordnete Bedeutung. Da sich die Entsorgung entscheidend verteuert, wird auf den Einsatz chlorhaltiger Additive weitgehend verzichtet.

Tabelle 3.1. Temperatureinsatzbereich von KSS-Additiven [10]

Wirkstoffart		Temperaturwirkungs-bereich	
Schmierungsver-bessernde Zusätze	Fettöle (tierisch, pflanzlich)	bis ca.	120 °C
	Synthetische Fettstoffe (Ester)	bis ca.	180 °C
EP-Zusätze	(Chlorhaltige Verbindungen)	bis ca.	400 °C
	Phosphorhaltige Verbindungen	bis ca.	600 °C
	Schwefelhaltige Verbindungen	bis ca.	800 °C
	Freier Schwefel	bis ca.	1000 °C

Die Temperaturwirkungsbereiche der einzelnen Zusätze sind Tabelle 3.1 zu entnehmen [10, 33, 65, 66]. Außer der Zerspanungstemperatur sind auch die Belastungen des Schneidteils und die Reaktionszeiten der Additive von elementarer Bedeutung für die Wirksamkeit eines Kühlschmierstoffes.

Nichtwassermischbare Kühlschmierstoffe sind vom Pflegeaufwand wesentlich weniger anspruchsvoll als wassermischbare Kühlschmierstoffe. Bei entsprechender Abtrennung der Feststoffe durch geeignete Filtrationsverfahren und einer innerbetrieblichen Rückführung der durch Werkstücke, Späne und Schlämme ausgetragenen Anteile ist eine Ölfüllung über Jahre hinaus einsetzbar. Die anfallenden Entsorgungsmengen sind daher sehr gering. Der Großteil dieser Altöle kann durch geeignete Raffinationsverfahren wieder aufbereitet werden. Ist dies aufgrund von erhöhten Schadstoffgehalten nicht realisierbar, verbleiben die Hydrierung (bei höheren Cl-Gehalten), die energetische Nutzung und in Ausnahmefällen die Beseitigung über die Sonderabfallverbrennung. In der Großserienfertigung gibt es daher aus Kostengründen Bestrebungen, künftige Fertigungslinien von Emulsionen auf Öl umzustellen [3].

Wassermischbare Kühlschmierstoffe

Wassermischbare Kühlschmierstoffe werden in Form von Lösungen oder Emulsionen vielfältig in der Metallbearbeitung sowohl beim Zerspanen als auch bei Umformoperationen eingesetzt. Kühlschmierlösungen entstehen durch Vermischen eines wasserlöslichen Konzentrats mit Wasser. Sie besitzen keine große Bedeutung für das Zerspanen mit geometrisch definierter Schneide. Ihre Hauptanwendung liegt auf dem Gebiet des Schleifens [10].

Emulgierbare Kühlschmierstoffe werden als Konzentrat angeliefert und vor dem Gebrauch mit Wasser zu Emulsionen verdünnt. Der hohe Wasseranteil von bis zu 99 % ist Ursache für die gute Kühlwirkung der Emulsionen, aber auch für die korrosionsfördernden Eigenschaften. Die Prüfung der Konzentration kann entweder mit einem Handrefraktometer oder einem Emulsionsprüfkolben geschehen. Der Rostschutz wird durch den leicht alkalischen Charakter der Flüssigkeit gewährleistet. Der ph-Wert der Emulsionen sollte in frisch angesetztem Zustand zwischen 8 und 9 betragen. Die Prüfung erfolgt in der Praxis meist mit Indikatorpapier, bei höheren Anforderungen durch potentiometrische Bestimmung.

Höherlegierte Emulsionen enthalten zur Schmierungsverbesserung und Erhöhung der Druckfestigkeit die in Abb. 3.2 aufgeführten Zusätze. Ein besonderes Problem bei Emulsionen ist der Befall durch Mikroorganismen wie Bakterien (hauptsächlich Pseudomonaden, Aerobacter und coliforme Keime), Hefen (hauptsächlich Candida) und Pilzen (hauptsächlich Fadenpilze, wie Fusarien). Als Folge davon sinkt der ph-Wert ab und damit auch das Korrosionsschutzvermögen, es tritt eine Geruchsbelästigung auf und die hygienischen Randbedingungen für das Bedienungspersonal verschlechtern sich. Weiterhin wird die Emulsion instabil, d. h. es wird Öl auf der Oberfläche abgeschieden und es entstehen Ablagerungen, die die Filter verstopfen und somit zu Betriebsstörungen führen. Abhilfe schaffen Biozide, die zu einem Anteil von ca. 0,15 % der Emulsion zugefügt werden. Um den Einsatz von Bioziden zu reduzieren, werden heute sog. „biostatische" Kühlschmierstoffe eingesetzt, deren zumeist borsäurehaltige Inhaltsstoffe eine Vermehrung von Keimen erschweren. Trinkwasserqualität des Ansetzwassers genügt im allgemeinen, um die Anfangsbelastung der Emulsion durch Mikroben entsprechend gering zu halten. Bei einem Wechsel des Kühlschmierstoffes ist aber auf eine sorgfältige Reinigung des Behälters zu achten, da Bakteriennester die frische Füllung sofort infizieren und nur eine geringe Standzeit der Emulsion zur Folge haben [10, 28, 33, 65, 66].

Die wichtigsten Zusätze von Kühlschmieremulsionen sind Emulgatoren. Sie haben die Aufgabe, das Öl im Wasser zu dispergieren, so daß sich nach dem Anmischen mit Wasser – das eine Wasserhärte zwischen 5 und 20 °dH aufweisen sollte – eine stabile Öl-in-Wasser-Emulsion einstellt. Es wird zwischen ionogenen und nichtionogenen Emulgatoren unterschieden. Sie bilden an der Grenzfläche zwischen Öltröpfchen und Wasser einen relativ stabilen Film, der ein Zusammenfließen der Öltröpfchen verhindert. Als Emulgatoren finden z. B. Alkaliseifen von Fettsäuren oder Naphtensäuren (ionogen) und Umsetzungsprodukte von Alkylphenolen mit Athylenoxid Anwendung. Die Emulgatormenge bestimmt die Öltröpfchengröße. Sie liegt bei den in der Metallbearbeitung benutzten grobdispersen Emulsionen zwischen 1 und 10 µm [66]. Durch feste oder flüssige Fremdstoffe oder durch mikrobiellen Abbau der Emulgatoren und Korrosionsinhibitoren wird die Emulsion destabilisiert.

Wassergemischte Kühlschmierstoffe müssen am Ende ihrer Standzeit in eine Öl- und eine Wasserphase aufgespalten werden. Beide Phasen müssen ein bestimmtes Profil besitzen, um den gesetzlichen Anforderungen oder Wiederverwertungsanforderungen zu genügen. Das ist i. d. R. nur mit Kombinationsverfahren möglich. Früher übliche Säure/Salz-Spaltverfahren (chemische Verfahren), die die wäßrige Phase zusätzlich belasten, werden nur noch in wenigen Fällen angewandt. Neben Sonderspaltverfahren, wie z. B. elektrolytisch unterstützte Koagulation oder Elektrophorese, werden heute vorrangig zwei physikalische Spaltverfahren praktiziert. Dies ist zum einen die Ultrafiltration, d. h. Trennung durch entsprechend feinporige Membrane in Permeat (Wasserphase) und Retentat (Ölphase) oder zum anderen durch eine Dünnschichtverdampfung. In vielen Fällen sind ergänzende Behandlungsstufen notwendig. Das Permeat der Ultrafiltration kann mittells Reversosmose weiter aufgearbeitet werden, um anschließend als hochgereinigtes Medium im Frischansatz und/oder Nachsatz von Emulsionen oder im Reinigerbereich eingesetzt zu werden. Entsprechend besteht auch die Möglichkeit der Wiederverwertung des rekondensierten Verdampferwassers. Die Ölphase wird i. d. R. einer thermischen Verwertung zugeführt [34].

Durch eine optimale Pflege des wassergemischten Kühlschmierstoffes, d. h. vor allem Leckageölabtrennung, KSS-Überwachung, Feinschmutzabtrennung, richtiger Ansatz und Verwendung abgestimmter Wasserqualität kann die Standzeit erheblich gesteigert werden (Abb. 3.3). Durch die Ausschöpfung dieses Abfallreduzierungspotentials wird der Anteil der Entsorgungskosten deutlich vermindert. Die meisten wassergemischten Kühlschmierstoffe verkraften einige Prozent Fremdöl, indem dieses einemulgiert wird. Die Entfernung der Leckageöle ist aber für das Erreichen langer Standzeiten unabdingbar. Bei einzelversorgten Maschinen und kleineren Systemen können hierzu Schwerkraftabscheider oder Skimmvorrichtungen eingesetzt werden. Bei größeren Bearbeitungsmaschinen und Zentralsystemen haben sich Zentrifugalseparatoren durchgesetzt, die bei Bedarf zugeschaltet werden.

Entwicklungstrends beim Einsatz von Kühlschmierstoffen

Seit einigen Jahren gibt es insbesondere in der Großserienfertigung einen Trend, Produkte mit einem breiten Anwendungsspektrum einzusetzen, die geeignet sind, z. B. verschiedene Vorgänge bei der Grob- und Feinbearbeitung oder die Aluminium-, Stahl- und Gußbearbeitung gleichermaßen abzudecken [38].

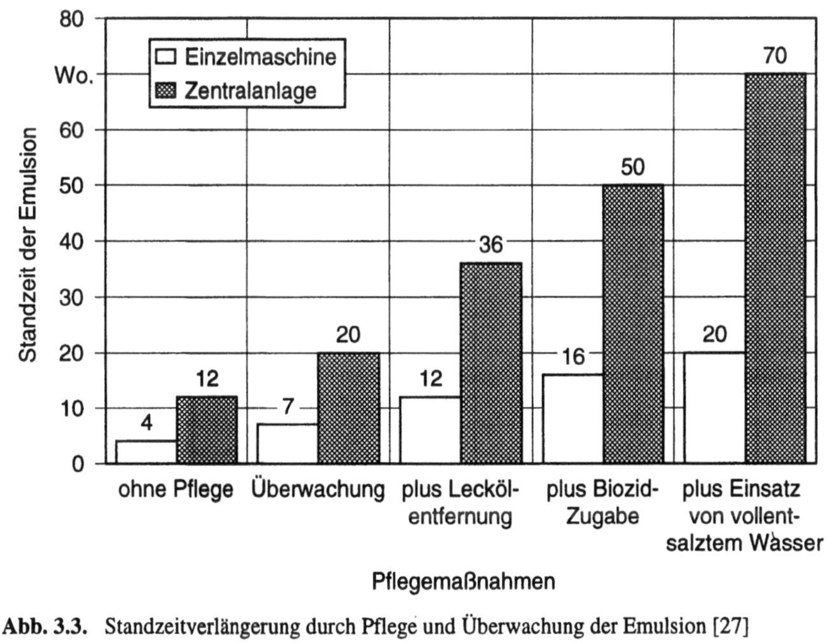

Abb. 3.3. Standzeitverlängerung durch Pflege und Überwachung der Emulsion [27]

Zunehmend wird auch die Einsatzmöglichkeit sogenannter Multifunktionsöle diskutiert. Sie sollen als KSS-Konzentrat die Funktion eines Hydrauliköles erfüllen und in wassergemischter Form als gängiger Kühlschmierstoff eingesetzt werden können. Bei Hydraulikölleckagen würden sie dann nur die KSS-Konzentration verändern und nicht mehr wie bisher den wassergemischten Kühlschmierstoff negativ beeinflussen. Bei nichtwassermischbaren Ölen kommt es zu einer homogenen Vermischung, die im Fall der Verträglichkeit des Fremdöls mit dem Kühlschmierstoff keine Nachteile bringt [37, 38].

Bei Zerspanungsprozessen ist das Entstehen von KSS-Emissionen unvermeidbar. Grundlegend muß dabei zwischen der Emission von Aerosolen und der Emission von Dämpfen unterschieden werden. Aerosole bilden sich, wenn der Kühlschmierstoff von rotierenden Werkzeugen, Werkstücken oder Maschinenteile im Arbeitsraum zerstäubt wird, beim Auftreffen des KSS-Strahles auf das Werkzeug, das Werkstück oder Maschinenteilen sowie durch Kondensation des verdampften Kühlschmierstoffes (KSS-Nebel). KSS-Dämpfe bilden sich beim Auftreffen des KSS-Strahles auf heiße Oberflächen, insbesondere der Werkzeuge. Während es für die Abscheidung von Ölpartikeln heute gut funktionierende, wirtschaftlich vertretbare Abscheidesysteme gibt, ist die Abscheidung von Öldämpfen nur mit hohem, nicht vertretbarem finanziellen Aufwand möglich [8]. Verdampfungs- und vernebelungsarme Kühlschmierstoffe sollen helfen, die Emissionen bei der spanenden Bearbeitung zu reduzieren. Verdampfung und Vernebelung von Metallbearbeitungsölen sind dabei entscheidend von der Qualität des Grundöles abhängig. Die bisherigen Ergebnisse beim Einsatz dieser sog. emissionsarmen Kühlschmierstoffe zeigen im Hinblick auf Arbeitsplatzbelastung, Emissionsbelastung und technische Leistungsfähigkeit, daß sich Esteröle in vieler Hinsicht günstiger verhalten als Mineralölprodukte [15, 37, 48].

Unter Berücksichtigung technischer, ökologischer und wirtschaftlicher Aspekte zeigt sich noch ein weiterer Trend: Der Verzicht auf wassermischbare Kühlschmierstoffe zugunsten von nichtwassermischbaren Ölen läßt sich nur mit in sich verträglichen Medien – Kühlschmierstoffen und Maschinenölen – für die Werkzeugmaschinen realisieren. Die Entwicklung neuer Schmierstoffamilien muß dabei die Einhaltung möglichst niedriger Wassergefährdungsklassen sowie die Verträglichkeit mit Maschinenkomponenten berücksichtigen [37].

Der Einsatz biologisch abbaubarer Kühlschmierstoffe speziell im Bereich wassermischbarer Produkte muß zurückhaltend bewertet werden [21]. Zunächst ist es notwendig, den Begriff „biologisch abbaubar“ exakt zu definieren, weiterhin ist die Frage zu stellen, wann, wo und in welcher Verdünnung der Kühlschmierstoff abgebaut werden soll. Jeder wassergemischte Kühlschmierstoff ist durch eingeschleppte Bakterien, Pilze, Hefen, die ein hervorragendes Nährstoffangebot vorfinden, ein biologisch „arbeitendes“ System. Daher ist ein gezielt durch sehr leicht abbaubare Inhaltsstoffe aufgebauter Kühlschmierstoff in Relation zu gängigen KSS-Typen nur mit großen Mengen an Konservierungsmitteln während der Einsatzdauer stabil zu halten. Negative Einflüsse auf die Haut sind vorprogrammiert [63].

Anderenfalls führt eine sehr gute biologische Abbaubarkeit von KSS-Inhaltsstoffen bzw. des Kühlschmierstoffes zu einem erheblich höheren Risiko mikrobiellen Befalls während des Einsatzes und damit in diesen Fällen zu einer wesentlich kürzeren Lebensdauer des wassergemischten Kühlschmierstoffes, zu einem stark erhöhten Volumen an zu entsorgenden Altemulsionen und -lösungen und folglich in der Gesamtbilanz zu einer deutlich höheren Umweltbelastung. Da wassergemischte Kühlschmierstoffe ohnehin nach ihrem Einsatz nur nach vorheriger Spaltung, d. h. Abtrennung des Mineralöles und der oleophilen Komponenten, unter Einhaltung behördlich vorgegebener Abwasserwerte ins Abwassersystem abgelassen werden dürfen, spielt auch hier die biologische Abbaubarkeit dieser Komponenten keine entscheidende Rolle. Die im wäßrigen System gelösten Reststoffe bereiten dem biologischen Abbau im Prinzip keine Probleme. Der abgetrennte Anteil öliger Komponenten muß der thermischen Verwertung zugeführt werden. Von wesentlich größerer Bedeutung sind biologisch abbaubare Kühlschmierstoffe im Bereich der nichtwassermischbaren Funktionsflüssigkeiten.

3.2 Minimalmengenkühlschmierung

Da eine reine Trockenbearbeitung aufgrund unzureichender Arbeitsergebnisse oft nicht durchgeführt werden kann, wird als Kompromiß die Minimalmengenkühlschmierung eingesetzt. Geringe Mengen an Kühlschmierstoff verbessern gegenüber der Trockenbearbeitung das Arbeitsergebnis und sind eine Möglichkeit zur Reduzierung des KSS-Einsatzes. Für die Bohrungsbearbeitung gilt, je tiefer die zu bearbeitende Bohrung ist, desto höher sind die Anforderungen an eine effiziente Versorgung der Wirkstellen mit Kühlschmierstoff und an einen sicheren Spanabtransport [7, 29, 30, 59, 60, 64].

In diesem Kapitel werden, ohne Anspruch auf Vollständigkeit, gängige Komponenten für die Minimalmengenkühlschmierung vorgestellt und Anforderungen an die Gerätetechnik, die Schmierstoffe und die Werkzeugmaschinen formuliert. Um besser beurteilen zu können, welche geringen Mengen Kühlschmierstoff bei der Minimalmengenkühlschmierung dosiert werden müssen, erfolgt zunächst eine Einordnung der Minimalmengenkühlschmierung.

3.2.1 Definition der Minimalmengenkühlschmierung

Für die Zuführung einer äußerst geringen Menge eines Schmierstoffes haben sich heute die Begriffe <u>M</u>inimal<u>m</u>engen(<u>k</u>ühl)<u>s</u>chmierung (MMKS) und <u>M</u>indermengen(<u>k</u>ühl)<u>s</u>chmierung (MKS) durchgesetzt. Allerdings ist die Kühlwirkung bei diesen KSS-Konzepten äußerst umstritten, so daß von vielen Autoren der Begriff der Minimalmengenschmierung (MMS) favorisiert wird.

Eine Kühlwirkung kann beim Einsatz der Minimalmengenkühlschmierung durch Konvektion an die strömende Druckluft und durch Verdampfung des Minimalmengenkühlschmierstoffes erzielt werden. Die Kühlwirkung des Trägermediums Druckluft ist aber aufgrund der niedrigen spezifischen Wärmekapazität ($c_{p\,Luft} \approx 1{,}0$ kJ/(kg K)) wesentlich geringer als bei konventionellen Kühlschmierstoffen ($c_{p\,Wasser} \approx 4{,}2$ kJ/(kg K), $c_{p\,Öl} \approx 1{,}9$ kJ/(kg K)). Bei der Verdampfungsenthalpie ist die Minimalmengenkühlschmierung auch aufgrund der geringen eingesetzten Schmierstoffmenge der konventionellen Kühlschmierung unterlegen ($r_{Öl} \approx 210$ kJ/kg, $r_{Wasser} \approx 2.257{,}1$ kJ/kg). Die Aufgabe des Kühlens sollte daher nicht in der Abfuhr der Zerspanungswärme, sondern vielmehr in der Vermeidung der Wärmeentstehung durch Reibungsminderung verstanden werden. Im Folgenden wird deshalb der Begriff Minimalmengenkühlschmierung verwendet.

In der Literatur findet man für Minimalmengenkühlschmierung häufig auch Bezeichnungen wie Pseudo- oder Quasi-Trockenbearbeitung, Microjet-, Spar-, Sprühnebelschmierung o. ä.. Entsprechend wird die Bearbeitung oft mit naß, feucht und trocken beschrieben. In Übersichtsvorträgen werden gelegentlich Trockenbearbeitung und Minimalmengenkühlschmierung synonym verwendet. Dies ist zulässig, da in beiden Fällen die Späne für die Entsorgung als trocken gelten. Für das weitere Verständnis sollen an dieser Stelle die Verwendung der gängigen Begriffe festgelegt werden (Abb. 3.4):

Bei konventioneller Kühlschmierung kann zwischen dem Einsatz von Emulsion oder Öl unterschieden werden. Beide Schmierstoffe können von außen als Überflutungsschmierung Werkzeug und Werkstück benetzen oder durch die Hohlspindel der Werkzeugmaschine und durch das Werkzeug zur Wirkstelle gelangen. Das Medium wird ohne Volumenstrombegrenzung im *Kreislauf* geführt und erreicht bei entsprechender Überwachung und Pflege Standzeiten von mehreren Monaten oder Jahren.

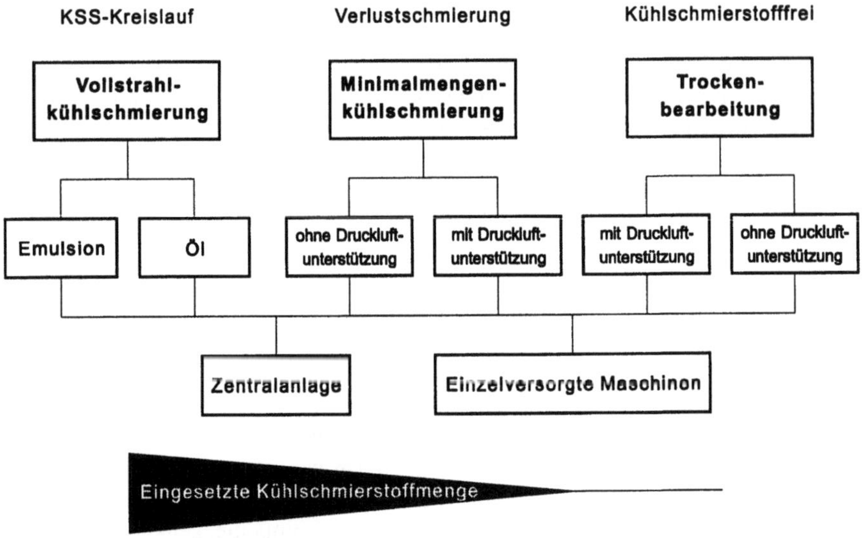

Abb. 3.4. Kühlschmierstoffkonzepte

Als Trockenbearbeitung soll die KSS-freie Bearbeitung verstanden werden. Es kommen keine tribologisch wirksamen Medien zwischen Werkzeug und Werkstück zum Einsatz. Im Idealfall bedeutet dies eine Fertigung ohne irgendeinen Fertigungshilfsstoff. Zur Unterstützung des Spanabtransportes bei der Bohrungsbearbeitung kann jedoch auch Druckluft eingesetzt werden, so daß eine druckluftunterstützte Trockenbearbeitung durchgeführt wird.

Die Minimalmengenkühlschmierung ist gekennzeichnet durch eine geringe Schmierstoffmenge, die zielgerichtet und dosiert an die Wirkstelle herangeführt wird. Da das Schmiermedium fast vollständig an der Zerspanstelle verbraucht wird, handelt es sich um eine Verlustschmierung. Die anfallenden Späne, aber auch Werkstücke und Werkzeuge, sind bei optimal eingestellten Systemen nahezu trocken, die aufwendige Aufbereitung entfällt. Die Verwendung des Begriffes Trockenbearbeitung ist im Zusammenhang mit dieser Verfahrensvariante also durchaus gerechtfertigt. Auch bei Minimalmengenkühlschmierung kann Druckluft zur Unterstützung des Spanabtransportes eingesetzt werden. Damit ist grundsätzlich nicht die Druckluft, die zur Zuführung, Zerstäubung und Fokussierung des Minimalmengenkühlschmierstoffes benötigt wird, gemeint. Insbesondere bei innerer Zuführung der Minimalmenge dient die Druckluft für den Spanabtransport aber auch als Transportmedium für den Minimalmengenkühlschmierstoff (s. Kap. 3.2.3).

Wie gering die Kontamination der Späne mit Schmierstoff ist, soll das folgende Zahlenbeispiel verdeutlichen: Mit einem Wendeschneidplatten-Bohrer d = 25 mm werden mit einer Schnittgeschwindigkeit von 225 m/min und einem Vorschub von 0,1 mm ca. 16.875 cm^3 Stahl Ck 45 pro Stunde zerspant. Dabei werden 10 ml Schmierstoff verbraucht. Der Schmierstoffanteil an den Spänen beträgt damit nur ca. 0,06 Vol.-%.

Zur weiteren Unterteilung für das Spanen mit geometrisch bestimmter Schneide wurde der Begriff Minimalmengenkühlschmierung vorgeschlagen, wenn der Maximalvolumenstrom weniger als 50 ml pro Prozeßstunde beträgt. Bei Mindermengenkühlschmierung soll der KSS-Verbrauch weniger als 2 l/min betragen [31]. Der Großteil des Schmierstoffes verbleibt dabei nach dem Prozeß auf Werkstück und Spänen. Entsprechend soll die Bearbeitung mit dem jeweiligen KSS-Konzept als Minimalmengen- bzw. Mindermengenbearbeitung bezeichnet werden.

Diese Definition berücksichtigt allerdings bei der pauschalen Angabe des Minimalmengenvolumenstromes $\dot{V}_{MMKS} \leq 50$ ml/h weder das Verfahren, den Spanungsquerschnitt, die Schnittparameter noch den zu bearbeitenden Werkstoff. So ist das Reiben in Aluminium-Legierungen mit 10 ml/h Schmierstoff ebenso wie das Tiefbohren von Stahl mit 30 ml/h als Minimalmengenbearbeitung zu verstehen, obwohl beim Tiefbohren die 3fache Schmierstoffmenge benötigt, andererseits aber der volle Querschnitt bearbeitet wird.

Die Beschreibung der Minimalmengenkühlschmierung durch die Angabe eines Faktors für die Reduzierung der eingesetzten KSS-Menge, z. B.

$$R = \frac{\dot{V}_{KSS}}{\dot{V}_{MMKS}} \tag{3.1}$$

Tabelle 3.2. KSS-Reduzierung durch Einsatz der Minimalmengenkühlschmierung

	konventionell	im Versuch erreicht		nach Definition [31]	
Verfahren	min. Forderung $\dot{V}_{KSS\,min}$ [l/min]	$\dot{V}_{MMKS}$ [ml/h]	$R = \frac{\dot{V}_{KSS\,min}}{\dot{V}_{MMKS}}$	$\dot{V}_{MMKS\,max}$ [ml/h]	$R_{min} = \frac{\dot{V}_{KSS\,min}}{\dot{V}_{MMKS\,max}}$
Bohren mit Wendelbohrern d = 10 mm	4,0	6,0	40000	50,0	4800
Bohren mit Wendeschneidplatten-Bohrern d = 25 mm	12,5	10,0	25000	50,0	15000
Tiefbohren mit Einlippenbohrern d = 15 mm	16,0	30,0	32000	50,0	19200
Reiben mit Einschneiden-Reibahlen d = 20 mm	20,0	10,0	120000	50,0	24000

kann nur sehr grob sein, da nicht für jedes Verfahren, für jeden Werkstoff etc. ein spezieller KSS-Volumenstrom bei konventioneller Bearbeitung an der Maschine eingestellt wird. Mit den gemäß Herstellerangaben minimalen KSS-Volumenströmen ergeben sich für die angegebenen Durchmesser die in Tabelle 3.2 aufgeführten möglichen Reduzierungen.

Für eine verfahrensübergreifende Definition der Minimalmengenkühlschmierung wird man also das Verfahren mit der geringsten KSS-Reduzierung heranziehen müssen. Die Bandbreite der möglichen Reduzierungen zeigt jedoch deutlich, daß eine verfahrensübergreifende Beschreibung der Minimalmengenbearbeitung nicht sinnvoll ist.

Bezieht man den pro Zeiteinheit eingebrachten Schmierstoff auf das pro Zeiteinheit zerspante Volumen, ergibt sich eine schärfere Definition für Minimalmengenkühlschmierung. Der Anteil des eingesetzten Schmierstoffes in Vol.-% des zerspanten Materials berechnet sich wie folgt, wenn man $\dot{V}_{MMKS}$ in ml/h, a_p und f in mm sowie v_c in m/min einsetzt:

$$M = \frac{\dot{V}_{MMKS}}{Q_w} \cdot 100\,\% = \frac{\dot{V}_{MMKS}}{60 \cdot a_p \cdot f \cdot v_c} \cdot 100\,\% \qquad (3.2)$$

Damit ergeben sich für die o. g. Anwendungsfälle die folgenden Kennzahlen (Tabelle 3.3):

Tabelle 3.3. Kennzahl zur Definition der Minimalmengenkühlschmierung

	Schmierstoffeinsatz pro Zeitspanvolumen	
Verfahren	Versuchsbetrieb $\dot{V}_{MMKS} \leq 50$ ml/h	nach Definition [31] $\dot{V}_{MMKS\,max} = 50$ ml/h
Bohren mit Wendelbohrern $a_p = 5$ mm, $f = 0{,}2$ mm, $v_c = 90$ m/min	0,111 Vol.-%	0,926 Vol.-%
Bohren mit Wendeschneidplatten-Bohrern $a_p = 12{,}5$ mm, $f = 0{,}1$ mm, $v_c = 225$ m/min	0,059 Vol.-%	0,296 Vol.-%
Tiefbohren mit Einlippenbohrern $a_p = 7{,}5$ mm, $f = 0{,}03$ mm, $v_c = 80$ m/min	2,778 Vol.-%	4,630 Vol.-%
Reiben mit Einschneiden-Reibahlen $a_p = 0{,}2$ mm, $f = 0{,}1$ mm, $v_c = 200$ m/min	4,167 Vol.-%	20,833 Vol.-%

Aus der Tabelle 3.3 ist zu ersehen, daß beim Bohren mit Wendeschneidplatten-Bohrern weniger als 1 Vol.-% des zu zerspanenden Werkstoffvolumens als Schmierstoff zugesetzt werden muß. Beim Reiben hingegen werden durch Eindüsen der gerade noch zulässigen 50 ml/h Schmierstoff über 20 Vol.-% des zerspanten Werkstoffes als Schmierstoff eingebracht. Damit sind weder die Späne noch die bearbeiteten Bauteile als trocken zu bezeichnen. Es wird daher als Definition vorgeschlagen, dann von Minimalmengenkühlschmierung zu sprechen, wenn bezogen auf das zu zerspanende Werkstoffvolumen 5 Vol.-% oder weniger als Schmierstoff dosiert werden. Ein Aufbohren oder Reiben mit der in [31] vorgeschlagenen Höchstmenge ist demnach nicht mehr als Minimalmengenbearbeitung zu bezeichnen. Maximal 12 ml/h dürfen eingesetzt werden, damit das Reiben unter den o. g. Schnittbedingungen noch als Minimalmengenbearbeitung bezeichnet werden kann.

Eine erweiterte Definition für die Minimalmengenkühlschmierung ist in Abb. 3.5 dargestellt. Auch diese enger gefaßte Definition berücksichtigt nicht den bearbeiteten Werkstoff. Ebenfalls vollkommen unberücksichtigt bleiben die Werkzeuge: Mit einer strömungstechnisch optimierten Reibahle sind beispielsweise geringere Volumenströme möglich als mit einer Standard-Reibahle, die das Aerosol zu einem großen Teil durch die Durchgangsbohrung fördert, ohne die Wirkelemente mit Schmierstoff zu benetzen. Auch Schneidstoff und ggf. Beschichtung können die einzusetzende Schmierstoffmenge verringern helfen. Geht man nun andererseits davon aus, daß nicht der gesamte eingebrachte Schmierstoff mit den Spänen ausgetragen wird, sondern sich der Schmierstoff auch auf dem Werkstück und den Vorrichtungen sowie im Arbeitsraum niederschlägt, erfüllt diese Definition auch zukünftig die Anforderungen an recyclinggerechte Späne, die derzeit lediglich 3 Gew.-% Schmierstoff beinhalten dürfen, um als „trockene“ Späne wieder eingeschmolzen werden zu können (Tabelle 3.4).

Tabelle 3.4. Gewichtsanteil des Minimalmengenkühlschmierstoffes an den Spänen

	Restfeuchte der Späne	
Verfahren	Versuchsbetrieb $\dot{V}_{MMKS} \leq 50$ ml/h	nach Definition [31] $\dot{V}_{MMKS\,max} = 50$ ml/h
Bohren mit Wendelbohrern $a_p = 5$ mm, $f = 0{,}2$ mm, $v_c = 90$ m/min	0,106 Gew.-%	0,917 Gew.-%
Bohren mit Wendeschneidplatten-Bohrern $a_p = 12{,}5$ mm, $f = 0{,}1$ mm, $v_c = 225$ m/min	0,007 Gew.-%	0,034 Gew.-%
Tiefbohren mit Einlippenbohrern $a_p = 7{,}5$ mm, $f = 0{,}03$ mm, $v_c = 80$ m/min	0,317 Gew.-%	0,528 Gew.-%
Reiben mit Einschneiden-Reibahlen $a_p = 0{,}2$ mm, $f = 0{,}1$ mm, $v_c = 200$ m/min	1,370 Gew.-%	6,494 Gew.-%

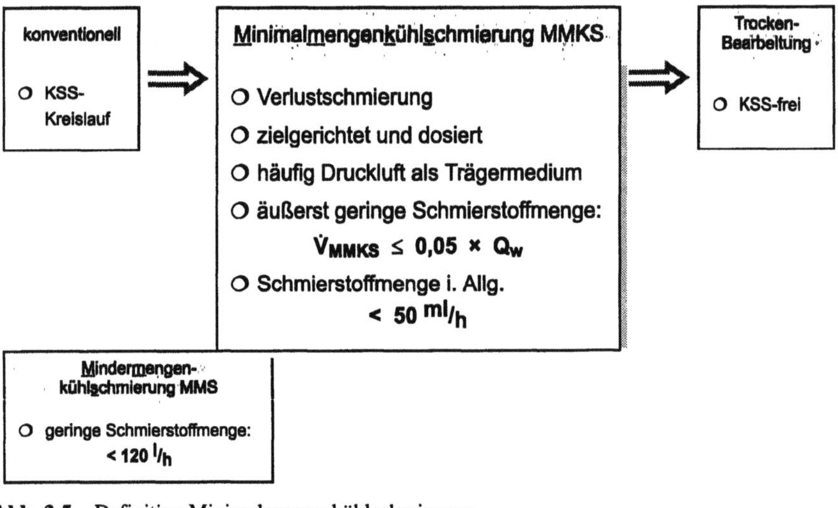

Abb. 3.5. Definition Minimalmengenkühlschmierung

3.2.2 Minimalmengenzuführung

Beim Einsatz der Minimalmengentechnik sollte grundsätzlich zwischen der Art der Zuführung und der Art der Gemischaufbereitung unterschieden werden. Während diese Unterscheidung bei äußerer Zuführung einfach getroffen werden kann, ist bei innerer Minimalmengenkühlschmierung die Art der Zuführung eng mit der Gemischaufbereitung verbunden.

Für die Zuführung des Minimalmengenkühlschmierstoffes gibt es eine Vielzahl von Möglichkeiten (Abb. 3.6). Diese werden in eine äußere und eine innere Zuführung unterteilt. Es sind aber auch Kombinationen aus beiden möglich, z. B. die äußere Zufuhr des Schmierstoffes und die innere Zufuhr von Druckluft zur Unterstützung des Spanabtransportes.

Die äußere Minimalmengenkühlschmierung (aMMKS) zeichnet sich durch einen einfachen Aufbau aus. Es sind keine oder nur geringe maschinenseitige Modifikationen notwendig. Die einfachste Methode, das Werkzeug mit Schmierstoff zu benetzen, ist das Eintauchen in einen Vorratsbehälter vor der eigentlichen Bearbeitung. Dabei muß die Haftfähigkeit und Viskosität des Schmierstoffes so gewählt werden, daß er nicht schon während des Zustellens abtropft. Durch die zusätzlichen Verfahrwege erhöht sich jedoch der Anteil der Nebenzeiten, was den Einsatz dieser Art der Zuführung verhindern dürfte.

Eine wirtschaftliche äußere Zuführung sollte daher ohne zusätzliche Nebenzeiten realisiert werden. Generell ist zwischen einem kurzzeitigen Besprühen des Werkzeuges mit Schmierstoff während der Zustellbewegung und einer kontinuierlichen Versorgung des Werkzeuges während der gesamten Hauptzeit zu unterscheiden. Bei nachfolgenden Bearbeitungsoperationen wie Gewinden oder Reiben kann auch das Besprühen des Werkstückes, d. h. der Bohrung vorteilhaft sein.

Der reine Schmierstoff oder das Gemisch aus Schmierstoff und Druckluft wird über eine oder mehrere Düsen auf das Werkzeug gesprüht. Die Düsen werden dazu im Maschinenraum, meistens am Spindelstock, angebracht. Für einen möglichst störungsfreien Prozeßablauf ist dabei die Düsengestaltung von besonderer Bedeutung. Die Anzahl und Ausrichtung der Düsen sowie das von der Düsengestaltung beeinflußte Sprühbild, d. h. Strahlform und Sprühwinkel, bestimmen maßgeblich das Arbeitsergebnis.

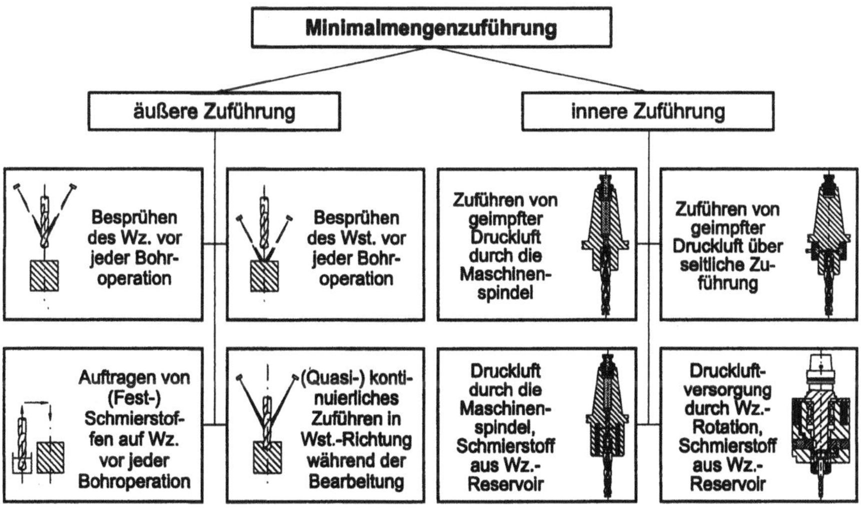

Abb. 3.6. Minimalmengenzuführung bei der Bohrungsbearbeitung

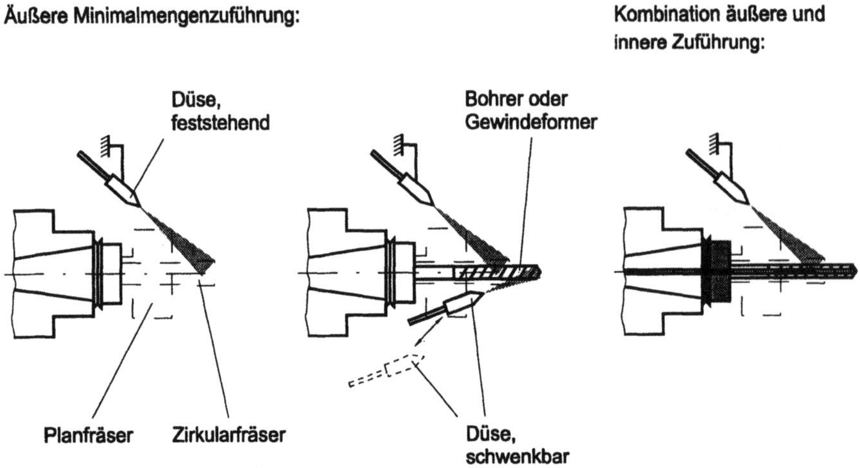

Abb. 3.7. Anordnung der Düsen bei Minimalmengenkühlschmierung in Abhängigkeit vom Werkzeugspektrum [25]

Bei unterschiedlichen Werkzeugspektren ist es notwendig, die Düsen auf Werkzeuglänge und -durchmesser einzustellen (Abb. 3.7). Während im linken Bildteil eine fest montierte Düse ausreicht, um die zwei Werkzeuge zu versorgen, muß für das längere Bohrwerkzeug im mittleren Bildteil eine zweite Düse installiert werden. Diese muß schwenkbar angebracht sein, um Kollisionen mit den übrigen Werkzeugen zu vermeiden. Durch Kombination von äußerer und innerer Zufuhr kann jedoch auf die zweite Düse verzichtet werden (rechter Bildteil).

Eine Positionierung der Düsen auf unterschiedliche Bohrerlängen durch eine weitere NC-Achse oder das Wegschwenken der Düsen auf unterschiedliche Fräserdurchmesser sind Möglichkeiten, die jedoch zusätzlichen Bauraum im Arbeitsraum der Werkzeugmaschine benötigen und den Werkzeugwechsel stören können. Zudem erhöht sich der Programmierungsaufwand.

Bei kontinuierlicher externer Zuführung sollten die Düsen möglichst parallel zur Werkzeugachse ausgerichtet werden, um so den Kühlschmierstoffstrahl optimal an die Wirkstelle zu leiten. Bei unzureichender Ausrichtung gelangt der Schmierstoff nur bis zu einem Längen-zu-Durchmesser-Verhältnis (l/D) von ca. 1,5 an die Wirkstelle (s. Kap. 4.3.1). Danach reicht die zur Verfügung stehende Schmierstoffmenge nicht aus, um die Wirkstelle zu versorgen, so daß die Qualität der Bohrungsoberfläche stark abnimmt. Nachteilig wirken sich daher die Verfahrbewegungen der Maschine auf die Positionierung der Austrittsdüse aus. Unter Umständen besteht Kollisionsgefahr mit Werkstück und Vorrichtung. Auch die aus der Bohrung austretenden Späne können die Positionierung der Düsen beeinträchtigen. Für automatisierte Fertigungsabläufe wird daher die geforderte Prozeßsicherheit oft nicht erreicht.

Es gibt jedoch Lösungen, die für einen speziellen Anwendungsfalls entwickelt wurden. Eine stufenlose Positionierung der Sprühdüsen auf Bearbeitungszentren durch die SPS der Maschinensteuerung ermöglicht ein Positioniermodul

(Abb. 3.8), das in Zusammenarbeit zwischen einem Maschinen- und Dosiergerätehersteller entwickelt wurde [42]. Beim Fräsen von Flugzeugintegralbauteilen wurden parallel zur konventionellen KSS-Versorgung Düsensegmente um die Hauptspindel angeordnet. Mit verschiedenen Düsensegmenten und angepaßten Düsen kann so ein großer Durchmesserbereich abgedeckt werden [9].

Bei Bohrverfahren wird das Entspanen durch die äußere Zufuhr von Minimalmengenkühlschmierstoff nur unzureichend unterstützt. Wird das Werkzeug dagegen am Ende der Bearbeitung mit Hilfe von Druckluft gesäubert oder der gesamte Bohrprozeß mit Unterstützung durch die innere Zufuhr von Druckluft durchgeführt, liefert der Prozeß zufriedenstellende Bearbeitungsergebnisse (Abb. 4.47). Allerdings stellt sich im letzten Fall die Frage, warum nicht das gesamte Medium von innen zugeführt wird.

Für die konventionelle Bearbeitung ist diese Problematik durch die innere Zufuhr von Kühlschmierstoff mit hohem Druck gelöst. Es bietet sich daher eine innere Minimalmengenkühlschmierung (iMMKS) an, bei der durch die innenliegenden Kühlkanäle der Werkzeuge mit Schmierstoff geimpfte Druckluft an die Wirkstelle geführt wird. Durch die Anwendung dieser KSS-Konzepte wird sowohl das Entspanen der Bohrung unterstützt als auch die Wirkstelle geschmiert. Sie sollten daher bevorzugt eingesetzt werden. Idealerweise erfolgt die innere Zuführung der Minimalmengen durch die Maschinenspindel, für ältere Werkzeugmaschinen werden auch in die Spindel einwechselbare Zuführungen angeboten, die jedoch in der zulässigen Höchstdrehzahl begrenzt sind (Abb. 3.6). Bei kleineren Werkzeugdurchmessern, etwa ab d ≤ 5 mm, reicht der Querschnitt der Kühlkanäle im Werkzeug nicht mehr aus, um genügend Schmierstoff in die Wirkzone zu transportieren. In diesen Fällen erweist sich die äußere Minimalmengenzuführung als vorteilhafter.

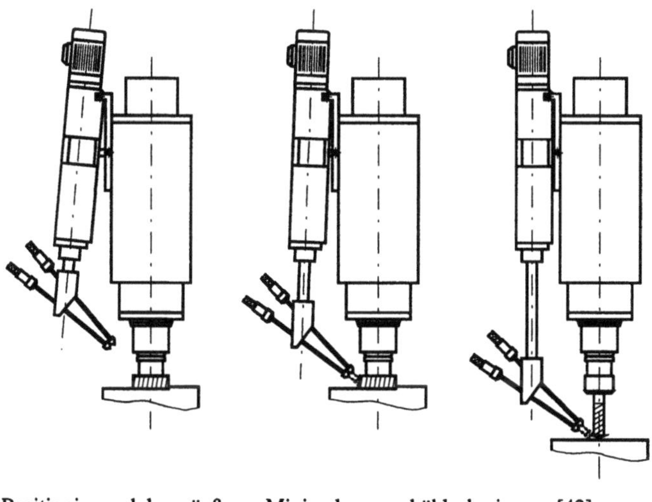

Abb. 3.8. Positioniermodul zur äußeren Minimalmengenkühlschmierung [42]

Während diese beiden Lösungen die in Kap. 3.2.3 beschriebenen Dosiergeräte benötigen, sind auch Lösungen angedacht worden, die ein Depot für den Minimalmengenkühlschmierstoff im Werkzeug oder Werkzeughalter vorsehen, so daß lediglich die Druckluft zugeführt werden muß. Der Schmierstoff, der speziell für dieses Werkzeug und die Bearbeitungsaufgabe abgestimmt sein kann, wird dann nach dem Venturi-Prinzip mitgerissen, zerstäubt und zur Wirkstelle transportiert. Der Inhalt des Öltanks reicht für eine Schicht, d. h. 8 Stunden aus [5, 14].

Einen Schritt weiter geht die Lösung eines Werkzeugherstellers, dessen sog. Öko-Futter die Rotation der Spindel nutzt, um die Luft aus der Umgebung anzusaugen und zu einer Düse zu leiten. Der Luftstrom saugt über diese Düse den Schmierstoff aus dem integrierten Depot. Um ein Nachtropfen zu vermeiden, öffnet ein Fliehkraftventil nur bei rotierender Spindel. Diese Lösung ist insbesondere für Werkzeugmaschinen sinnvoll, die hohe Drehzahlen erreichen, aber nicht über eine innere KSS-Zufuhr verfügen [5].

3.2.3 Minimalmengendosierung

Prinzipiell kann der reine Schmierstoff oder ein Schmierstoff-Druckluft-Gemisch zugeführt werden. Daraus ergeben sich dann drei verschiedene Varianten der Minimalmengendosierung (Abb. 3.9).

Die Befettung durch tröpfchenweises Aufsprühen des reinen Schmiermediums ohne Luftbeimischung stellt hierbei das einfachste System dar, das bei der Blechbearbeitung und beim Bohren und Gewinden eingesetzt wird. Aus einem Flüssigkeitsbehälter fließt das Medium in eine Kolbenkammer mit einstellbarem Volumen. Der Kolben, der durch einen Druckluftimpuls bewegt wird, preßt dieses Medium mit hohem Druck durch die Düse, so daß über Entfernungen von bis zu 1,5 m noch zielgenau dosiert werden kann [44]. Das System eignet sich ausschließlich für die äußere Zuführung.

Zur Herstellung eines Schmierstoffaerosols haben sich zwei Varianten etabliert [30]: Die eine Variante führt Druckluft und Schmierstoff getrennt möglichst nahe an die Wirkstelle heran. Der Medium- und Drucklufttransport geschieht i. d. R. über koaxiale Leitungen, bei denen die im Durchmesser kleinere Kühlschmierstoffleitung in der Druckluftleitung geführt wird. Bei der zweiten Variante, dem Mischen außerhalb der Maschine, wird im Dosiergerät ein Öl/Luft-Gemisch mit Flüssigkeitspartikeln im Nanometerbereich gebildet. Dadurch liegen die Partikel in Schwebeform vor und lassen sich auch über größere Strecken und schnell rotierende Spindeln transportieren. Das Werkzeug mit seinen engen Kühlkanälen wirkt wie eine Düse, in der das Aerosol bei gleichzeitigem Druckabfall beschleunigt wird, so daß sich Luft und Medium entmischen und so das Werkzeug schmieren. Der Luft- und Schmierstoffverbrauch werden im wesentlichen über den Betriebsdruck geregelt [49].

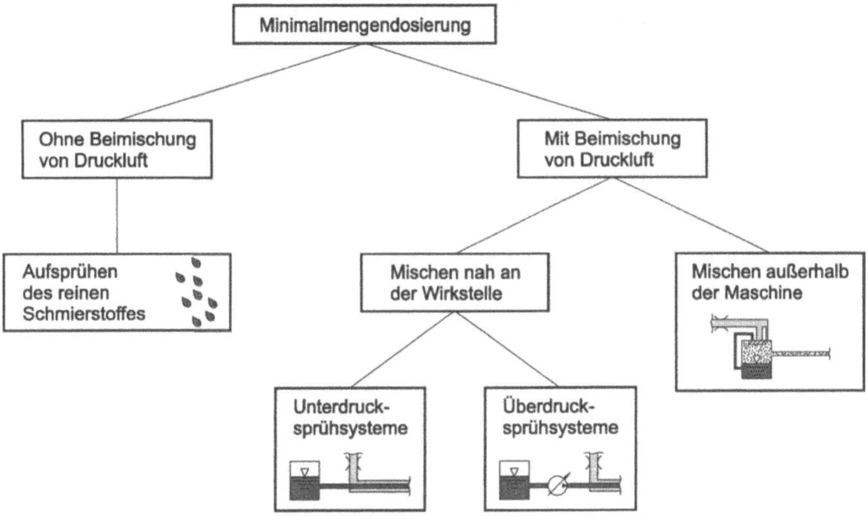

Abb. 3.9. Möglichkeiten der Minimalmengendosierung

Bei Unterdruckgeräten für die getrennte Zuführung wird der Schmierstoff über eine spezielle Düsengestaltung nach dem Venturi-Prinzip aus einem drucklosen Behälter gesaugt. Anwendung findet dieses Prinzip beim Sägen sowie bei Befeuchtung und Klebstoffauftrag. Größere Verbreitung im Bereich der spanenden Fertigung haben die Überdrucksprühsysteme erreicht. Hier kann zwischen Ausführungsformen mit druckbeaufschlagtem Behälter und Dosierpumpengeräten unterschieden werden (Abb. 3.10).

Bei der erstgenannten Ausführungsform werden durch den Überdruck im Vorratsbehälter das Medium und die Druckluft getrennt voneinander bis zur Düse bzw. zum Mischkopf geführt. Durch Unterdruckzerstäubung des Mediums am Düsenaustritt ergeben sich relativ große Schmierstoffpartikel in einem homogenen Sprühstrahl. In Verbindung mit einem Luftmantelstrahl wird ein richtungstabiler und nebelfreier Sprühstrahl erzeugt, wobei die Entfernung zwischen Düse und Werkzeug bis zu 300 mm betragen darf [35, 50]. Weiterführende Düsenkonzepte benutzen eine zweite Druckluftleitung, um durch Steuerluft eine Nadel im Koaxialsprühkopf anzuheben und die Sprühöffnung freizugeben [22].

Bei der zweiten Ausführungsform, den Dosierpumpengeräten, fördert eine Kolbenpumpe das Medium aus einem drucklosen Behälter. Die Volumenmenge pro Kolbenhub und die Hubfrequenz sind in einem weiten Bereich frei einstellbar. Getrennt hiervon wird die Druckluftmenge dosiert. Bedingt durch den drucklosen Behälter kann wie bei den Unterdruckgeräten das Medium auch während des Betriebs nachgefüllt werden [13, 43].

Alle vorgestellten Dosier- und Zuführgeräte lassen sich durch die Maschinensteuerung ansteuern, so daß die Minimalmenge exakt dann zur Verfügung steht, wenn sie benötigt wird. Durch Optimierung der NC-Programme läßt sich hier der Schmierstoff- und Druckluftverbrauch weiter reduzieren.

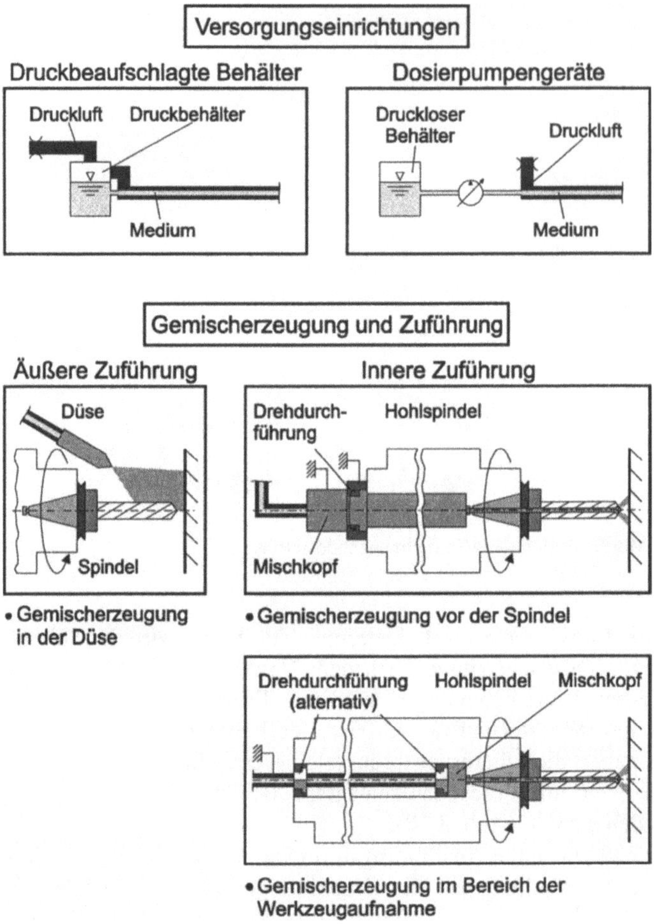

Abb. 3.10. Varianten der Gemischerzeugung und -zufuhr bei Überdrucksprühsystemen (nach WZL [30])

Wie zahlreiche, in [2, 51, 52, 53] zusammengefaßte Untersuchungen zeigen, ist es von entscheidender Bedeutung, daß die eingesetzte, äußerst geringe Menge des Minimalmengenkühlschmierstoffes möglichst exakt die Wirkstellen des Werkzeuges erreicht und sich nicht bereits auf ihrem Weg durch die Zuleitungen, die Maschinenspindel, die Werkzeugaufnahme und das Werkzeug niederschlägt. Die Dosiergeräte mit getrennter Zuführung erzeugen das Schmierstoffaerosol häufig vor der Spindel. Die Mischkammer oder die Düsen werden in die Drehdurchführung integriert. Der in der Spindel untergebrachte Werkzeugklemmechanismus bedingt jedoch ein häufiges, abruptes Umlenken des KSS-Stromes, was bei Minimalmengenkühlschmierung unbedingt vermieden werden muß, um ein vorzeitiges Entmischen von Schmierstoff und Druckluft zu verhindern. Abhilfe soll die Stabilisierung des Aerosols durch Verdrallen in einer Wirbelkammer vor dem Spindeleintritt schaffen [24]. Vielfach besitzen die Spindeln keine zentrale Bohrung zur KSS-Versorgung, so daß auch der Einsatz einer Lanze für das Mischen innerhalb der Spindel ausscheidet.

Die Fa. Hüller Hille hat für die Motorspindel der Bearbeitungseinheit Specht 2 eine Lösung entwickelt, bei der kurze Ansprechzeiten und das Verhindern des Nachtropfens mit einer feindispersen Vermischung von Schmierstoff und Druckluft in der Spindel direkt vor der Werkzeugaufnahme realisiert sind (s. Kap. 5.6.1). Das entwickelte Dosiersystem ist im vorderen Bereich der HSC-Spindel (bis 16.000 min^{-1}) in den Spannbolzen des HSK-Spannsystems integriert (Abb. 5.4). Es besteht im wesentlichen aus einem Dosierventil mit vorgeschaltetem Sintermetallfilter. Diesem Sintermetallfilter werden getrennt voneinander Druckluft und Minimalmengenkühlschmierstoff zugeführt. Auf dem Weg durch das Sintermetall reichert sich dann die Druckluft mit Schmierstoff an, bevor sie durch das Werkzeug hindurch an die Werkzeugschneiden geführt wird. Die der Luft zugeführte Schmierstoffmenge läßt sich über die Maschinensteuerung zwischen 10 und 150 ml Schmierstoff pro Stunde einstellen. Möglich ist aber auch die Umstellung der Maschine auf konventionelle Kühlschmierung [18, 19].

In den Spannsatz kann ebenfalls eine Mischkammer integriert werden. Vom Dosiergerät werden Druckluft und Schmiermedium über eine Drehdurchführung und ein Übergaberohr getrennt zugeführt. Das Problem liegt im Ausgleich der Relativbewegungen innerhalb der Hauptspindel. Es besteht weiterhin die Möglichkeit, über den Luftkanal Emulsion zuzuführen. Ziel solcher Bemühungen ist die Umrüstung vorhandener Werkzeugmaschinen auf Minimalmengenkühlschmierung [23].

Einen besonderen Schutz sowie Reinigungsmöglichkeiten erfordern Spindelkonen und Werkzeugaufnahmen. Insbesondere die Planaufnahmen lassen sich durch pneumatische Überprüfung des Spannvorganges vor Beschädigungen bewahren. Spezielle pneumatische Reinigungssysteme werden ebenfalls integriert [39].

Die Werkzeughersteller arbeiten darüber hinaus an der Optimierung der Werkzeugaufnahmen, z. B. der HSK-Spannpatronen, nach strömungstechnischen Gesichtspunkten. Auch hier wird bei der konventionellen Ausführung der KSS-Strom mehrfach stark umgelenkt [32].

3.2.4
Lastenhefte für die Minimalmengenkühlschmierung

In Zusammenarbeit mit den Projektpartnern des vom Bundesministerium für Bildung, Wissenschaft, Forschung und Technologie geförderten Verbundprojektes „Trockenbearbeitung prismatischer Teile“ ist ein Lastenheft mit den Anforderungen an Minimalmengenkühlschmiersysteme (Abb. 3.11) und -medien (Abb. 3.12) erstellt worden.

Die verschiedenen Forderungen der Lastenhefte sind nach ihrer Art, d. h. Festforderung (F), Mindestforderung (M) und Wunschforderung (W), eingeteilt. Bei der Angabe von Mindestforderungen wird die beschriebene Spezifikation durch einen Zielwert genau festgelegt. Die Wunschforderungen sind mit Werten zwischen 1 (niedrig, geringe Bedeutung) und 3 (hoch, große Bedeutung) gewichtet.

Lastenheft Minimalmengenkühlschmierung (MMKS) – Systeme –				
Nr.	Art	Anforderungen und Randbedingungen	Zielwert	Gewichtung
1	F	Nachrüstbarkeit (für neue und bestehende Betriebsmittel)		
2	W	Keine Beschränkung auf einzelne Fertigungsverfahren		3
3	W	Äußere und innerer MMKS einsetzbar		3
4	F	Getrennte Einstellbarkeit der gewünschten Flüssigkeits- und Druckluftmenge		
5	F	Einstellung der Parameter (z. B. Menge und Druck) nach Vorgabewerten in Abhängigkeit von Verfahren, Werkstoff und der Bearbeitungsstrategie		
6	W	Zubehör für unterschiedliche Aufgaben (z. B. Düsenformen, Handsteuerung usw.)		2
7	F	Exakte und vibrationsunempfindliche Ausrichtungsmöglichkeit der Düse(n) relativ zur Wirkstelle		
8	F	Überwachung der MMKS-Funktion (z. B. Füllstand, Medientransport und Druckluft)		
9	F	Möglichkeit der Ansteuerung durch die Maschinensteuerung und durch das NC-Programm		
10	F	Sprühbild der Düse: • Angabe günstiger Systemeinstellgrößen zur Minimierung der Nebelbildung • Zielgerichtete Benetzung (Angabe der Wirkbereiche der Düse)		
11	F	Forderungen des Arbeits- und Umweltschutzes einhalten (z. B. TRGS 900 (TRK-Werte))		
12	F	Einfacher Medienwechsel (z. B. durch Schnellablaß am Mediumbehälter)		
13	F	Angabe des im System verwendbaren Viskositätsbereichs bei 40 °C		
14	F	Verlustfreier Medientransport bis zur Übergabestelle Düse oder Werkzeug		
15	W	Kein Nachtropfen (insbesondere bei senkrechter Spindel)		2
16	F	Komponenten und Dichtungen resistent gegenüber den eingesetzten Medien in Abstimmung auf den Einzelfall		
17	M	Kleinste Einstellung (zur Realisierung trockener Werkstücke und Späne)	< 10 ml/h	
18	M	Schnelles Ansprechverhalten und Medienverfügbarkeit an der Zerspanstelle auch bei längeren Stillstandszeiten	< 3 s	
19	M	Geringe Lärmentwicklung im Betrieb	≤ 75 dBA	

F: Festforderung M: Mindestforderung (Angabe des Zielwertes) Gewichtung: 1: niedrig
W: Wunschforderung (Angabe der Gewichtung) 3: hoch

Quelle: BMW, Bosch, Daimler-Benz, Fuchs, Heidelberger Druckmaschinen, ISF, Oel-Held, WZL

Abb. 3.11. Lastenheft für Minimalmengenkühlschmierung – Systeme [12]

Lastenheft Minimalmengenkühlschmierung (MMKS) – Medien –				
Nr.	Art	Anforderungen und Randbedingungen	Zielwert	Gewichtung
1	F	Toxikologische und dermatologische Unbedenklichkeit der eingesetzten Medien		
2	W	Möglichst geringe Wassergefährdungsklasse		2
3	F	Forderungen des Arbeits- und Umweltschutzes einhalten (z. B. TRGS 900 (TRK-Werte)) sowie Einhaltung der Negativliste mit Stoffverboten		
4	M	Möglichst hoher Flammpunkt nach ISO 2592	≥ 120 °C	
5	W	Nach GefstoffV keine R- und S-Sätze		3
6	F	Keine organischen Chlorverbindungen		
7	F	Keine Geruchsbelästigung		
8	W	Geringe Oberflächenspannung für gute Benetzungsfähigkeit		3
9	W	Hohe Haftfähigkeit		3
10	F	Reduzierung der Reibung beim Zerspanen		
11	F	Verträglichkeit mit Elastomeren, Dichtungen und Lacken, keine Verklebungen (in Abstimmung auf den Einzelfall)		
12	F	Keine negative Beeinträchtigung der zu bearbeitenden Materialien (z. B. Korrosionsförderung)		
13	F	Geringes Nebelverhalten		
14	W	Staubbindung im Prozeß (z. B. bei der Gußbearbeitung)		1
15	M	Hohe Lagerungsstabilität	≥ 6 Monate	
16	W	Keine Verharzung an Aggregaten, Führungen usw.		3
17	M	Keine Funktionsbeeinträchtigung durch Verharzung / Alterung des Mediums bei Stillstand des Betriebsmittels	≥ 6 Wochen	
18	W	Keine zusätzliche Reinigung von Werkstück- und Betriebsmittel vor Folgebearbeitungen		2

F: Festforderung M: Mindestforderung (Angabe des Zielwertes) Gewichtung: 1: niedrig
W: Wunschforderung (Angabe der Gewichtung) 3: hoch

Quelle: BMW, Bosch, Daimler-Benz, Fuchs, Heidelberger Druckmaschinen, ISF, Oel-Held, WZL

Abb. 3.12. Lastenheft für Minimalmengenkühlschmierung – Medien [12]

Um auch bestehende Betriebsmittel mit MMKS-Systemen ausrüsten zu können, sollten die Systeme nicht nur in speziell konzipierten Anlagen einsetzbar sein, sondern eine Nachrüstung zumindest häufiger Maschinentypen ermöglichen (Pkt. 1). Insbesondere wegen des Einsatzes in Bearbeitungszentren sollten sie keiner Beschränkungen auf nur ein Fertigungsverfahren unterliegen (Pkt. 2). Ferner ist es wünschenswert, daß mit einem System sowohl die innere als auch die äußere MMKS-Zuführung realisierbar ist (Pkt. 3, 6, 7) (z. B. Fräsen mit äußerer, Bohren, Gewindebohren und Reiben mit innerer Zufuhr). Um den Versuchsaufwand bei der Einführung der Minimalmengenkühlschmierung möglichst gering zu halten, sollten sinnvolle Einstellparameter, z. B. für Menge und Druck in Abhängigkeit der Randbedingungen wie Verfahren, Werkstoff und Zufuhr bereits vom Systemhersteller vorgegeben werden (Pkt. 4, 5, 17). Besonders in der Großserienfertigung ist die Überwachung der Funktionsfähigkeit des MMKS-Systems für eine prozeßsichere Fertigung unverzichtbar (Pkt. 8). Es ist sicherzustellen, daß die Bearbeitungsstelle tatsächlich mit dem Druckluft/Schmierstoffgemisch versorgt wird und es nicht zu Aussetzern kommt (Pkt. 14, 18). Andererseits ist ein Nachtropfen, insbesondere bei vertikaler Spindelanordnung, zu vermeiden (Pkt. 15).

Neben verschiedenen Anforderungen an Arbeits- und Umweltschutz (Pkt. 11, 19) sowie an die Handhabung (Pkt. 12, 13) ist bei der Konzeption von MMKS-Systemen darauf zu achten, daß die verschiedenen Komponenten der Geräte sowie die Schnittstellen zur Werkzeugmaschine resistent gegenüber den eingesetzten Medien ausgelegt werden (Pkt. 16). Da die Tendenz zum Einsatz immer kleinerer Medienmengen geht, ist bei den Systemen darauf zu achten, daß auch eine Schmierstoffdosierung unter 10 ml pro Prozeßstunde (Pkt. 17) realisierbar ist [12].

Analog zum Lastenheft für die MMKS-Systeme sind die Anforderungen an die MMKS-Medien in Abb. 3.12 aufgeführt. Dabei beschränkt sich das Lastenheft auf Anforderungen, die sich speziell durch den Einsatz in der Minimalmengenkühlschmierung ergeben. Bestehende Anforderungen, die darüber hinaus generell an Schmierstoffe zu stellen sind, sollen durch das Lastenheft *nicht* entkräftet werden.

Von besonderer Bedeutung bei der Akzeptanz der MMKS-Technologie ist die toxikologische und dermatologische Unbedenklichkeit der Ausgangsprodukte und soweit wie möglich auch der Reaktionsprodukte (Pkt. 1). Eng hiermit verbunden ist die Forderung nach einer möglichst geringen Wassergefährdung durch MMKS-Medien (Pkt. 2). Dabei sollte im Idealfall die WGK 0 (im allgemeinen nicht wassergefährdende Stoffe) erreicht werden.

Eine wichtige Forderung des Arbeitsschutzes ist die Einhaltung der Luftgrenzwerte MAK (Maximale Arbeitsplatzkonzentration) und TRK (Technische Richtkonzentration) für Stoffe, die als Gas, Dampf oder als Schwebstoffe in der Luft vorliegen (Pkt. 3 ff., 13, 14). Die technische Richtkonzentration ist definiert als die Konzentration eines Stoffes in der Luft am Arbeitsplatz, die nach dem Stand der Technik erreicht werden kann. Die maximale Arbeitsplatzkonzentration ist die Konzentration eines Stoffes in der Luft am Arbeitsplatz, bei der im allgemeinen die Gesundheit der Arbeitnehmer nicht beeinträchtigt wird. Die TRK- und MAK-Werte sind Schichtmittelwerte und beziehen sich auf eine täglich achtstündige Exposition bei Einhaltung einer durchschnittlichen Wochenarbeitszeit von 40 Stunden. In Zusammenhang mit der Minimalmengenkühlschmierung ist in der Liste der Luftgrenzwerte der TRGS 900 (Technische Regeln für Gefahrstoffe) in der Ausgabe 3/96 ein Grenzwert für wassermischbare und nichtwassermischbare Kühlschmierstoffe mit einem Flammpunkt größer 100 °C festgelegt worden. Der Grenzwert von 10 mg/m³ gilt für die Summe aus dampfförmigen Produkten und Aerosolen (technische Bezeichnung für Nebel, d. h. Flüssigkeitspartikel). Er wurde in die Gefahrstoffliste 1996 des Berufsgenossenschaftlichen Instituts für Arbeitssicherheit (BIA) übernommen [4, 16, 45, 46, 47, 54, 55].

Eine rasche und vollständige Benetzung des Werkzeugs mit Schmierstoff ist die Voraussetzung für eine optimale Wirkung der Minimalmengenkühlschmierung (Pkt. 8). Damit die fein verteilten Flüssigkeitströpfchen nach Austritt aus der Zufuhreinrichtung einen lückenlosen Schmierfilm bilden können, ist eine geringe Oberflächenspannung des Mediums erforderlich. Da die Forderung nach einer guten Benetzungsfähigkeit konträr zu der Forderung nach einer hohen Haftfähigkeit sein kann (Pkt. 9), wurden beide Forderungen als Wunschforderung formuliert. Mit hoher Haftfähigkeit ist in diesem Zusammenhang das Vermögen der Medien gemeint, unter den Randbedingungen des Zerspanprozesses verschleißmindernde Schichten zu bilden (Pkt. 10).

Unter Einsatz der Minimalmengenkühlschmierung darf es nicht zu einer Beeinträchtigung von Maschinenkomponenten oder der bearbeiteten Bauteilqualität kommen (Pkt. 11, 12, 18). Auch während längerer Stillstandszeiten der Systeme soll es nicht zu Verharzungen an Aggregaten, Führungen, dem MMKS-System selbst usw. kommen (Pkt. 15, 16, 17) [12].

3.2.5 Kühlschmierstoffe für die Minimalmengenkühlschmierung

Für die Minimalmengenkühlschmierung können alle Kühlschmierstoffe eingesetzt werden, die auch bei Umlaufkühlschmierung Verwendung finden. In der Praxis liegt der Schwerpunkt aber eindeutig bei den nichtwassermischbaren Produkten, wobei die synthetischen bzw. nativen Metallbearbeitungsflüssigkeiten deutlich besser geeignet sind als Mineralölprodukte. Emulsionen tragen aufgrund ihres geringen Schmierstoffgehaltes einerseits kaum zur Reibungsminderung bei, andererseits sind die bei Minimalmengenkühlschmierung eingesetzten Volumenströme zu gering als daß der Wasseranteil wesentlich zur Kühlung beitragen kann. Da es sich bei der Minimalmengenschmierung um eine reine Verlustschmierung handelt und häufig der Kühlschmierstoff komplett in Form von Dämpfen und Aerosolen in den Arbeitsraum abgegeben wird, muß auf die toxikologische Unbedenklichkeit besonderen Wert gelegt werden. Mineralöle bestehen aus einer Vielzahl von Substanzen, zudem müssen Mineralöle für eine Reihe von Anwendungen zur Verbesserung der Schmierleistung mit chemisch aktiven Additiven ausgerüstet werden. Diese Additive können sich u. U. negativ auf die Material-, Umwelt- und Hautverträglichkeit auswirken. In einem mineralölbasischen Schmierstoff liegen also zwangsläufig niedrig- und höhersiedende sowie physiologisch unbedenkliche und kritische Inhaltsstoffe vor. Bei synthetischen Produkten ist der Schmierstoffhersteller dagegen in der Lage, die Eigenschaften des Schmierstoffes genau zu definieren und Problemstoffe zu vermeiden. Esteröle und Fettalkohole mit geringen toxikologisch unbedenklichen Additivanteilen haben sich dabei besonders bewährt. Natürliche Öle haben den Nachteil, daß sie meistens oxidativ sehr instabil sind. Bei Verfahren mit hoher Wärmeentwicklung sollten daher ebenfalls Esteröle und Fettalkohole bevorzugt eingesetzt werden, um Verharzungen auf den Bauteilen, Werkzeugen und Maschinen zu vermeiden [20, 26, 37].

Fettalkohole haben erst mit der Einführung der Minimalmengenkühlschmierung eine gewisse Bedeutung in der Metallbearbeitung erlangt. Sie können aus petrochemischen oder aus nativen Rohstoffen hergestellt werden. Die Synthese kann entweder mit den petrochemischen Rohstoffen Ethylen, Wasserstoff und Aluminium erfolgen oder durch katalytische Hochdruckhydrierung von Fettsäuren. Fettalkohole für die Metallbearbeitung können durch ihr rasches Abdampfen von metallischen Oberflächen eine Quasi-Trockenbearbeitung unterstützen, da die bearbeiteten Teile trocken sind. Bei jedem Verdampfungsprozeß wird darüber hinaus der Umgebung Wärme entzogen, was zu einer wenn auch geringen Kühlwirkung führt. Das Benetzungsverhalten auf metallischen Werkstoffen und damit die Schmierleistung ist, im Vergleich zum unpolareren Mineralöl, höher einzuschätzen. Im Vergleich zu Esterölen ist ihre Schmierwirkung aber relativ gering. Deshalb werden Fettalkohole bevorzugt bei den Zerspanungsverfahren eingesetzt, bei denen die Kühlwirkung gegenüber der Schmierwirkung im Vordergrund steht. Beispiele sind die Graugußbearbeitung, bei der Graphit im Werkstoff die Schmierwirkung übernimmt, oder das Sägen von Guß, Stahl und Aluminium. Der Flammpunkt liegt im allgemeinen höher als bei niedrigviskos verdampfenden Kohlenwasserstoffen und das Risiko der Bildung von toxischen Zersetzungsprodukten ist vergleichsweise gering. Fettalkohole haben bei gleicher Viskosität einen niedrigeren Flammpunkt als Esteröle. Die besten Ergebnisse bei Minimalmengenkühlschmierung werden mit verzweigten Fettalkoholen erzielt.

Esteröle bieten eine vielseitige Rohstoffbasis für Schmierstoffe. In Form von tierischen und pflanzlichen Fettölen wurden sie schon im vorindustriellen Zeitalter zur Metallbearbeitung eingesetzt. Alle Ester zeichnen sich durch die chemisch sehr stabile Estergruppe aus. Durch ihre Polarität werden u. a. auch die tribologischen Eigenschaften bestimmt. Durch die Kombinationsmöglichkeiten von verschiedenen Alkoholen mit den unterschiedlichen Fettsäuren sind eine Reihe von verschiedenartigen Estertypen herstellbar. Bei Minimalmengenkühlschmierung ist zu beachten, daß auch bei höheren Temperaturen zwischen Werkzeug und Werkstück keine festen Rückstände bzw. Verharzungen auftreten. In diesem Punkt sind beispielsweise Syntheseester den nativen Esterölen überlegen. Esteröle sind in einem weiten Viskositätsbereich verfügbar. In der Zerspanung arbeitet man normalerweise mit Viskositäten zwischen 5 und 40 mm^2/s (bei 40 °C). Für Umformoperationen werden teilweise deutlich höhere Viskositäten eingesetzt. Trotz niedriger Viskosität haben sie einen hohen Siedebereich und Flammpunkt. Aufgrund ihrer chemischen Struktur sind Esteröle vergleichsweise temperaturstabil und verdampfungsarm, so daß ein rückstandsfreies Verdampfen in der Anwendung nicht zu erwarten ist. Dadurch wird andererseits wesentlich weniger Dampf in den Arbeitsraum emittiert und der verbleibende dünne Film auf dem Werkstück hat gleichzeitig eine korrosionsschützende Wirkung. Die Schmierleistung steigt mit der Viskosität bzw. den Molekülgrößen. Esteröle werden daher bevorzugt bei den Zerspanungsverfahren verwendet, bei denen die Schmierwirkung zwischen Werkzeug und Werkstück und den abfließenden Spänen im Vordergrund steht. Beispiele hierfür sind das Gewinden, das Bohren und das Drehen. Neben diesen Eigenschaften sind Esteröle sehr gut biologisch abbaubar und werden aufgrund ihrer guten toxikologischen Eigenschaften in die Wassergefährdungsklasse 0 oder

1 eingestuft [37]. Vergleicht man Fettalkohole mit Esterölen hinsichtlich ihrer Eignung für MMKS-Anwendungen, so haben beide Produktgruppen ihre Stärken in unterschiedlichen Anwendungsbereichen (Tabelle 3.5) [20, 26].

Der Einfluß der Minimalmengenkühlschmierstoffe wurde bis auf kleinere Versuchsreihen lange vernachlässigt. Zudem wurden immer wieder neue, verbesserte Schmierstoffe getestet, ohne daß weder die Rezepturen offengelegt noch die Änderung bekannt gegeben wurden. Daher läßt sich derzeit keine technologisch nachvollziehbare Aussage hinsichtlich des geeigneten Minimalmengenkühlschmierstoffes treffen. Nach eingehenderen Untersuchungen und in Zusammenarbeit zwischen Technologie und Chemie sind eine bessere Anpassung der Schmierstoffe an den Bearbeitungsfall sowie Empfehlungen für die Auswahl von Schmierstoffen in Abhängigkeit von Werkstückmaterial, Schneidstoff und Beschichtung sowie dem Verfahren zu erwarten.

Untersuchungen zum Einfluß des eingesetzten Minimalmengenkühlschmierstoffs wurden am Institut für Spanende Fertigung beim Reiben von Aluminium-Guß durchgeführt (Tabelle 3.6). Die Gemischerzeugung erfolgte in der Dreheinführung am Spindeleintritt des vertikalen Bearbeitungszentrums nach dem Dosierpumpenprinzip. Die eingesetzte Schmierstoffmenge betrug 10 ml/h, was in vorangegangenen Untersuchungen eine hohe Prozeßsicherheit gewährleistete [58, 59, 61]. Zum Einsatz kamen Einschneiden-Reibahlen, die für die Minimalmengenkühlschmierung optimiert waren. Ausgehend von Standardschnittparametern (v_c = 200 m/min) wurde die Schnittgeschwindigkeit bis zu einer Schnittgeschwindigkeit von 940 m/min gesteigert – das entspricht der maximalen Spindeldrehzahl von 15.000 min^{-1}, um auch für den HSC-Bereich Aussagen über die Prozeßsicherheit der einzelnen Stoffe beurteilen zu können.

Tabelle 3.5. Eigenschaften und Anwendungen von Fettalkohol und Esteröl (nach [20, 26, 37])

Eigenschaften	Fettalkohol	Ester
Verdampfungsneigung	hoch	niedrig
Kühlwirkung	gering	äußerst gering
Schmierleistung	mittel	hoch
Flammpunkt	mittel	hoch
medzinisch-toxikologische Eigenschaften	gut	gut
Wassergefährdungsklasse	0–1	0–1
Anwendungen		
leichte Umformung	+	+
schwere Umformung	-	o
leichte Zerspanung Al-Legierungen	+	+
schwere Zerspanung Al-Legierungen	o	+
Bearbeitung von niedrig legierten Stählen	+	+
Bearbeitung von höherfesten Stählen	-	o
+ gut geeignet	o bedingt geeignet	- nicht geeignet

Tabelle 3.6. Eingesetzte MMKS-Medien

	Produkttyp	Zusammensetzung / Inhaltsstoffe gem. Herstellerangaben	Physikalische und chemische Eigenschaften
1	Fettalkohol	definierter Fettalkohol Einkomponentenprodukt	Kin. Viskosität ν: 24 mm^2/s (20 °C) Dichte ρ: 0,84 g/cm^3 Flammpunkt: 180 °C
2	Fettalkohol	definierter Fettalkohol Einkomponentenprodukt	Kin. Viskosität ν: 24 mm^2/s (20 °C) Dichte ρ: 0,84 g/cm^3 Flammpunkt: 156 °C
3	Pflanzenöl-zubereitung	Fettöl, definierter Fettalkohol	Kin. Viskosität ν: 32 mm^2/s (20 °C) Dichte ρ: 0,95 g/cm^3 Flammpunkt: 220 °C
4	legiertes Mineralöl	Mineralöl, Fettöl, Polysulfid, Polymerether, metallorganische Verbindung	Kin. Viskosität ν: 22 mm^2/s (40 °C) Dichte ρ: --- Flammpunkt: > 150 °C
5	Pflanzenöl-zubereitung	Fettöl, synthetische Fettstoffe	Kin. Viskosität ν: 19 mm^2/s (40 °C) Dichte ρ: --- Flammpunkt: > 150 °C
6	Mineralöl	Mineralöl ohne Zusätze	Kin. Viskosität ν: 15 mm^2/s (40 °C) Dichte ρ: 0,852 g/cm^3 Flammpunkt: 200 °C
7	Pflanzenöl-zubereitung	Fettöl, synthetische Fettstoffe	Kin. Viskosität ν: 35 mm^2/s (40 °C) Dichte ρ: 0,918 g/cm^3 Flammpunkt: > 200 °C
8	Pflanzenöl-zubereitung	Fettöl, synthetische Fettstoffe	Kin. Viskosität ν: 39 mm^2/s (40 °C) Dichte ρ: 0,93 g/cm^3 Flammpunkt: > 200 °C
9	Pflanzenöl-zubereitung	Fettöl, synthetische Fettstoffe	Kin. Viskosität ν: 100 mm^2/s (40 °C) Dichte ρ: 0,96 g/cm^3 Flammpunkt: > 200 °C
10	Syntheseöl-zubereitung	Poly-alpha-olefin-Syntheseöl, synthetische Fettstoffe, Polysulfid	Kin. Viskosität ν: 50 mm^2/s (40 °C) Dichte ρ: 0,88 g/cm^3 Flammpunkt: 165 °C
11	Syntheseöl-zubereitung	Poly-alpha-olefin-Syntheseöl, synthetische Fettstoffe, Polysulfid	Kin. Viskosität ν: 43 mm^2/s (40 °C) Dichte ρ: 0,85 g/cm^3 Flammpunkt: > 150 °C
12	Syntheseöl-zubereitung	Poly-alpha-olefin-Syntheseöl, synthetische Fettstoffe	Kin. Viskosität ν: 60 mm^2/s (40 °C) Dichte ρ: 0,892 g/cm^3 Flammpunkt: 166 °C

In Abb. 3.13 sind exemplarisch die gemittelten Rauhtiefen für drei der untersuchten Schnittgeschwindigkeiten aufgetragen. Die Untersuchung der Medien mit der lfd. Nummer 10 und 11 mußten vor Erreichen der maximalen Spindeldrehzahl abgebrochen werden – es traten starke Schwingungen und Rattermarken auf. In diesen Fällen sind die Rauheitswerte aufgetragen, die bei der im Diagramm angegebenen Schnittgeschwindigkeit problemlos zu fertigen waren. Das Produkt mit der lfd. Nummer 4, was sich durch eine hohe Additivierung mit u. a. metallorganischen Verbindungen auszeichnet, zeigte bei hohen Schnittgeschwindigkeiten ein sehr gutes Einsatzverhalten. Produkt Nr. 9 fällt insbesondere bei der niedrigen Schnittgeschwindigkeit durch ein ungünstiges Einsatzverhalten auf. Ein Erklärungsansatz hierfür ist die sehr hohe Viskosität des Produkts, die bei niedrigen Temperaturen (kleinen Schnittgeschwindigkeiten) das vollständige Benetzen der Wirkelemente nicht sicherstellt. In den Fällen, in denen die gemittelte Rauhtiefe R_z den Anforderungen an ein Feinbearbeitungsverfahren genügt, liegen auch die Durchmesserabweichungen im Toleranzfeld IT 7.

Insgesamt liegen die erreichten Ergebnisse auf einem etwa gleichmäßigen, hohen Niveau, wobei einige Schmierstoffe mit zunehmender Schnittgeschwindigkeit und damit zunehmender Temperatur an den Wirkelementen versagen können, während andere Schmierstoffe erst mit zunehmender Schnittgeschwindigkeit ihre Wirkung entfalten. Die Ursache ist u. a. in der Additivierung der Schmierstoffe und den unterschiedlichen Anspringtemperaturen der Additive zu suchen. Eine eindeutige Aussage zugunsten eines Schmierstofftyps kann anhand dieser Ergebnisse jedoch kaum getroffen werden.

3.2.6 Problemfelder beim Einsatz der Minimalmengenkühlschmierung

Beim Einsatz der Minimalmengenkühlschmierung entstehen auch eine Reihe neuer Problemfelder [6, 57, 61]. Forschungsbedarf ergibt sich noch hinsichtlich folgender Fragestellungen:

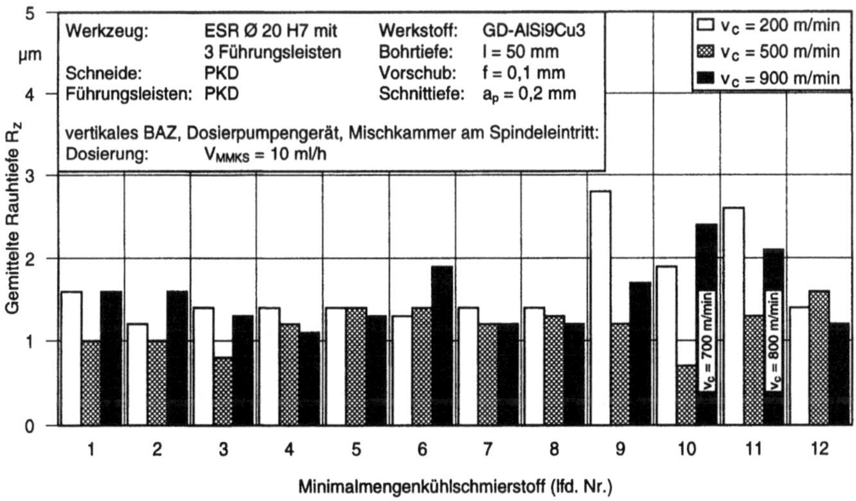

Abb. 3.13. Oberflächenqualität beim Reiben mit unterschiedlichen MMKS-Medien

- Entstehung gesundheitsgefährdender Emissionen, insbesondere lungengängiger Partikel (sowohl Metallstäube als auch KSS),
- Brand- und Explosionsschutz und
- Anpassung der Werkzeugmaschinen.

Zwar wird allgemein erwartet, daß mit der Reduzierung des Kühlschmierstoffeinsatzes auch eine Verringerung der Gesundheitsbelastung einhergeht, jedoch ist eine Bewertung durch die Arbeitsmedizin dringend erforderlich.

Gesundheitsgefährdung durch Minimalmengenkühlschmierung

Aufgrund der geringen Dosierung der Minimalmengenkühlschmierstoffe kommt es neben der Bildung von Aerosolen auch zum Verbrennen und Verdunsten an der Wirkstelle. Diese chemischen Reaktionen werden nicht nur durch den Kühlschmierstoff, sondern auch noch durch die Schneidstoff-Werkstoff-Paarung beeinflußt. Hier ergibt sich unter dem Einfluß der chemischen und physikalischen Prozeßparameter ein sehr großes, unerforschtes Problemfeld. Eine arbeitsmedizinisch-toxikologische Beurteilung des Bearbeitungsprozesses und seiner Emissionen ist unbedingt erforderlich, die technologischen Untersuchungen sollten daher durch arbeitsmedizinischen Untersuchungen hinsichtlich einer möglichen Gesundheitsgefährdung des Maschinenbedieners begleitet werden. Dabei muß die arbeitsmedizinisch-toxikologische Beurteilung des Bearbeitungsprozesses und seiner Emissionen sowohl bei Trocken- bzw. Minimalmengenbearbeitung als auch bei konventioneller Kühlschmierung vorgenommen werden.

Die arbeitsmedizinischen Untersuchungen konzentrieren sich auf die Untersuchung und gesundheitliche Bewertung der stofflichen Emissionen der unterschiedlichen KSS-Konzepte, insbesondere deren mutagenen und (gen-) toxischen Potentials im Arbeitsraum und Umfeld der Werkzeugmaschine. Die Untersuchungen beinhalten einen analytisch-chemischen Teil und ein biologisches Screening:

Neben den Emissionen von Kühlschmierstoffen ist eine chemische Veränderung der Komponenten im Bearbeitungsprozeß möglich. Es werden daher sowohl Kühlschmierstoffe als auch die Luft am Arbeitsplatz untersucht, um Rückschlüsse auf mögliche Reaktionsprodukte zu erhalten. Dabei wird u. a. der Nachweis einzelner arbeitsmedizinisch relevanter Substanzen (z. B. Aldehyde) mit analytisch-chemischen Methoden und deren Grenzwertkontrolle angestrebt. Weiterhin wird durch Luftmessungen der in den Technischen Regeln für Gefahrstoffe (TRGS) gesetzlich festgelegte MAK-Wert für Kühlschmierstoffdämfe und -aerosole von 10 mg/m^3 (TRGS 900) überprüft. Die aus Luftmessungen erhaltenen Proben und die Kühlschmierstoffe werden mit Hilfe eines bakteriellen Testsystems (Ames-Test) als Screening-Methode auf ihr erbgutveränderndes Potential untersucht.

Daneben werden auch arbeitsmedizinische Fragen der Geräuschemission und die Folgen der erhöhten Wärmeeinleitung in Werkzeug und Werkzeugaufnahme mit untersucht.

Tröpfchengrößen bei Minimalmengenschmierung

Bei der Zerstäubung des Minimalmengenkühlschmierstoffes tritt i. d. R. ein hoher Anteil von sehr kleinen Tröpfchen (< 10 µm) auf, der lungengängig ist und daher als gesundheitsschädlich betrachtet werden muß. Tropfengrößenuntersuchungen wurden in einem Labor zur Untersuchung von Kraftstoff-Einspritzstrahlen durchgeführt. Ziel war es, den Einfluß von Düsenbauformen und Betriebsparametern auf die Größenverteilungen zu bestimmen und Maßnahmen zur Optimierung der Düsen für den jeweiligen Anwendungsfall abzuleiten.

Die Messungen wurden an einem Freistrahl in 50 mm Abstand vom Düsenmund durchgeführt; als Medium diente das Fettöl (lfd. Nr. 3, Tabelle 3.6), das sich für das Fräsen von Flugzeugintegralbauteilen bewährt hat. Untersucht wurden 4 Düsenvarianten, bei denen jeweils ausgehend vom Standardbetriebspunkt Luftdruck und Öldurchsatz variiert wurden.

Bei allen untersuchten Düsen und Betriebspunkten trat ein erheblicher Anteil von Tröpfchen mit einem Durchmesser < 10 µm auf. Druck- und Durchsatzvariationen ändern diesen Sachverhalt nur wenig. Deutliche Vorteile zeigt dagegen die im o. g. Teilprojekt entwickelte Coax-Düse für das Fräsen, bei der der Anteil kleiner Tröpfchen deutlich geringer ist. Die Tröpfchengröße und der Spraykegelwinkel nehmen mit steigendem Luftdruck ab. Darüber hinaus zeigen alle Sprühstrahlen eine leichte Hohlkegelform [56].

Beeinflussung der Ölnebelbildung bei der Minimalmengenschmierung

Erste Versuchsergebnisse mit vernebelungs- und verdampfungsarmen Schmierstoffen auf Esterbasis haben gezeigt, daß sich – wie bei Kühlschmierstoffüberflutung – der Ölnebel durch spezielle Antinebelzusätze minimieren läßt. Zudem zeigen die bisherigen Untersuchungen, daß durch eine Optimierung des Systems Kühlschmierstoff und Dosiersystem erreicht werden kann, daß das Aerosol gezielt an die Wirkstelle der Schneide gelangt, ohne dabei die Arbeitsraumluft übermäßig zu belasten [37, 48].

Zündfähigkeit von Schmierstoff/Luft-Gemischen

Erste Zündversuche mit offener Flamme (Erdgaszündlanze und Schweißbrenner) bei einem Zerstäubungssystem, das unter MMKS-Bedingungen bei der Daimler-Benz AG zum Einsatz kommt, zeigten im Bereich der Düse, daß es bei einem gegebenen Luftstrom selbst bei maximal einstellbarem Volumenstrom des Öles nicht zur Ausbildung einer stabilen Flamme kam. Der Abbrand der Ölpartikel konnte jedoch erreicht werden.

Um den zündfähigen Gemischbereich einzugrenzen, erfolgte zunächst eine rechnerische Bestimmung der unteren Zündgrenze. Anschließend wurden eine Reihe von Abbrandversuchen des aus der Düse austretenden Öl/Luft-Gemisches in der freien Halle vorgenommen. Zur Ermittlung der Zündfähigkeit des Gemisches im Langzeit-Betrieb der Düse, kam eine 1 m^3-Explosionskugel zum Einsatz.

Der Arbeitsbereich der Düse wurde dabei so gewählt, daß sich ein möglichst naher Betriebszustand zum berechneten Zündbereich ergab. Das Gemisch wurde wiederholt bis zu 6 Stunden eingedüst und z. T. mit Ventilatoren homogenisiert. Die Zündversuche erfolgten in unterschiedlichen Zeitabständen.

Da weder eine Zündung der aus den Düsen austretenden Strahlen noch des in dem Kugelbehälter angesammelten Nebels zu erreichen war und mit dem zur Verfügung gestellten System kein Nebel im theoretischen Zündbereich generiert werden konnte, ist das Eintreten eines Explosionsfalles unter Minimalmengenbedingungen (vorgegebenes Arbeitsgebiet bis maximal 50 ml Öl/(h · Düse), normaler Betrieb bis 20 ml/h) mit größter Wahrscheinlichkeit auszuschließen. Zündfähige Gemischkonzentrationen können sich im Bereich des Düsenaustrittes bei Anfahrvorgängen zwar bilden (z. B. durch Anhäufung von Öl in den Zuleitungen), würden jedoch im stationären Betrieb den Zündbereich sofort verlassen. Bei einem zahlreicheren Einsatz derartiger Düsen kann davon ausgegangen werden, daß auch dann kein zündfähiges Gemisch im Bereich der Düsen entsteht, da jede Düse außerhalb des Zündbereiches arbeitet und eine zusätzlich Verdünnung durch eingesaugte Umgebungsluft erfolgt.

Eine Anhäufung von Ölnebel, z. B. unter der Hallendecke, der den zündfähigen Gemischbereich erreicht, dürfte ebenfalls äußerst unwahrscheinlich sein, da eine erhebliche Beeinträchtigung der Luftqualität auftritt. Feinste auf Dauer in Schwebe befindliche Tröpfchen würden mit der Luft durch Lüftung, Gebäudeöffnungen o. dgl. weitertransportiert, größere Partikel sedimentieren. Zum Auslösen einer Explosion muß zusätzlich eine Zündquelle vorhanden sein, so daß von einem geringen Explosionsrisiko ausgegangen werden kann. Jedoch ist nicht auszuschließen, daß die Öltropfen/Nebel bei Verpuffungen oder Explosionen, deren Ursachen anderweitig zu suchen sind, eine Steigerung der Schadenswirkung zur Folge haben können [17].

3.2.7 Temperaturbelastungen von Bauteil und Werkzeug

Durch den Wegfall der konventionellen Kühlschmierung entfällt eine der primären Aufgaben des Kühlschmierstoffes, das Kühlen von Werkzeug, Werkzeugaufnahmen und Spindel sowie des Werkstücks. Deshalb werden Untersuchungen zur Trocken- oder Minimalmengenbearbeitung oft von Temperaturmessungen begleitet, um sicherzustellen, daß die Bauteilqualität trotz evtl. höherer Wärmeeinbringung in das Werkstück eingehalten werden kann.

Abb. 3.14 stellt den von den Thermoelementen erfaßten Temperaturverlauf für eine Standard-Einschneiden-Reibahle bei der Trockenbearbeitung bei äußerer Minimalmengenschmierung kombiniert mit innen zugeführter Druckluft und bei Einsatz einer Überflutungsschmierung mit Emulsion dar. Das erwartungsgemäß höchste Temperaturniveau weist die Trockenbearbeitung auf. Auffallend ist allerdings, daß durch den außen zugeführten Minimalmengenschmierstoff (aMMKS) kombiniert mit der inneren Druckluftzufuhr (iDL) ein Temperaturniveau erzielt wird, das in etwa der Überflutungskühlschmierung mit Emulsion entspricht [62].

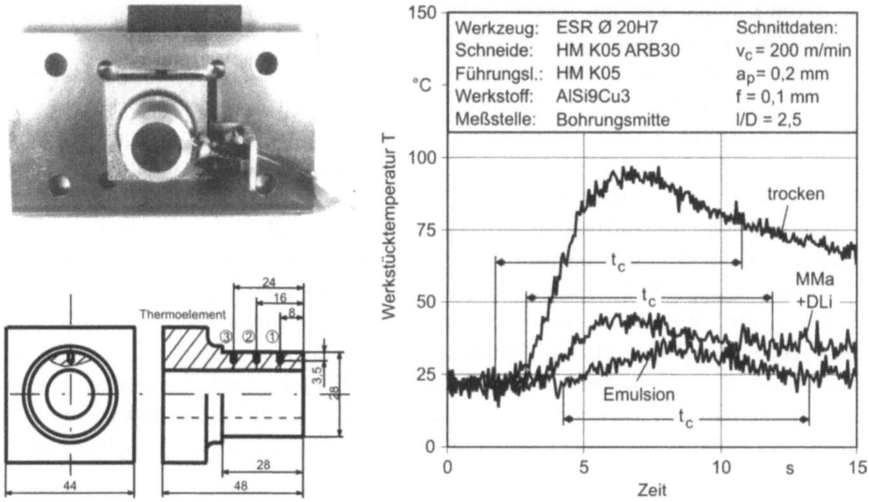

Abb. 3.14. Versuchsaufbau und Temperaturverlauf im Werkstück beim Reiben mit unterschiedlichen Kühlschmierstoffkonzepten

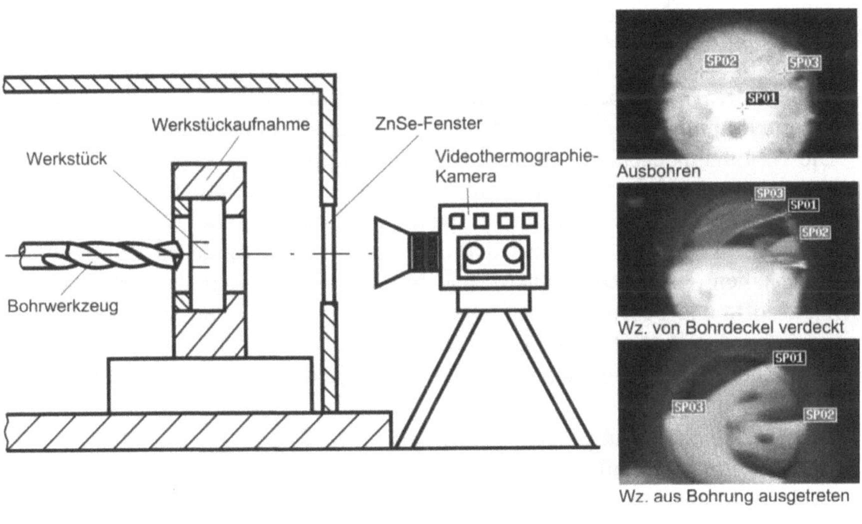

Abb. 3.15. Versuchsaufbau und -auswertung bei Videothermographie

Eine weitere Möglichkeit zur Bestimmung der Werkstück- und Schneidentemperaturen ist die Videothermographie beim Werkzeugaustritt aus der Bohrung (Abb. 3.15). Die Bestimmung der Schneiden- und Werkstücktemperatur bei Einsatz von Emulsion ist mit dieser Methode nicht möglich, da die aus dem Werkzeug ausströmende Emulsion die Schneide verdeckt.

In Abb. 3.15 sind beispielhaft drei Phasen des Bohreraustritts dargestellt. Mit Hilfe der Meßfelder SP01...SP03 kann an unterschiedlichen Meßstellen die Temperatur bestimmt werden. Durch eine geeignete Auswertesoftware lassen sich die Meßwerte mit den zum jeweiligen Werkstoff gehörigen Emissionsfaktoren auf Absoluttemperaturen umrechnen.

Phase 1 stellt das Ausbohren dar. Dies ist der Moment, in dem die Bohrerspitze gerade aus der Bohrung austritt. Ein dünner Deckel aus Werkstückmaterial, der unter den Zerspankräften stark verformt wird, bildet im Zentrum die heißeste Stelle. Dieser Bohrdeckel haftet in Phase 2 noch teilweise am Werkstück und verdeckt so das Bohrwerkzeug im unteren Teil. In Phase 3 ist der Bohrer vollständig aus der Bohrung ausgetreten. Auf diesem Bild sind zwei Schneidenpositionen kurz nacheinander zu erkennen. Dies läßt sich mit der im Vergleich zur Drehfrequenz des Bohrers geringeren Aufnahmefrequenz der Videothermographiekamera erklären.

In Tabelle 3.7 sind die Temperaturmeßwerte für ein Werkzeug mit unterschiedlichen Beschichtungen bei der Trockenbearbeitung und mit Minimalmengenkühlschmierung dargestellt. Durch den Einsatz einer TiAlN-Beschichtung sinkt die Schneidentemperatur gegenüber der TiN-Schicht deutlich, da die TiAlN-Schicht ein besseres Isolationsvermögen hat und damit das Substrat besser vor der Zerspanungswärme schützt. Darüber hinaus ist die Oberflächenrauheit der TiAlN-beschichteten Werkzeuge geringer als bei der TiN-Beschichtung, so daß hier weniger Reibungswärme entsteht. Für diesen Einsatzfall kann festgestellt werden, daß der Einsatz einer Minimalmengenkühlschmierung das Temperaturniveau gegenüber der Trockenbearbeitung um ca. 25 % reduziert, was vor allem auf die reduzierte Reibung zwischen Werkzeug und Werkstoff zurückzuführen ist [1, 41].

Die Minimalmengenkühlschmierung bietet aufgrund des gezielten Einsatzes von speziell angepaßten Schmierstoffen durch die Reduzierung von Reibung zwischen Werkzeug, Werkstück und Spänen das Potential, die Prozeßtemperaturen auf oder nur geringfügig über dem Niveau der konventionellen Kühlschmierung zu halten. Hinsichtlich Makro- und Mikrogeometrie optimierte Werkzeuge, Schneidstoffe und Beschichtungen tragen ebenfalls dazu bei, die Temperaturbelastungen für das Bauteil zu senken. Zielsetzung dabei ist, die Kühlwirkung des konventionellen Kühlschmierstoffes durch eine Reduzierung der Wärmeentstehung zu substituieren.

Bei Trockenbearbeitung treten jedoch erheblich höhere Temperaturen auf. Es muß daher im Einzelfall geprüft werden, ob der höhere Wärmeeintrag in das Bauteil zu Maßabweichungen, insbesondere bei Stichmaßen, führt oder noch tolerierbar ist. In der betrieblichen Praxis ist dann noch der Nachweis zu führen, daß die höhere Temperaturbelastung auch im 2- oder 3-Schicht-Betrieb ohne Auswirkungen auf die Bauteilqualität sowie auf Vorrichtungen und Werkzeugmaschine bleibt oder sich kompensieren oder vorhalten läßt.

Tabelle 3.7. Temperaturen beim Bohreraustritt

Werkzeug:	VHM-Bohrer d = 10 mm	Schnittparameter:	v_c = 90 m/min f = 0,2 mm	
Werkstoff:	Ck 45		l = 32 mm	
Beschichtung	**KSS-Konzept**	**Schneiden-temperatur**	**Werkstück-temperatur**	**Bohrdeckel-temperatur**
TiN	MMKS 6 ml/h	827 °C	57 °C	275 °C
TiN	trocken	1094 °C	71 °C	521 °C
TiAlN	MMKS 6 ml/h	409 °C	59 °C	369 °C
TiAlN	trocken	536 °C	67 °C	398 °C

3.3 Literatur zu Kapitel 3

[1] Adams, F.-J.; Schulte, K.: Bohren von Stahl mit unterschiedlichen Kühlschmierstoff-Konzepten. In: Weinert, K. (Hrsg.): Spanende Fertigung. 2. Ausg. Essen: Vulkan-Verlag 1997, S. 98–109

[2] Autorenkollektiv: Weinert, K. (Hrsg.): Spanende Fertigung. 2. Ausg. Essen: Vulkan-Verlag 1997

[3] Baumgärtner, Th.: Null-Lösung – Mercedes-Benz will Kühlschmierstoffe reduzieren. Industrieanzeiger 69 (1991), S. 10–11

[4] Berufsgenossenschaftliches Institut für Arbeitssicherheit, Kühlschmierstoffe – Umgang, Messung, Beurteilung, Schutzmaßnahmen. Report 3/91

[5] Bohrmeister Gühring, 30. Jg., Ausgabe 42/97, Albstadt: Gottlieb Gühring KG 1997, S. 19

[6] Brinksmeier, E.; Walter, A.: Einsatzbeispiele für Minimalmengenschmierung und Trokkenbearbeitung, Tribologie und Schmierungstechnik. Bericht Nr. 13/14-1996

[7] Cselle, T.; Eichler, R.; Zielasko, W.; Thamke, D.: Reduzierung des Kühlschmierstoffeinsatzes beim Tiefbohren mit Einlippenbohrern. In: Weinert, K. (Hrsg.): Spanende Fertigung. 2. Ausg. Essen: Vulkan-Verlag 1997, S. 141–154

[8] DIN 51385: Schmierstoffe – Kühlschmierstoffe, Begriffe. Berlin: Beuth-Verlag, Juni 1991

[9] Doerfel, O.: Applikationstechnologie Minimalmengenschmierung. Vortrag und interner Bericht beim Abschluß-Meeting zum BMBF-Projekt „Trockenzerspanung von Alu-Knetlegierungen – Teilprojekte Fräsen, Bohren und Reiben“, Daimler-Benz Forschungszentrum Ulm, 16.–17. Juni 1997, S. 144–153

[10] Eckhardt, F.: Kühlschmierstoffe für die Metallbearbeitung (Arten, Auswahl, Grundlagen). Informationsschrift der Fa. Mobil Oil AG

[11] Eckhardt, F.: Kühlschmierstoffe für die Metallbearbeitung (Probleme, Anwendung, Umlaufsysteme). Informationsschrift der Fa. Mobil Oil AG

[12] Eisenblätter, G.; Thamke, D.: Gerätetechnik zur Minimalmengenkühlschmierung. Vortrag und interner Bericht zur Abschlußpräsentation des BMBF-Vorhabens „Trockenbearbeitung prismatischer Teile – Teilprojekt Trockentiefbohren“, Daimler-Benz AG, Mercedes-Benz Verfahrensentwicklung Zerspanen, Stuttgart, 4.–5. November 1997

[13] Firmenschriften der Fa. Innovatec GmbH, Zweibrücken

[14] Fleischer, R.: Feinbearbeitung von Bohrungen mit Minimalmengenschmierung. In: VDI-Bericht 1339 „Umweltfreundlich Zerspanen“. Aachen, 23–24. Juni 1997, Düsseldorf: VDI-Verlag 1997, S. 159–183

[15] Freiler, C.: Ökologische und ökonomische Aspekte beim Einsatz von Esterölen. In: Bartz, W. J. (Hrsg.): „11th International Colloquium Industrial and Automotive Lubrication", 13.–15. Januar 1998, Ostfildern: Technische Akademie Esslingen, 1998, Band II, S. 1137–1152

[16] Gefahrstoffliste 1996, Gefahrstoffe am Arbeitsplatz. BIA-Report 1/96. Berlin: Erich Schmidt Verlag 1996

[17] Höchst, S.; Leuckel, W.: Bericht zur Überprüfung der Zündfähigkeit von bei der MMS eingesetzten Schmiermittel/Luft-Gemischen – Schmiermittel Spezialöl FD 1-30. Vortrag und interner Bericht beim Abschluß-Meeting zum BMBF-Projekt „Trockenzerspanung von Alu-Knetlegierungen – Teilprojekte Fräsen, Bohren und Reiben", Daimler-Benz Forschungszentrum Ulm, 16.–17. Juni 1997, S. 166–175

[18] Horn, W.: Hochleistungs-Trockenbearbeitung in der Großserienfertigung. In: Weinert, K. (Hrsg.): Spanende Fertigung. 2. Ausg. Essen: Vulkan-Verlag 1997, S. 432–441

[19] Horn, W.: Versuche zum Bohren und Gewinden von Aluminiumlegierungen mit innerer Minimalmengenschmierung. Fachgespräch „Bohrverfahren im modernen Produktionsprozeß", Dortmund, 21.–22. Februar 1995, S. 27–33

[20] Hörner, D.: Kühlschmierstoffe für die Minimalmengenschmierung. In: VDI-Bericht 1339 „Umweltfreundlich Zerspanen". Aachen, 23–24. Juni 1997, Düsseldorf: VDI-Verlag 1997, S. 203–240

[21] Hübner, J.: Führen neue Vorschriften stets zu mehr Arbeits- und Umweltschutz? – Einige unzeitgemäße Anmerkungen am Beispiel der Kühlschmierstoffe. In: Bartz, W. J. (Hrsg.): „11th International Colloquium Industrial and Automotive Lubrication", 13.–15. Januar 1998, Ostfildern: Technische Akademie Esslingen, 1998, Band II, S. 1153–1166

[22] Indutec MS. Firmenschrift der Fa. Menzel Metallchemie GmbH, Kuchen

[23] Innere Minimalmengenschmierung. Firmenschrift der Fa. GAT Gesellschaft für Antriebstechnik mbH, Wiesbaden

[24] iTEC - S 200. Firmenschrift der Fa. I.T. Chemisch-technische Produkte GmbH, Sandhausen

[25] Johlen, G.: Konzept und Realisierung einer umweltgerechten Bearbeitung von Aluminium-Druckguß-Bauteilen in der Serienfertigung. Interner Forschungsbericht an die VW AG, Werk Salzgitter, Oktober 1997

[26] Joksch, S.: Neue in Mindermengen einsetzbare Kühlschmierstoffsysteme für die Metallbearbeitung. In: Bartz, W. J. (Hrsg.): „11th International Colloquium Industrial and Automotive Lubrication", 13.–15. Januar 1998, Ostfildern: Technische Akademie Esslingen, 1998, Band II, S. 1531–1539

[27] Kiechle, A.: Kostenanalyse beim Einsatz von Kühlschmierstoffen. In: Bartz, W. J. (Hrsg.): „11th International Colloquium Industrial and Automotive Lubrication", 13.–15. Januar 1998, Ostfildern: Technische Akademie Esslingen, 1998, Band II, S. 1255–1264

[28] Kiechle, A.: Kreislaufführungskonzepte bei der spanabhebenden Bearbeitung in der Automobilindustrie – Reduzierung von Reststoffen. In: Weinert, K. (Hrsg.): Spanende Fertigung. 2. Ausg. Essen: Vulkan-Verlag 1997, S. 636–653

[29] Klocke, F.; Gerschwiler, K.: Trockenbearbeitung – Grundlagen, Grenzen, Perspektiven. In: VDI-Bericht 1339 „Umweltfreundlich Zerspanen". Aachen, 23–24. Juni 1997, Düsseldorf: VDI-Verlag 1997, S. 1–50

[30] Klocke, F.; Lung, D.; Eisenblätter, G.: Einsatzmöglichkeiten der Minimalmengenkühlschmierung. In: VDI-Bericht 1339 „Umweltfreundlich Zerspanen". Aachen, 23–24. Juni 1997, Düsseldorf: VDI-Verlag 1997, S. 137–158

[31] Klocke, F.; Lung, D.; Eisenblätter, G.: Mindermengenkühlschmierung – Eine Alternative zur Naßbearbeitung. In: VDI-Bericht 1240 „Auf dem Weg zur Trockenbearbeitung – Herausforderung an die Fertigungstechnik". Düsseldorf, 13. Februar 1996, Düsseldorf: VDI-Verlag 1996, S. 159–190

[32] Kress, D.: Stand des Trockenfeinbohrens. Vortrag anläßlich der Sitzung des BMBF-Verbundvorhabens „Trockenbearbeitung prismatischer Teile“ am 18.04.1997 in Wiesloch
[33] Kühlschmierstoffe. Informationsschrift der Fa. Castrol Industrieöl GmbH
[34] Lehmann, B.; Lützinger, U.: Vom Kühlschmierstoff zum Abwasserverfahren zur Entsorgung von Metallbearbeitungsflüssigkeiten. 9. Internationales Kolloquium „Ökologische und ökonomische Aspekte der Tribologie“, Ostfildern: Technische Akademie Esslingen 1994
[35] Link, E.: Im Mantel – Sprühkühlung mit Zweistoffdüse ermöglicht zielsicheres Kühlschmieren und verlängert die Standzeit. Maschinenmarkt (1995) 10, S. 30–31
[36] Mang, T.: Die Schmierung in der Metallbearbeitung. Würzburg: Vogel-Buchverlag 1983
[37] Mang, T.; Freiler, C.: Trends bei der Kühlschmierung: Neue Fluidfamilien für die spanende Fertigung und Konzepte für die Minimalmengenschmierung. In: Weinert, K. (Hrsg.): Spanende Fertigung. 2. Ausg. Essen: Vulkan-Verlag 1997, S. 620–635
[38] Mang, T.; Freiler, C.; Theis, H.-G.: Entwicklungstendenzen beim Einsatz von Kühlschmierstoffen. In: Weinert, K. (Hrsg.): Spanende Fertigung. 1. Ausg. Essen: Vulkan-Verlag 1994, S. 606–619
[39] Modulare Spanntechnik. Gesamtkatalog der Fa. Ott-Jakob GmbH & Co. Spanntechnik KG, Lengenwang, 1998
[40] Müller, J.: Arbeits- und umweltverträgliche wassermischbare Kühlschmierstoffe – ein Beitrag zur Ökologie und Ökonomie. In: Bartz, W. J. (Hrsg.): „11th International Colloquium Industrial and Automotive Lubrication“, 13.–15. Januar 1998, Ostfildern: Technische Akademie Esslingen, 1998, Band II, S. 1121–1135
[41] Schulte, K.; Thamke, D.: Bohren von Stahl mit reduziertem Kühlschmierstoffeinsatz. Vortrag und Manuskriptdruck zum VDI-Seminar „Wirtschaftliche spanende Fertigung mit neuen Werkzeugen und Verfahren – HSC und Leichtmetallbearbeitung“, Dortmund, 12.–13. November 1997, Düsseldorf: VDI-Bildungswerk 1997
[42] Semer, W.: Minimalmengenkühlschmierung in der industriellen Praxis. Vortrag und Manuskriptdruck zur Tagung „3. Bremer Kühlschmierstoff-Workshop“, 4.–5. Dezember 1997, ECO-Centrum Universität Bremen
[43] Spray-Master. Firmenschriften der Fa. SAT Semer Anlagentechnik GmbH, Wickede
[44] Steidle Pulsomat P 10, P 25. Firmenschriften der Fa. Steidle GmbH, Langenfeld
[45] Technische Regeln für Gefahrstoffe: TRGS 552 N-Nitrosamine. Köln: Carl Heymanns Verlag März 1996
[46] Technische Regeln für Gefahrstoffe: TRGS 611 Verwendungsbeschränkung für wassermischbare bzw. wassergemischte Kühlschmierstoffe, bei deren Einsatz N-Nitrosamine auftreten können. Köln: Carl Heymanns Verlag April 1993
[47] Technische Regeln für Gefahrstoffe: TRGS 900 Grenzwerte in der Luft am Arbeitsplatz, Luftgrenzwerte - MAK und TRK. Köln: Carl Heymanns Verlag März 1996
[48] Theis, H.-G.: Tendenzen beim Einsatz von Kühlschmierstoffen. Vortrag und Manuskriptdruck zum VDI-Seminar „Wirtschaftliche spanende Fertigung mit neuen Werkzeugen und Verfahren – HSC und Leichtmetallbearbeitung“, Dortmund, 12.–13. November 1997, Düsseldorf: VDI-Bildungswerk 1997
[49] TKM Aerosol Booster. Firmenschrift der Fa. T.K.M. Sprüh- und Dosiergeräte GmbH, Karlsruhe
[50] TKM S100 Minimalschmiersystem. Firmenschrift der Fa. T.K.M. Sprüh- und Dosiergeräte GmbH, Karlsruhe
[51] VDI Bericht 1240 „Auf dem Weg zur Trockenbearbeitung – Herausforderung an die Fertigungstechnik“. Düsseldorf, 13. Februar 1996, Düsseldorf: VDI-Verlag 1996
[52] VDI-Bericht 1339 „Umweltfreundlich Zerspanen“. Aachen, 23.–24. Juni 1997, Düsseldorf: VDI-Verlag 1997
[53] VDI-Bericht 1375 „Trockenbearbeitung prismatischer Teile“. Aachen, 30.–31. März 1998, Düsseldorf: Springer-VDI-Verlag 1998

[54] VDI-Richtlinie 3035: Anforderungen an Werkzeugmaschinen und Fertigungsanlagen beim Einsatz von Kühlschmierstoffen. Düsseldorf: VDI-Verlag 1987

[55] Verordnung über gefährliche Stoffe (Gefahrstoffverordnung - GefstoffV) vom 26.08.1986 (BGB1. I, S. 1470), in der Fassung vom 25. Sept. 1991. Köln: Carl Heymanns Verlag 1994

[56] Wagner, E.: Tröpfchengrößen bei Minimalmengenschmierung. Vortrag und interner Bericht beim Abschluß-Meeting zum BMBF-Projekt „Trockenzerspanung von Alu-Knetlegierungen – Teilprojekte Fräsen, Bohren und Reiben", Daimler-Benz Forschungszentrum Ulm, 16.–17. Juni 1997, S. 164–165

[57] Walter, A.: Minimalschmiertechnik und Trockenbearbeitung – Mögliche Einsatzgebiete. DIF-Seminar 9.–10. Oktober 1995, Bremen 1995

[58] Weinert, K.; Biermann, D.; Schroer, M.; Schulte, K.: Hochgeschwindigkeitsbearbeitung mit Einschneiden-Reibahlen – Bearbeitung von Aluminium-Druckguß und Vergütungsstahl mit unterschiedlichen Kühlschmierstoffkonzepten. VDI-Z Special Werkzeuge (1997), S. 22–27

[59] Weinert, K.; Schulte, K.; Thamke, D.: Aspekte der umweltverträglichen Bearbeitung beim Tiefbohren und Reiben. In: VDI-Bericht 1339 „Umweltfreundlich Zerspanen". Aachen, 23–24. Juni 1997, Düsseldorf: VDI-Verlag 1997, S. 99–112

[60] Weinert, K.; Schulte, K.; Thamke, D.: Bohren von Stahl mit Wendeschneidplatten-Bohrern – Neue Kühlschmierstoffkonzepte für die umweltverträgliche Stahlbearbeitung. wt Werkstattstechnik 87. (1997), S. 475–478

[61] Weinert, K.; Schulte, K.; Thamke, D.: Grenzen der Trockenbearbeitung. mav – maschinen anlagen verfahren (1997), S. 108–109

[62] Weinert, K.; Thamke, D.: Kühlschmierstoffkonzepte für die Bohrungsbearbeitung. In: VDI-Bericht 1240 „Auf dem Weg zur Trockenbearbeitung – Herausforderung an die Fertigungstechnik". Düsseldorf, 13. Februar 1996, Düsseldorf: VDI-Verlag 1996, S. 111–124

[63] Wolfram, H.: Hauterkrankungen durch Schmierstoffe. 9. Internationales Kolloquium "Ökologische und ökonomische Aspekte der Tribologie", Ostfildern: Technische Akademie Esslingen 1994

[64] Zielasko, W.; Thamke, D.: Einlippentiefbohren mit Druckluft und minimalen Kühlschmierstoffmengen. Maschinenmarkt 103 (1997) 29, S. 20–25

[65] Zimmermann, D.: Kühlschmierstoffe für die Feinbearbeitung. tz für Metallbearbeitung, 76 (1982) 4

[66] Zwingmann, G.; Günter, F.; Hinrichs, K.-H.: Shell Emulsions-Handbuch. Informationsschrift der Fa. Shell AG

4 Verfahren

4.1 Drehen

Das Fertigungsverfahren Drehen wird vorwiegend zur Bearbeitung rotationssymmetrischer Bauteile eingesetzt. Die Schnittbewegung wird dabei vornehmlich durch die Rotation des Werkstücks erzeugt. Das Werkzeug führt im allgemeinen die quer zur Schnittrichtung liegende Vorschubbewegung aus und kann parallel, senkrecht oder in beliebigem Winkel zur Werkstückachse bewegt werden [17].

Als Schneidstoffe für das Drehen dienen hauptsächlich beschichtete und unbeschichtete Hartmetalle und Cermets. Weitere Schneidstoffe sind Keramiken, die vorwiegend zur Gußbearbeitung eingesetzt werden, kubisches Bornitrid (CBN) zur Bearbeitung von gehärtetem Stahl und Diamant (PKD) zur Aluminiumbearbeitung [100].

Die Kühlschmierstoffzufuhr bereitet beim Drehen i. d. R. keine Probleme, da die Schneidteile der Werkzeuge gut zugänglich sind. Der Span ist meist sehr leicht von der Wirkstelle abzuführen. Die Wirksamkeit des Kühlschmierstoffes bezüglich Reibung und Verschleiß im Kontaktbereich ist in Frage zu stellen, da der Kühlschmierstoff durch die hohen Flächenpressungen nicht in die unmittelbaren Berührzone zwischen Schneide und Werkstück gelangt. Die Wirkung des Kühlschmierstoffes beschränkt sich in diesem Fall vorwiegend auf weniger belastete Bereiche der Schneide [35, 88].

4.1.1 Kühlschmierstoffeinsatz

Die Drehbearbeitung erfolgt heute in den meisten Fällen unter Einsatz von Kühlschmierstoffen. Dabei hat der Kühlschmierstoff zum einen die Aufgabe, Werkstück und Werkzeug zu kühlen und durch seine Schmierwirkung die Reibung zwischen diesen beiden Körpern zu verringern. Vor allem bei der Bearbeitung von Aluminium- und Kupferlegierungen verhindert der Kühlschmierstoff, daß Spanaufschweißungen und Aufbauschneiden am Werkzeug entstehen. Eine weitere Unterstützung bietet der Kühlschmierstoff beim Spantransport. Dazu sind folgende Teilfunktionen zu erfüllen: Zunächst muß der Span vom Entstehungsort entfernt werden. Dies ist vor allem beim Innendrehen von großer Bedeutung. Danach sind die Späne dem Späneförderer zuzuführen und gegebenenfalls in die zentrale

Späneaufbereitung zu transportieren. In jedem dieser Abschnitte kann der Kühlschmierstoff durch seine Schmier- und Spülfunktion den Spantransport erheblich verbessern [70]. Beim automatisierten Großserieneinsatz erhält die Spülfunktion des Kühlschmierstoffes neben den anderen Funktionen vor allem durch die beengten, häufig stark verwinkelten und verrippten Arbeitsräume in Mehrspindeldrehautomaten eine große Bedeutung (Tabelle 4.1) [101]. Durch eine gezielte Arbeitsraumspülung kann die Bildung von Spänenestern vermieden werden, um eine Wärmeeinbringung in das Maschinenbett zu verhindern. Die Kopplung von weiteren Bearbeitungsgängen in den Mehrspindeldrehautomaten, wie z. B. das Bohren und Reiben, kann ebenfalls den Einsatz von Kühlschmierstoff bedingen. Die hierbei vorliegenden ungünstigeren Zerspanbedingungen, bei denen die Spanentstehung innerhalb der Bohrung stattfindet, erfordern zur optimalen Abfuhr der Späne aus der Bohrung den Einsatz von Kühlschmierstoffen.

Des weiteren wird der Kühlschmierstoff beim Drehen auch zur Temperierung des Werkstücks, des Werkzeugs und der Maschine eingesetzt. Die häufig dem Drehen nachgeschalteten Bearbeitungsoperationen erfordern ein genau vorbearbeitetes Werkstück. Maßschwankungen des Werkstücks durch thermische Beeinflussungen können nicht oder nur in geringem Maße toleriert werden.

Um die Trockenzerspanung für das Fertigungsverfahren Drehen realisieren zu können, gilt es, eine ganzheitliche Systembetrachtung des Fertigungsprozesses durchzuführen. Dabei sind unter anderem folgende Fragen zu berücksichtigen, die sich durch den Verzicht auf den KSS-Einsatz ergeben:

- Wie wirkt sich die fehlende Kühlfunktion des KSS auf den Drehprozeß aus?
- Kann die fehlende Schmierwirkung kompensiert werden?
- Müssen zusätzliche Konzepte zur Spanabfuhr aus der Drehmaschine entwickelt werden?
- Ist die Prozeßsicherheit bei der Trockenbearbeitung gewährleistet?

Tabelle 4.1. Kühlschmierstoffeinsatz bei der Drehbearbeitung [101]

Maschinentyp	Werkstofftyp	eingesetzter KSS	Gründe für den KSS-Einsatz
Mehrspindel-Drehautomaten	Stahl	Öl/Emulsion	Qualität der parallelen Bohr- und Reiboperationen
	Guß	Öl/Emulsion	Spanabfuhr Werkzeugstandzeiten
	Aluminium	Öl/Emulsion	
CNC-Drehmaschinen	Stahl	Öl/Emulsion	Spanabfuhr Werkzeugstandzeiten
	Guß	Öl/Emulsion/ trocken	
	Aluminium	Öl/Emulsion/ trocken	

- Ergeben sich Änderungen für die Drehmaschine und ihr Umfeld?
- Muß oder kann der Drehprozeß in geänderter Form durchgeführt werden?
- Ist ein bestehender Drehprozeß auf die Trockenzerpanung umzustellen oder ist ein neuer Prozeß ohne KSS-Einsatz zu planen?

4.1.2 Trockenbearbeitung

Zur Materialabnahme muß beim Zerspanen Arbeit verrichtet werden. Diese Zerspanarbeit ergibt sich als Summe der Produkte aus den Bearbeitungswegen (Schnitt- und Vorschubweg) und den zugehörigen Zerspankraftkomponenten. Durch den in den meisten Fällen wesentlich größeren Anteil des Schnittwegs kann die Zerspanarbeit häufig auf die Schnittarbeit reduziert werden. Durch Trenn-, Scher- und Reibungsvorgänge in der Zerspanzone wird die eingebrachte Arbeit fast vollständig in Wärme umgewandelt. Der Verzicht auf den Einsatz von Kühlschmierstoffen bei der Trockenbearbeitung bedingt eine Abfuhr dieser Wärme über entsprechend verteilte Wärmeströme in Span, Werkzeug, Werkstück und Umgebung. Dies bedeutet im Vergleich zur Naßbearbeitung eine höhere thermische Belastung von Span, Werkzeug und Werkstück, da die Wärmeabfuhr über die Umgebung vernachlässigbar gering wird.

Die Bauteilgenauigkeit wird dabei wesentlich von der in das Bauteil strömenden Wärmemenge beeinflußt. Dies ist insbesondere bei der Trockenbearbeitung kritisch. Dabei läßt sich die in das Bauteil fließende Wärmemenge zum einen über eine Variation der eingebrachten Zerpanarbeit und zum anderen über eine Änderung der Wärmeverteilung zwischen Span, Werkzeug und Werkstück beeinflussen.

Somit gilt es, beim Trockendrehen über entsprechende Konzepte bei der Werkzeuggestaltung die Zerspanarbeit zu reduzieren. Hierzu sind z. B. Maßnahmen wie die Vergrößerung des Spanwinkels und der Einsatz von Beschichtungen (Verringerung von Reibung und Verschleiß) zu nennen. Auch durch die Prozeßparameter können Schnittkraft und Schnittweg beeinflußt werden, so daß sich eine Verringerung der Zerspanarbeit ergibt [41].

Beim Drehen ungehärteter Stähle können beschichtete Schneidstoffe eingesetzt werden, um eine im Vergleich zum unbeschichteten Substrat geringere Reibung zwischen Werkstück und Werkzeug zu erzielen [61]. Dies führt zu einem geringeren Wärmeeintrag in Werkzeug und Span, wobei der Span durch die fehlende Kühlung des Kühlschmierstoffes bei der Trockenbearbeitung dennoch stärker erwärmt wird, so daß Probleme bei der Spanbildung und der Spanabfuhr entstehen können. Diese Probleme lassen sich durch eine entsprechende Gestaltung der Spanleitstufengeometrie lösen [41].

Bei der Drehbearbeitung gehärteter Bauteile können hochharte Schneidstoffe (z. B. CBN) eingesetzt werden. Auch diese Schneidstoffe bedingen eine günstige Wärmeverteilung zwischen Werkstück, Werkzeug und Span [41].

Die geänderte Verteilung der Prozeßwärme auf Span, Werkzeug und Werkstück und in der weiteren Folge auf das gesamte Maschinensystem bewirkt eine

Verlagerung zwischen Schneidkante und Werkstück. Dies führt nach dem Abkühlen des Werkstücks zu Maß-, Form- und Lageabweichungen des Bauteils und einzelner Bauteilsegmente. In Abb. 4.1 ist die Überlagerung mechanischer und thermoelastischer Einflüsse am Beispiel einer längsgedrehten schlanken Welle, die zwischen Zentrierspitzen eingespannt ist, dargestellt. Randbedingungen sind eine ideal steife Einspannung und ein vernachlässigbarer Werkzeugverschleiß.

Während der Bearbeitung verformt sich das Werkstück elastisch unter der Last der Passivkraft. Das Zurückfedern der Welle verursacht eine Formabweichung des Bauteils. Dieser mechanischen Deformation ist eine durch die Wärmezufuhr im trockenen Zerspanprozeß bedingte thermoelastische Deformation überlagert. Die rein thermoelastische Deformation hat nach dem Abkühlen eine Abweichung der Durchmesser vom Sollmaß hin zu geringeren Durchmesserwerten zur Folge. Häufig sind die mechanischen und thermischen Deformationen gegenläufig, so daß sie sich kompensieren. Zum Erzielen einer hohen Fertigungsgenauigkeit beim Trockendrehen sind diese Prozeßeinflüsse aber zu berücksichtigen [6].

Mit Hilfe der Finite-Elemente-Methode (FEM) können die Deformationen berechnet werden. Für eine Welle aus Federstahl Ck 70 N mit einem Durchmesser von 100 mm und einer Länge von 500 mm, die mit einer Schnittgeschwindigkeit v_c von 80 m/min, einem Vorschub f von 0,2 mm und einer Schnittiefe a_p von 2 mm bearbeitet wird, ergeben sich folgende Werte: Die Oberflächentemperatur der Welle steigt von 25 °C zu Beginn auf ca. 50 °C am Ende der Drehbearbeitung. Am Ende wird also die maximale Durchmesseraufweitung, die rechnerisch 16 µm beträgt, erreicht (Abb. 4.1). Die Durchbiegung von 1 µm infolge der Passivkraft ist vernachlässigbar. Ein Vergleich der sich aus der Simulation ergebenden Durchmesserfehler nach dem Abkühlen mit den gemessenen Werten des realen Prozesses zeigt die gleiche Tendenz. Die Maßbweichungen liegen auf einem höherem Niveau als die errechneten Werte, was auf einen Versatz der Zentrierspitzen im realen Prozeß zurückzuführen ist [6].

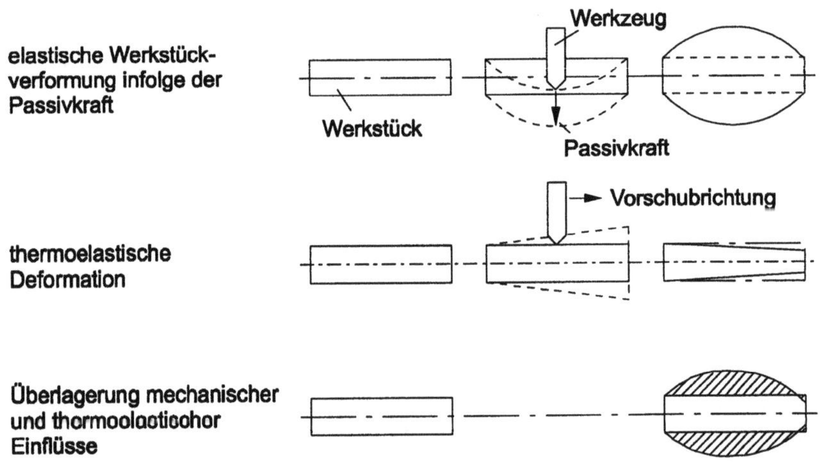

Abb. 4.1. Prozeßbedingte Einflüsse auf die Maß- und Formgenauigkeit beim Außenlängsdrehen [6]

Eine Messung der Temperatur unter der Wendeschneidplatte (Hartmetall P25) beim Längsdrehen einer Welle aus 100Cr6 zeigt deutlich den kühlenden Einfluß der Überflutungsschmierung. Während bei einer Vollstrahlkühlung Temperaturen von ca. 90–110 °C gemessen werden, entstehen bei der Minimalmengenkühlschmierung Temperaturen von 170–190 °C unter der Wendeschneidplatte. Beim trockenen Drehprozeß hingegen steigen die gemessen Temperaturen auf Werte von 270–290 °C an. Bei allen Messungen ist eine Zunahme der Temperaturen mit fortschreitendem Werkzeugverschleiß festzustellen [29, 30].

Die Eignung von Drehwerkzeugen zum Einsatz mit reduziertem KSS-Volumenstrom oder im Trockenschnitt hängt stark vom tribologischen Verhalten der beteiligten Werkstoffkomponenten ab. Beim Drehen wird die Minimalmengenschmierung nur selten verwendet, so daß die Schneidstoffe im wesentlichen auf die Anforderungen bei der Trockenbearbeitung abgestimmt werden müssen. Hierzu sind zwei grundlegende Tendenzen zu beachten. Begründet sich der Verschleiß beim Drehen mit Kühlschmierstoff im wesentlichen auf eine geringe Warmhärte des Schneidstoffes, dann muß bei der Trockenbearbeitung bei gleichen Randbedingungen mit einer geringeren Standzeit gerechnet werden. Ist die Zähigkeit des Schneidstoffes vornehmlich für die Verschleißausbildung verantwortlich, kann die Standzeit des Werkzeugs durch die zunehmende Zähigkeit bei höheren Temperaturen durch die Trockenbearbeitung sogar erhöht werden [70]. Einen wesentlichen Einfluß auf die Möglichkeit zur Trockenbearbeitung hat aber auch der zu bearbeitende Werkstoff.

Grauguß

Ohne Einbußen in der Standzeit der Werkzeuge gilt das Trockendrehen von Graugußteilen mit ihren relativ geringen Schnittemperaturen als Stand der Technik. Als Schneidstoffe kommen hier vorwiegend Oxidkeramiken und nichtoxidische Keramiken wie, z. B. Aluminiumoxid und Siliziumnitrid zum Einsatz. Ein großes Anwendungsgebiet ist dabei die trockene Drehbearbeitung von Bremsscheiben aus lamellarem Grauguß mit Silziumnitridkeramiken bei Schnittgeschwindigkeiten v_c von 600–1.200 m/min und Vorschüben f von über 0,5 mm [1, 35, 70, 79]. Bei dieser Bearbeitung sind allerdings eine gekapselte Maschine mit einer Staubabsaugung und entsprechende kontrollierte Abkühlzeiten der Werkstücke oder eine Temperaturüberwachung des Prozesses notwendig. Durch den relativ kurzspanenden Werkstoff bereiten Spanbildung und Spanabtransport keine Schwierigkeiten. Duktiler Guß (GGG, Vermikularguß oder Temperguß) kann mit beschichteten Siliziumnitridkeramiken bearbeitet werden. Als Beschichtung bietet sich hier eine Kombination aus Aluminiumoxid zur Verschleißminderung und Titannitrid zur Reibungsminimierung zwischen Span bzw. Werkstück und Wendeschneidplatte an [1].

Ungehärtete Stähle

Zur trockenen Drehbearbeitung ungehärteter Stähle werden heute vorwiegend Hartmetalle genutzt. Sie bieten eine für diesen Anwendungsfall günstige Kombination aus Härte und Zähigkeit [35, 77]. Ein Vergleich des Verschleißverhaltens eines Hartmetalls P20 beim Drehen mit Emulsion, Minimalmengenkühlschmierung und bei reiner Trockenbearbeitung zeigt Abb. 4.2.

Es ist zu erkennen, daß die Verschleißmarkenbreite bei der Trockenbearbeitung deutlich über der Verschleißmarkenbreite bei der Vollstrahlkühlung liegt. Mit Hilfe der Minimalmengenkühlschmierung läßt sich ein der Vollstrahlkühlung ähnliches Verschleißverhalten erzielen. Um dieses nachteilige Verschleißverhalten der Hartmetalle bei der Trockenbearbeitung auszugleichen, sind Beschichtungen entwickelt worden, die das Substrat vor der erhöhten Prozeßwärme und vor verstärktem Verschleiß schützen. Wesentliche Ansätze hierzu sind die Beschichtungen, die auch bei Prozessen erfolgreich sind, die mit Kühlschmierstoffen durchgeführt werden. Insbesondere sind hier TiN- und Ti(CN)-Beschichtungen zu nennen, aber auch Beschichtungen aus Al_2O_3 und TiAlN. Dabei dienen die erstgenannten Beschichtungen zur Verschleißminimierung die zuletzt genannten als Wärmeisolationsschichten mit hoher Oxidationsbeständigkeit [50].

Als Beispiel für den trockenen Einsatz von Hartmetallen ist die Bearbeitung eines Rades aus einem PKW-Schaltgetriebe (Werkstoff: 20 MoCr 4) zu nennen. Bei einem Bearbeitungsvergleich zwischen Naß- und Trockenbearbeitung bleiben die Bearbeitungsparameter (Vorschübe f bis 0,4 mm, Zustellungen a_p bis 2,5 mm und Schnittgeschwindigkeiten v_c von bis zu 290 m/min) im Vergleich zur Naßbearbeitung unverändert. Sowohl die vorgegebenen Maßtoleranzen als auch die geforderten Oberflächengüten (gemittelte Rauhtiefen R_z = 15 µm–25 µm) können bei der Trockenbearbeitung eingehalten werden, die für die Naßbearbeitung vorgegebenen Standzeiten lassen sich nahezu erreichen. [70].

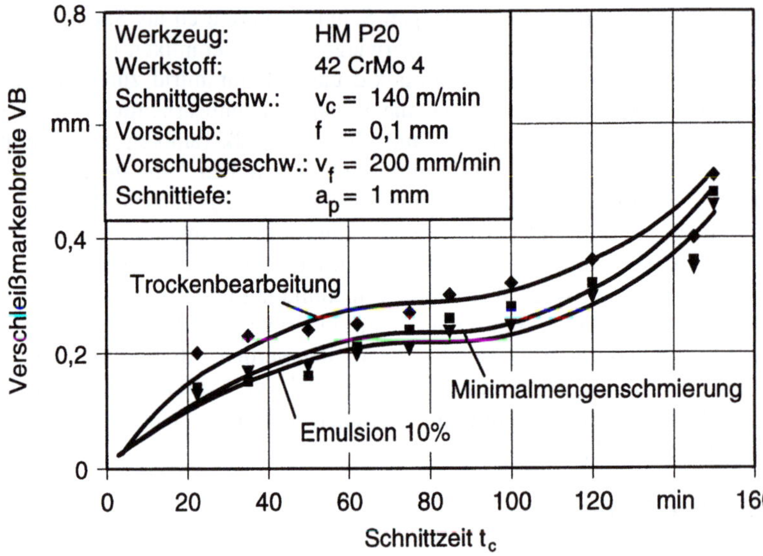

Abb. 4.2. Verschleißverhalten eines Hartmetall-Drehwerkzeuges bei unterschiedlichen KSS-Konzepten [77]

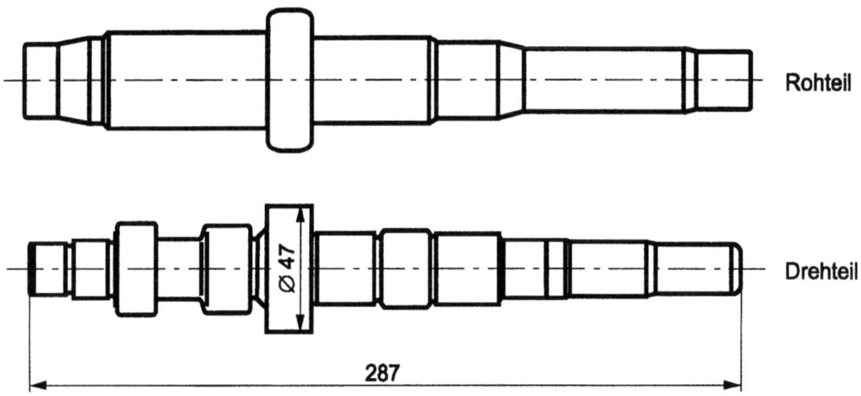

Abb. 4.3. Antriebswelle

Ein weiteres Beispiel ist die trockene Drehbearbeitung eines Lagerbolzens (Werkstoff: Schnellautomaten-Weichstahl 9 S 20 k). Bei nur relativ geringen auftretenden Temperaturen von 55–65 °C am Werkstück ist es möglich, am Lagerbolzen einen h6 tolerierten Außendurchmesser von 8 mm problemlos ohne Kühlschmierstoff zu fertigen [68].

In der Getriebewellenfertigung eines Automobilherstellers ist eine Studie zur Drehbearbeitung von Getriebewellen aus legiertem Einsatzstahl in CNC-Drehmaschinen ohne Einsatz von Kühlschmierstoffen durchgeführt worden. Eine Antriebswelle wird hier in zwei Aufspannungen in mehreren Bearbeitungsoperationen (Zentrieren, Schruppen, Schlichten, Einstechen) gefertigt (Abb. 4.3, Tabelle 4.2).

Im wesentlichen werden bei der trockenen Drehbearbeitung beschichtete Hartmetallwendeschneidplatten eingesetzt. Die besten Verschleißergebnisse bei der Schruppbearbeitung zeigen Hartmetallwendeschneidplatten der ISO-Klasse P15 mit einer Mehrlagenbeschichtung (Beschichtung 1) basierend auf einer innenliegenden, ca. 8 µm dicken Ti(CN)-Schicht als Haftvermittler und einer ca. 6 µm dicken isolierenden Al_2O_3-Schicht. Zur Reibungsminimierung ist die Wendeschneidplatte außen mit einer TiN-Schicht versehen. Die gesamte Schichtdicke der Beschichtung 1 wird vom Hersteller mit ca. 16 µm angegeben. Eine Darstellung der max. Verschleißmarkenbreite der trocken eingesetzten Hartmetallwendeschneidplatten über der produzierten Stückzahl zeigt Abb. 4.4.

Tabelle 4.2. Bearbeitungsparameter der Antriebswelle

Bearbeitungs-operation	Schnittgeschw. v_c [m/min]	Vorschub f [mm]	Schnittiefe a_p [mm]
Schruppen	250–300	0,35–0,4	1,1–3,5
Schlichten	250–300	0,20–0,4	0,3–2,4
Einstechen	180–200	0,14–0,2	-----

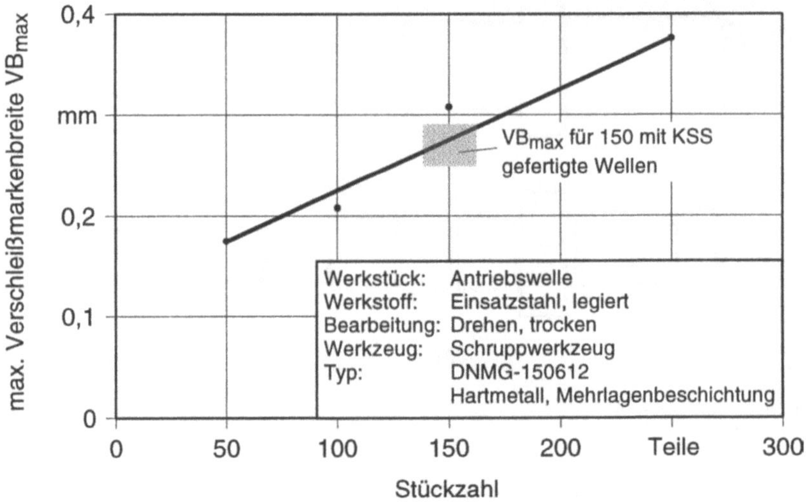

Abb. 4.4. Max. Verschleißmarkenbreite in Abhängigkeit von der produzierten Stückzahl bei der Schruppbearbeitung

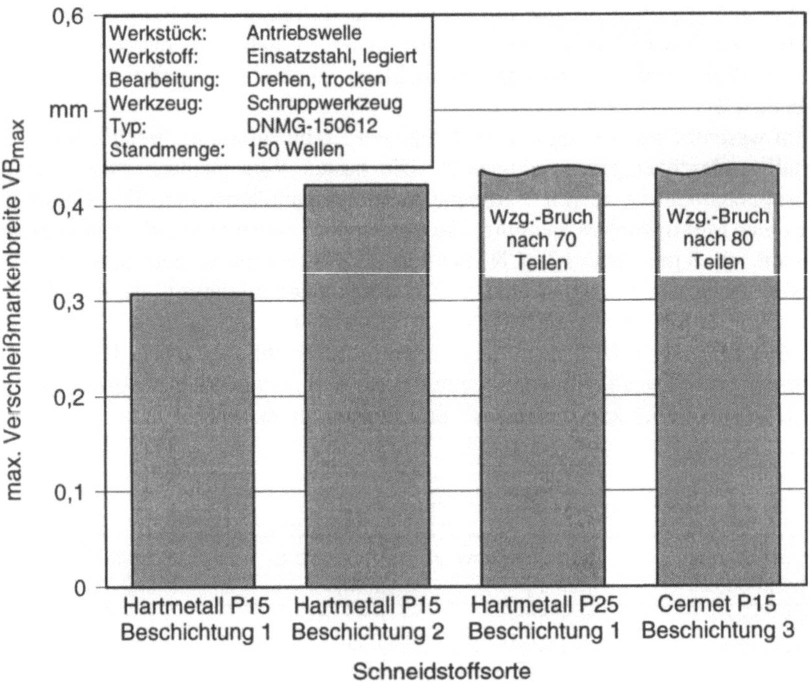

Abb. 4.5. Max. Verschleißmarkenbreite für verschiedene Schneidstoffsorten

Das eingezeichnete Streufeld gibt den Bereich der max. Verschleißmarkenbreite bei der Bearbeitung mit Kühlschmierstoff an. Hier wird die Wendeschneidplatte nach 150 bearbeiteten Teilen ausgewechselt. Sie weist dann eine Verschleißmarkenbreite von ca. 0,26–0,29 mm auf. Der Einsatz einer zäheren gradientengesinterten Hartmetallsorte (P25) mit der Mehrlagenbeschichtung 1 und mit einer Kombination aus einer inneren Ti(CN)- und einer äußeren Al_2O_3-Beschichtung (Beschichtung 2, Schichtdicke ca. 10 µm) und eines Ti(CN) beschichteten Cermets (P15, Beschichtung 3) lieferten bei der Schruppbearbeitung größere max. Verschleißmarkenbreiten oder die Werkzeuge versagten im Schnitt (Abb. 4.5).

Das gute Verschleißverhalten des Hartmetalls P15 mit der Beschichtung 1 läßt sich auf die hohe Härte und Warmfestigkeit des Schneidstoffs in Kombination mit der dicksten Beschichtung zurückführen, so daß eine hohe Warmhärte bei gleichzeitiger guter Wärmeisolierung gewährleistet ist.

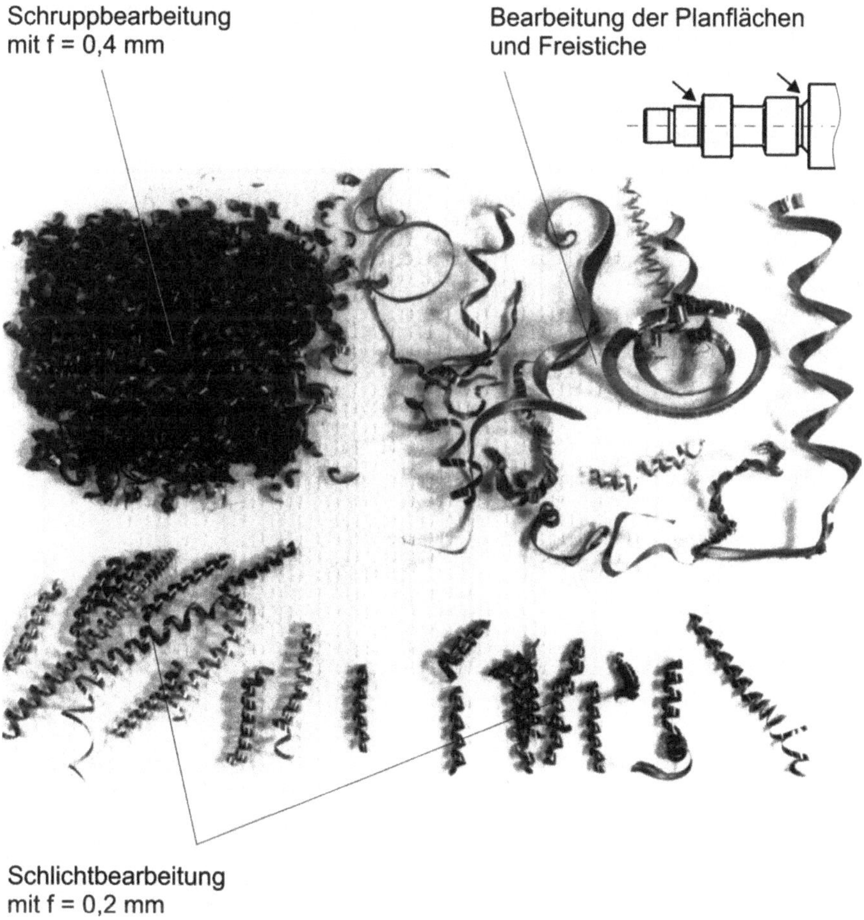

Abb. 4.6. Spänespektrum bei der Trockenbearbeitung

Ein weiteres Problem bei der trockenen Drehbearbeitung ist der sich häufig durch die fehlende Kühlwirkung des Kühlschmierstoffes ändernde Spanbruch und die sich ändernden Reibungsverhältnisse zwischen Spanfläche und Span. Der Spanfluß und -bruch muß durch eine entsprechende Spanflächengestaltung den bei der Trockenbearbeitung geänderten Randbedingungen angepaßt werden, um lange unkontrollierte Band- und Fließspäne zu vermeiden, die eine prozeßsichere Fertigung nachteilig beeinflussen können. Ein durch den Einsatz einer entsprechend angepaßten Spanleitstufengestalt bei der trockenen Schrupp- und Schlichtbearbeitung der Antriebswelle entstehendes Spänespektrum zeigt Abb. 4.6. Es ist deutlich zu erkennen, daß während der Bearbeitung der Antriebswelle abhängig von der jeweiligen Bearbeitungssituation unterschiedliche Spanformen entstehen. Im Bereich der Planflächenbearbeitung und bei der Erstellung von Freistichen kann es notwendig sein, den Spanbruch über die Spanleitstufengestaltung hinaus durch ein Optimieren der Schnittparameter zu beeinflussen (s. Kap. 4.1.3).

Neben den Untersuchungen zum Verschleiß- und Spanbruchverhalten der Drehwerkzeuge wurde auch die thermische Belastung des Bauteils analysiert. In Abb. 4.7 sind die Meßstellen zur Durchmesserbestimmung an der untersuchten Getriebewelle dargestellt. Die Getriebewelle wird in zwei Aufspannungen komplett ohne KSS-Einsatz bearbeitet und nach dem Verlassen der Maschine vermessen. Die bearbeiteten Durchmesser liegen zwischen 19 mm und 32 mm. Die erste Messung an den dargestellten Meßstellen findet 2 min nach der Bearbeitung statt. Die Welle hat dann eine durchschnittliche Oberflächentemperatur von 35 °C.

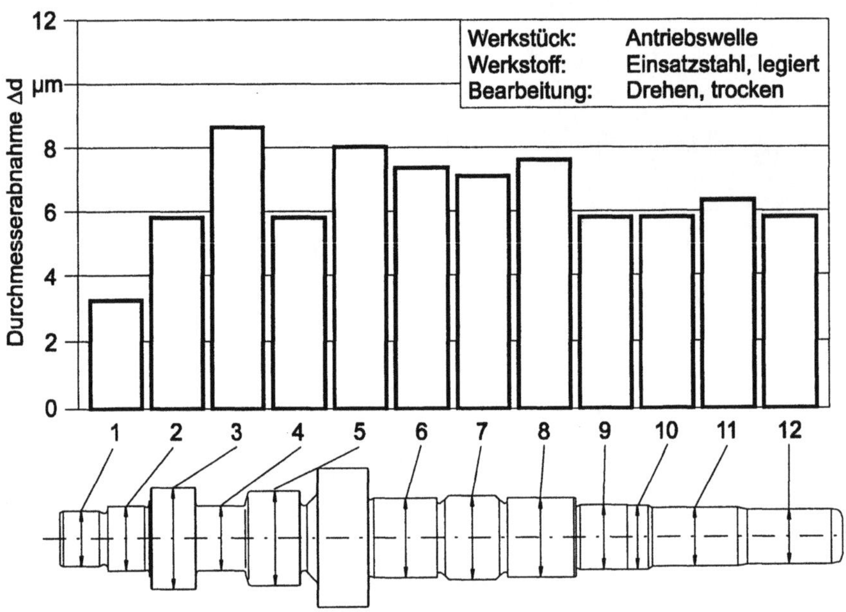

Abb. 4.7. Thermisch bedingte Durchmesserabnahme an einer Getriebewelle

Nach dem Abkühlen auf Raumtemperatur (22 °C) erfolgt eine weitere Bestimmung der Durchmessermaße. Die durch das Abkühlen bedingten Durchmesserabnahmen sind in Abb. 4.7 dargestellt. Die absoluten Durchmesserabnahmen liegen dabei innerhalb der für die entsprechenden Wellendurchmesser angegebenen Maßtoleranzen, so daß die nachfolgende Verzahnungserstellung nicht gefährdet ist. Durch ein entsprechendes vorhaltendes Kalibrieren der Post-Process-Messung kann die Temperaturdrift nahezu kompensiert werden.

Eine Analyse bei der trockenen Drehbearbeitung von Getriebewellen bei einem weiteren Automobilhersteller zeigt ein ähnliches Bild. Auch hier können keine wesentlichen Verschlechterungen des Standzeitverhaltens der Hartmetallwendeschneidplatten bei der Trockenbearbeitung im Vergleich zur Naßbearbeitung festgestellt werden. Der Spanbruch läßt sich durch angepaßte Spanleitstufen auch bei der Trockenbearbeitung beherrschen. Die höhere thermische Belastung des Bauteils verursacht beim Abkühlen eine Durchmesserabnahme von ca. 8 µm bei Durchmessern zwischen 20–50 mm und eine Längenabnahme von ca. 20 µm (Wellenlänge ca. 300 mm). Durch eine geeignete Kompensation der thermisch bedingten Maßabnahme an den Meßgeräten kann aber weiter in den geforderten Toleranzfeldern produziert werden [63]

Gehärtete Stähle

Der Einsatz hochharter Schneidstoffe erweitert die Möglichkeit für das Trockendrehen. Diese Schneidstoffe werden zunehmend zur Bearbeitung harter Stahlwerkstoffe im Trockenschnitt genutzt, wodurch häufig das Schleifen mit Kühlschmierstoffeinsatz substituiert werden kann. Der Verzicht auf den Kühlschmierstoff ist beim Hartdrehen nicht vornehmlich auf wirtschaftliche Gründe zurückzuführen, sondern durch den Prozeß der Spanentstehung und die eingesetzten Schneidstoffe bedingt.

Die Werkstofftrennung kann auf die durch die Schneide im Werkstoff induzierte Schubspannungen zurückgeführt werden. Hierbei läßt sich der Spanbildungsmechanismus mit Hilfe der erweiterten Schubspannungshypothese nach Mohr beschreiben (Abb. 4.8) [97].

Vor der Schneide bilden sich im Werkstoff zwei unterschiedliche Spannungszustände aus. Diese stehen in direkter Abhängigkeit von den geometrischen Eingriffsverhältnissen, einer ausreichend breiten Schneide und dem bei der Hartzerspanung üblichen negativen Spanwinkel γ_0. Im Bereich der Schneidkante (Bereich II) kann somit ein ebener zweiachsiger Spannungszustand mit hohem hydrostatischen Druckanteil angenommen werden. An der Werkstückoberfläche (Bereich I) werden hingegen in Richtung der Oberflächennormalen keine Spannungen übertragen, so daß hier ein einachsiger Spannungszustand angenommen werden kann [97].

Das niedrige Druckspannungsniveau im Bereich I verursacht das Überschreiten der Schubbruchgrenze des Werkstückstoffs durch die vorliegenden Schubspannungen. Es entsteht ein sich kontinuierlich in Richtung der Schneide bewegender Riß. In Bereich II wird die Rißausbreitung durch den hohen hydrostatischen Druckanteil gestoppt. Der schubspannungsbedingte Gleitbruch wird nach der erweiterten Schubspannungshypothese nach Mohr durch eine plastische Verformung des Werkstoffs ersetzt. Die hohen Temperaturen im Bereich vor der Schneide unterstützen diesen Effekt; eine Kühlschmierung hat negative Auswirkungen auf den Prozeß. Das durch den Riß vor der Spanfläche abgetrennte Material wird als Span aus der Wirkzone abtransportiert. Durch das stetige Wiederholen dieses Vorgangs entsteht der für die Hartzerspanung typische Lamellenspan. Berechnungen zur Spanausbildung sowie Spanschliffe stützen diese Spanbildungstheorie [97].

Die für das Hartdrehen relevanten Stahlwerkstoffe sind Einsatz-, Wälzlager- und Werkzeugstähle mit einer Härte von 45–64 HRc [5, 44, 99]. Zur Bearbeitung der harten Werkstoffe werden Schneidstoffe mit hoher Härte, die dem abrasiven und adhäsiven Verschleiß entgegenwirkt, und einer ebenfalls hohen Warmfestigkeit, Zähigkeit und chemischen Beständigkeit benötigt [82]. Die geforderte hohe Warmfestigkeit der Schneidstoffe reduziert bei hohen Prozeßtemperaturen den abrasiven Verschleiß und die plastische Verformung an der Schneide. Die Verschleißbeständigkeit bei instationären mechanischen und thermischen Belastungen läßt sich durch einen Schneidstoff mit hoher Zähigkeit steigern. Zusätzlich wird hierdurch die Neigung des Werkzeugs zum Schneidenbruch verringert. Tribochemischer Verschleiß ist durch Schneidstoffe mit hoher chemischer Stabilität zu vermeiden [98]. Die Kombination dieser Faktoren bestimmt das Eignungsprofil des Schneidstoffs für die Hartbearbeitung. Dabei kommt insbesondere der Warmhärte aufgrund der hohen mechanischen und thermischen Beanspruchung des Werkzeuges beim Hartdrehen gesteigerte Bedeutung zu [82].

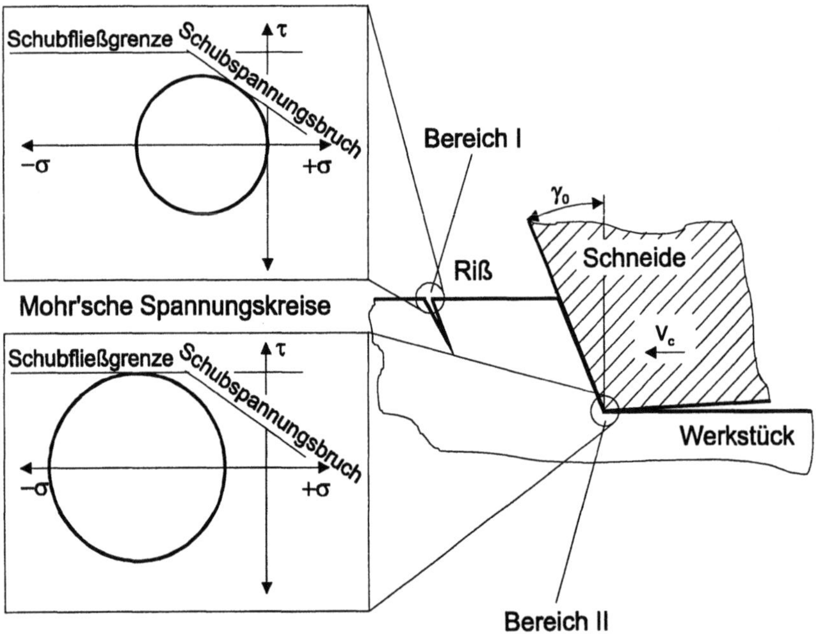

Abb. 4.8. Spanbildungsvorgang bei der Hartzerspanung [97]

Aus den oben genannten Gründen eignen sich besonders polykristallines kubisches Bornitrid (PCBN), Mischkeramiken und beschichtete Feinst- und Ultrafeinstkornhartmetalle für die Hartbearbeitung [37, 38].

Bearbeitungsbeispiele für das Hartdrehen im Trockenschnitt sind in der Literatur zahlreich zu finden, im wesentlichen bestimmt das Werkstück (z. B. Lagerringe, Naben, Zahnräder) mit seinen Randbedingungen die Eignung zum Hartdrehen [96]. In der Regel werden Werkstücke mit vorwiegend rotationssymmetrischer Grundform und Länge-zu-Durchmesser-Verhältnissen kleiner 1 bis 3, d. h. im Futter spannbare Werkstücke bearbeitet [5, 76]. Die Eingrenzung dieses Verhältnisses verhindert eine zu große Durchbiegung des Werkstücks, die aus den hohen mechanischen Beanspruchungen während der Fertigung resultiert.

Neben dem Länge-zu-Durchmesser-Verhältnis kommt besonders der Dünnwandigkeit des Werkstücks große Bedeutung zu. Sie beeinflußt maßgeblich die Deformationseigenschaften des Bauteils während des Spannens und der Bearbeitung. Geeignete Spannmittelkonzepte sind daher zur Bearbeitung dieser Werkstücke unabdinglich [96].

Als weiteres Kriterium bezüglich der Bauteilgestalt ist die Bearbeitung im unterbrochenen Schnitt anzusehen. Dieser Bearbeitungsfall erhöht den Werkzeugverschleiß, der durch die mögliche Thermoschockwirkung beim Einsatz von Kühlschmierstoffen noch verstärkt werden kann. Dieser Effekt führt zu verminderten Standzeiten, so daß eine qualitativ hochwertige, wirtschaftliche Fertigung durch das Verfahren Hartdrehen in diesem Fall nicht immer gewährleistet werden kann.

Die Werkzeugmaschinen zum Hartdrehen unterliegen aufgrund der besonderen Randbedingungen einem speziellen Anforderungsprofil. Sie müssen trotz großer mechanischer und thermischer Belastungen eine hohe Prozeß- und Werkstückqualität gewährleisten. Bei der Konzeption und dem Bau einer Werkzeugmaschine sind daher Präzision und Wärmegang von besonderer Bedeutung (Abb. 4.9). Die wichtigsten Kriterien sind die Positioniergenauigkeit der Werkzeugschlitten, die Rund- und Planlaufgenauigkeit der Spindel, die statische und dynamische Steifigkeit der Werkzeugmaschine sowie ihre thermische Stabilität [96].

Die Positioniergenauigkeit der Werkzeugschlitten wird durch hydrostatisch- oder alternativ wälzgelagerte Vorschubschlitten mit direkt messenden, in den Achsen integrierten Meßsystemen gewährleistet [47]. Die Rund- und Planlaufgenauigkeit läßt sich durch eine hydrostatisch- oder wälzgelagerte Spindel erreichen. Hinsichtlich des Maschinenaufbaus sind Maschinenbetten aus Mineral- oder Grauguß mit Kernsand gefüllt oder als neuere Entwicklung mit Kühlwasser durchflutet zum Erzielen einer hohen Dämpfung auszuwählen. Die thermische Stabilität muß schon bei der Konzeption der Werkzeugmaschine festgelegt werden. Wärmequellen sind zu ermitteln und konsequent zu neutralisieren [96]. Mit Hilfe einer Arbeitsraumspülung können z. B. die heißen Späne schnell aus der Maschine entfernt werden. Der Vorteil der möglichen Trockenbearbeitung beim Hartdrehen wird dann allerdings geschmälert.

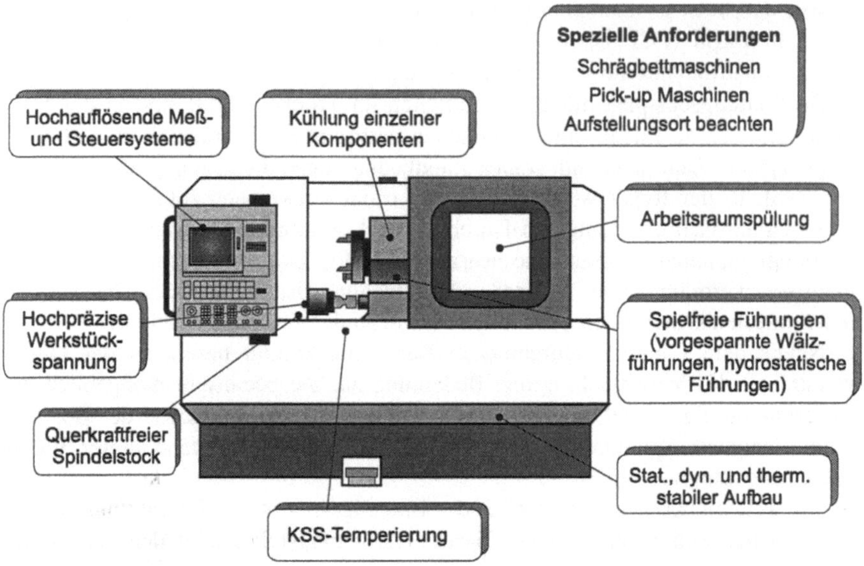

Abb. 4.9. Anforderungen an eine Hartdrehmaschine [89]

Aluminiumlegierungen

Der Werkstoff Aluminium – Guß- und Knetlegierungen – findet zunehmend in der Automobilindustrie und in vielen anderen Bereichen des Maschinenbaus (Büro- und Verpackungsmaschinen, Meßwerkzeuge) Verwendung. Schnittgeschwindigkeiten von 40–100 m/min sollten je nach Werkstoff und Zerspanbedingungen aufgrund der Neigung des Werkstoffs zur Aufbauschneidenbildung nicht unterschritten werden [33]. Neben einer Erhöhung der Schnittgeschwindigkeit kann die Neigung zur Aufbauschneidenbildung durch eine Vergrößerung des Spanwinkels und durch den Einsatz von Kühlschmierstoffen reduziert werden. Die Schmierwirkung des Kühlschmierstoffes erleichtert den Spanablauf und der entstehende Oberflächenfilm erschwert das Anhaften des Aluminiums an der Spanfläche.

Bei sehr großen Schnittgeschwindigkeiten und damit sehr hohen Temperaturen in der Kontaktfläche zwischen Werkzeug und Werkstück neigt der Werkstoff zur Scheinspanbildung an der Freifläche. Durch die hohen Temperaturen geht der bearbeitete Werkstoff in einen teigigen Zustand über, wird aus der Kontaktzone herausgedrückt und erstarrt nach dem Austreten zu einem anwachsenden spanähnlichen Gebilde. Durch temperatursenkende Maßnahmen, z. B. eine Änderung der Schneidengestaltung, angepaßte Schnittparameter, polierte Schnittflächen oder dem Einsatz von PKD, kann die Scheinspanbildung gemindert werden. Zusätzlich dient ein Kühlschmierstoff mit intensiv kühlender Wirkung zur allgemeinen Senkung des Temperaturniveaus und somit zu einer Verzögerung der Scheinspanbildung.

Beim Trockendrehen von Aluminiumlegierungen fehlen die Kühl- und die Schmierwirkung des KSS. Es ist somit je nach Bearbeitungsfall mit einer erhöhten Neigung zur Aufbauschneiden- oder Scheinspanbildung zu rechnen. Untersuchungen zeigen, daß durch den Einsatz von Kühlschmierstoffen im Vergleich zur Trockenbearbeitung bessere Oberflächengüten erzielt werden können. Durch einen großen Spanwinkel mit gutem Spanablauf in Kombinaton mit einer erhöhten Schnittgeschwindigkeit können aber auch trocken der Drehbearbeitung mit Kühlschmierstoff vergleichbare Oberflächengüten erzielt werden [33]. Eine Steigerung der Schnittgeschwindigkeit bedeutet im Trockenschnitt aber meist eine Zunahme des Werkzeugverschleißes. Untersuchungen beim trockenen Drehen an Aluminium-Silizium-Gußlegierungen (Druck und Kokillenguß) mit Hartmetallen der ISO-Klasse M10 zeigen eine deutliche Standzeitabhnahme mit zunehmender Schnittgeschwindigkeit. Bei Schnittgeschwindigkeiten von $v_c = 600$ m/min und Vorschüben von f = 0,08 mm lassen sich aber immer noch Standzeiten von 2–3 Stunden erzielen [48].

Ein Anwendungsbeispiel zur Substitution von Eisen-Basis-Werkstoffen durch Leichtmetalle ist der Einsatz von Zylinderlaufbuchsen aus einer sprühkompaktierten, übereutektischen AlSi-Legierung, die trocken gedreht werden. Die Laufbuchsen wurden zuvor aus Grauguß gefertigt. Der Vorteil der AlSi-Legierung liegt in dem im Vergleich zum Al-Motorblock ähnlichen thermischen Verhalten. Zur Beurteilung der Zerspanbarkeit von übereutektischen AlSi-Legierungen werden drei sprühkompaktierte Legierungsvarianten beim Längsdrehen im Trockenschnitt untersucht. Es werden die Legierungen AlSi17T6, AlSi25X und AlSi25T6 zerspant. Als Schneidstoffe kommen Hartmetallwerkzeuge der ISO-Klasse K10 mit feiner, mittlerer und grober Körngröße (HM-FK, HM-MK, HM-GK) zum Einsatz. Ein Vergleich der Verschleißmarkenbreiten nach dem trockenen Drehen der verschiedenen AlSi-Legierungen nach einer Schnittzeit von 750 s ist in Abb. 4.10 dargestellt. Die Legierung AlSi17T6 mit der größten Härte (180HV10) führt zum geringsten Werkzeugverschleiß. Dies läßt sich auf den im Vergleich zu den beiden anderen Legierungen geringsten Si-Gehalt zurückführen. Die Legierungen mit 25 % Si verursachen eine höhere abrasive Beanspruchung des Schneidstoffes, der größte Werkzeugverschleiß bei der Legierung AlSi25T6 ist zudem mit einer höheren Matrixfestigkeit dieses Werkstoffes zu erklären. In der festen Matrix werden die Si-Hartphasen stärker abgestützt, so daß diese das Werkzeug stärker abrasiv beanspruchen können.

Tabelle 4.3. Chemische Zusammensetzung, Wärmebehandlungszustand und Härte der untersuchten Werkstoffe

Kurzbezeichnung	Chemische Zusammensetzung in Gew.-%							WBH - Zustand	Härte in HV10
	Si	Cu	Mg	Ni	Fe	Zr	Al		
AlSi25X	25	2,5	1	1	--	--	Rest	keine	104
AlSi25T6	25	4,0	1	--	--	--	Rest	T6	117
AlSi17T6	17	3,5	1,1	--	5	0,6	Rest	T6	180

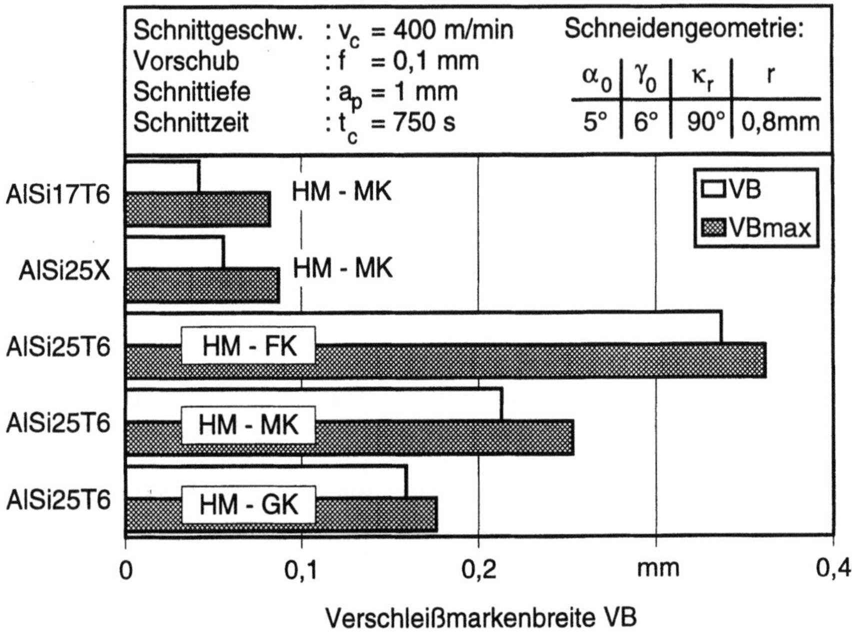

Abb. 4.10. Verschleißmarkenbreite VB beim Drehen von drei unterschiedlichen AlSi-Legierungen und Einfluß der Hartmetallkorngröße auf den Werkzeugverschleiß

In Tabelle 4.3 sind die chemische Zusammensetzung, der Wärmebehandlungszustand, die Härte des Verbundes und die verwandte Kurzbezeichnung erläutert.

Des weiteren ist in Abb. 4.10 der Einfluß der Korngröße des Hartmetalls auf den Werkzeugverschleiß am Beispiel der Legierung AlSi25T6 dargestellt. Die rasterelektronenmikroskopischen Aufnahmen in Abb. 4.11 zeigen die Verschleißerscheinungen bei den unterschiedlichen Hartmetallen. Der Verschleiß nimmt mit zunehmender Korngröße des Hartmetalls in der Reihenfolge HM-FK, HM-MK und HM-GK ab. Die groben WC-Karbide, insbesondere wenn diese größer als die Hartphasen der Al-Legierung sind, schützen das Werkzeug stärker vor dem Eindringen der Si-Kristalle beim Spanen und erhöhen so die Verschleißbeständigkeit des Werkzeuges.

In weiteren Versuchen wird die Eignung unterschiedlicher Schneidstoffe und Beschichtungen bei der trockenen Zerspanung der Legierung AlSi25X untersucht. In Abb. 4.12 ist die Verschleißmarkenbreite der unterschiedlichen Schneidstoffe nach dem Drehen in Abhängigkeit von der Schnittzeit gegenübergestellt. Abb. 4.13 zeigt rasterelektronenmikroskopische Aufnahmen der eingesetzten Werkzeuge nach einer Schnittzeit von 750 s. Das PKD-Werkzeug weist den geringsten Verschleiß auf. Dies ist mit der extrem hohen Härte des Schneidstoffes zu erklären. Die diamant- und TiAlN-beschichteten Hartmetalle zeigen durch die verschleißmindernde Wirkung der Beschichtung geringere Verschleißmarkenbreiten als das unbeschichtete Hartmetall mit mittlerer Korngröße (s. a. Abb. 4.12).

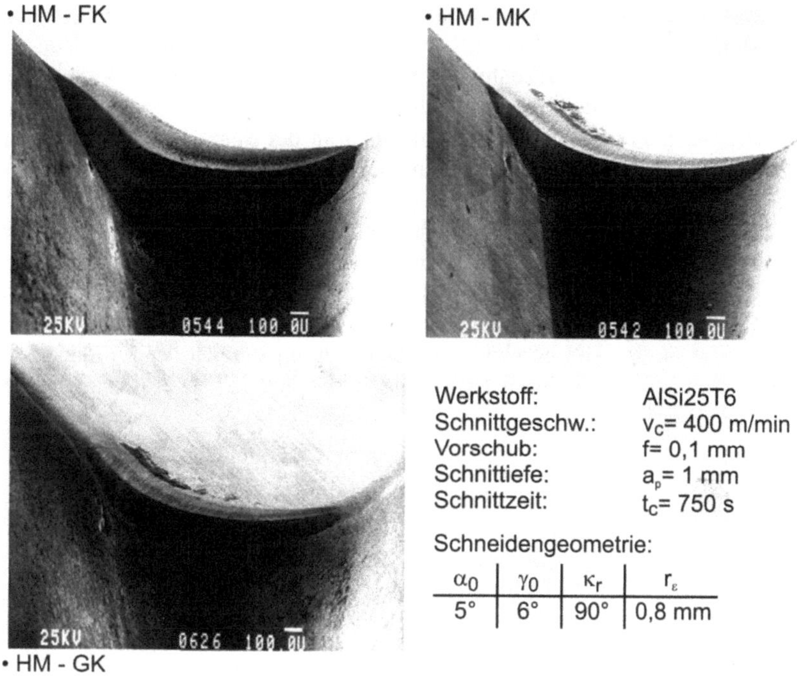

Abb. 4.11. Werkzeugverschleiß in Abhängigkeit von der Korngröße des Hartmetalls

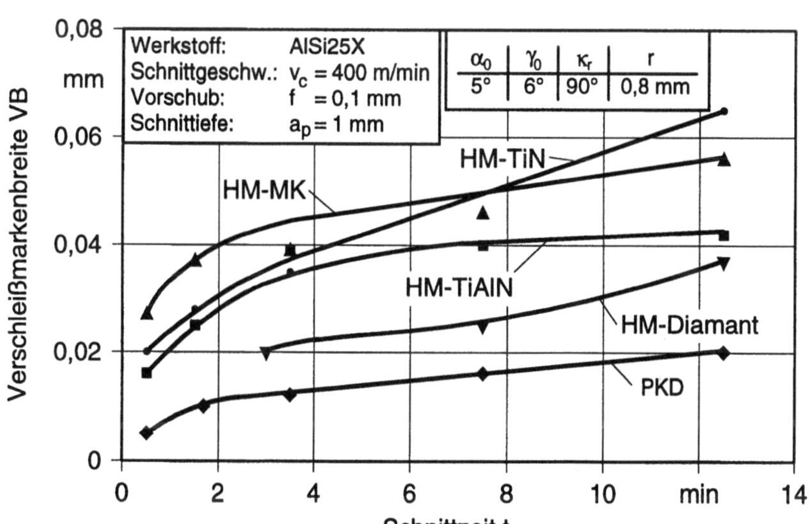

Abb. 4.12. Verschleißmarkenbreite VB unterschiedlicher Schneidstoffe in Abhängigkeit von der Schnittzeit t_c

Das diamantbeschichtete Hartmetallwerkzeug weist vor allem bei geringen Schnittzeiten das günstigste Verschleißverhalten auf. Mit zunehmender Einsatzzeit nimmt die Verschleißmarkenbreite im Vergleich zu den anderen Werkzeugen wesentlich stärker zu. Die Ursache für dieses Verhalten liegt in einem Abplatzen der Beschichtung sowohl an der Frei- als auch an der Spanfläche, wodurch das Substrat freigelegt und der Beanspruchung der harten Si-Kristalle ausgesetzt wird (Abb. 4.13, links unten).

Der hohe Verschleiß des TiN-beschichteten Hartmetalls läßt sich mit der hohen chemische Affinität des TiN zum Aluminium erklären. Die Beschichtung wird durch die mechanische, thermische und tribochemische Beanspruchung geschädigt und kann somit das Substrat nicht mehr vor Verschleiß schützen. In Abb. 4.13 sind an der TiN-beschichteten Schneide im Bereich der Freifläche, an dem der Scheinspan sich durch Erstarrung bildet und haftet, Auflösungen der TiN-Schicht zu erkennen.

Werkstoff: AlSi25X
KSS - Konzept: trocken
Schnittgeschw.: v_c= 400 m/min
Vorschub: f= 0,1 mm
Schnittiefe: a_p= 1 mm

Schneidengeometrie:

α_0	γ_0	κ_r	r_ε
5°	6°	90°	0,8 mm

• HM-MK
• VB = 0,056 mm

• HM - TiN
• VB = 0,065 mm

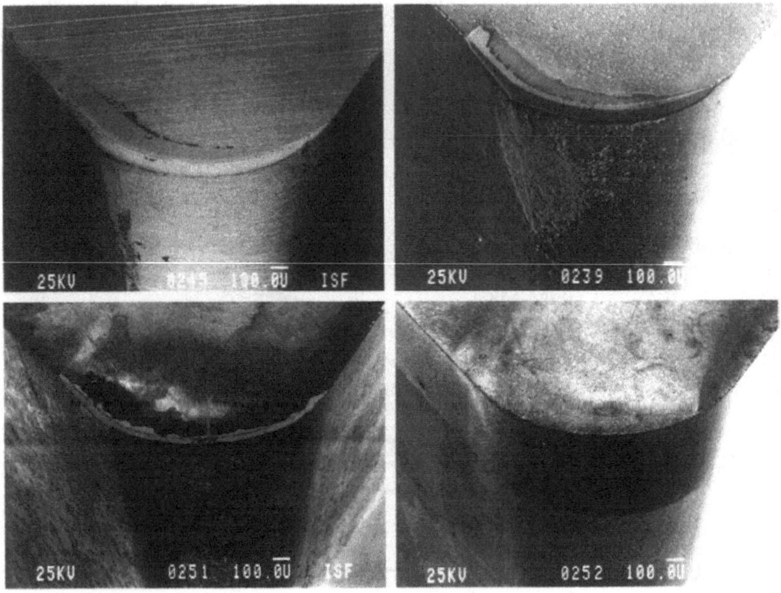

• HM - Diamant
• VB = 0,037 mm

• PKD
• VB = 0,02 mm

Abb. 4.13. Rasterelektronenmikroskopische Untersuchung unterschiedlicher Schneidstoffe nach einer Schnittzeit von 750 s

Beim Einsatz der unbeschichteten und beschichteten Hartmetallwerkzeuge entstehen grundsätzlich Bröckelspäne, die sich mit der geringen plastischen Verformbarkeit der AlSi-Legierungen begründen lassen. Bei der Bearbeitung mit dem PKD-Werkzeug sind lange Bandspäne zu beobachten. Die Schneidplatten sind poliert, so daß sich die Bandspanbildung auf eine geringe Wirkflächenreibung zurückführen läßt. Dieser Effekt wird durch den geringsten Verschleiß und einen kleinen Schneidkantenradius (10 µm bei PKD; 13 µm bei HM-MK) im Neuzustand begünstigt. Ein prozeßsicherer Einsatz des PKD-Werkzeuges ist aus diesem Grund nur bedingt möglich.

4.1.3 Auswirkungen der Trockenbearbeitung auf die Prozeßführung, die Maschine und das Umfeld

Das Trockendrehen beeinflußt in vielfältiger Weise den Bearbeitungsprozeß. Trotz der eigentlichen positiven Eignung des Verfahrens zur Bearbeitung ohne Kühlschmierstoff treten durch den Verlust der primären KSS-Funktionen „Kühlen", „Schmieren" und „Spülen" Probleme auf, die nur durch eine angepaßte Prozeßführung gelöst werden können. Das Fehlen der Kühlfunktion des Kühlschmierstoffes und die damit verbundene höhere thermische Belastung von Werkstück und Werkzeug kann durch die schon beschriebenen Lösungsansätze wie, z. B. Schneidstoff- und Beschichtungsoptimierung, kompensiert werden. Durch die höheren Prozeßtemperaturen steigt aber auch die Duktilität des Werkstoffes, was sich häufig in einer stärkeren Neigung zur Gratbildung am Werkstück äußert. Diese kann durch eine entsprechende Optimierung der Schnittaufteilung vermieden werden [70]. Die höheren Werkstücktemperaturen bedingen häufig eine Durchmesser- und Längenabnahme des Werkstücks während des Abkühlens. Ein entsprechendes schon erwähntes Anpassen der In- und Post-Process-Meßlehren ist notwendig, um die der Drehbearbeitung nachfolgenden Bearbeitungsschritte prozeßsicher durchführen zu können.

Die Spanentstehung und der Spanabtransport von der Bearbeitungsstelle bereiten meist keine Schwierigkeiten. Sie können durch die Prozeßparameter und entsprechende Spanleitstufen direkt beeinflußt werden. Während der Bearbeitung können aber in stark verwinkelten und verrippten Arbeitsräumen Spänenester entstehen (Abb. 4.14). Diese Spanansammlungen behindern den weiteren Spanabtransport, sie bedeuten aber auch Zonen mit einem höheren Wärmeeintrag in das Maschinengestell. Diese unsymmetrische Aufheizung der Maschine kann dann zu Maßungenauigkeiten am Bauteil führen. Bei der Umstellung des Prozesses auf die Trockenbearbeitung ist die fehlende Spülfunktion des Kühlschmierstoffes durch geeignete Maßnahmen (Spanabsaugung, Abstreifmechanismen, Abdeck- und Leitbleche usw.) zu ersetzen [20, 70].

Bei der Neuplanung einer trockenen Drehbearbeitung können zur Lösung dieses Problems Front-, Vertikal- oder Schrägbettdrehmaschinen eingesetzt werden, die besonders gute Voraussetzungen für einen problemlosen Spantransport bieten [41, 70, 101].

Abb. 4.14. Spänestau im Arbeitsraum

Häufig gestaltet sich der Spantransport beim Innendrehen als schwierig. Das Ausblasen der Späne mit Druckluft ist hier eine mögliche Lösung [68]. Dieser Vorgehensweise steht allerdings der Nachteil des möglichen Eindringens der Späne in Abdeckungen und Führungen gegenüber [70].

Die fehlende Spülwirkung kann bei der Bearbeitung umformend hergestellter (z. B. geschmiedeter) Stahlrohteile zu einer starken Innenraumverschmutzung der Maschine führen. Die für den Umformprozeß notwendigen Schmiermittel und Haftvermittler verbleiben nach dem Umformen am Rohteil und zerstäuben bei der Drehbearbeitung. Hier kann neben einer Arbeitsraumspülung auch eine Umstellung des Schmiermittels beim Umformen das Problem lösen. In diesen Fällen wirkt sich der Einsatz der Trockenbearbeitung auch auf die dem Drehen vorgelagerten Prozesse aus.

4.2 Fräsen

Unter Fräsen wird das Spanen mit kreisförmiger Schnittbewegung und beliebiger, quer zur Drehachse liegender Vorschubbewegung verstanden. Die Drehachse ist dabei werkzeuggebunden. Die Bearbeitung mit zumeist mehrschneidigen Werkzeugen erfolgt im unterbrochenen Schnitt. Der Spanungsquerschnitt ist während eines Zahneingriffs veränderlich. Heute werden hauptsächlich unbeschichtete und beschichtete HSS- und Vollhartmetall-Fräser sowie Wendeschneidplatten-Fräser mit Hartmetall- oder Cermet-Wendeschneidplatten (beschichtet und unbeschichtet) eingesetzt [11].

4.2.1 Kühlschmierstoffeinsatz

Auch beim Fräsen liegt zunächst die Überlegung nahe, die Vorteile der konventionellen Kühlschmierung – Kühlen, Schmieren, Späneabtransport – zu nutzen. Wie bei allen Fertigungsverfahren ist es auch beim Fräsen, insbesondere beim Form- oder Profilfräsen, für Bauteilqualität und Werkzeugstandzeit von Nachteil, wenn Spanmaterial, das bereits abgetrennt wurde und somit durch die mechanische und thermische Belastung eine Verfestigung erfahren hat, nochmals durch den Schnitt gezogen wird. Der Einsatz von konventionellen Kühlschmierstoffen mit guter Spül- und Transportwirkung kann demzufolge beim Fräsen zur Steigerung der Prozeßsicherheit beitragen.

Aufgrund der mit dem unterbrochenen Schnitt einhergehenden hohen thermischen und mechanischen Wechselbelastung kommt es zum schnellen Erliegen des Werkzeuges. Verfahrensbedingte Verschleißbilder, die sich aufgrund dieses sog. Thermoschocks zeigen, sind Kamm- und Querrisse, in deren Folge die Schneidkante ausbröckelt.

4.2.2 Trockenbearbeitung

Der Entfall der Kühlschmierung bewirkt dagegen ein höheres Temperaturniveau im Werkzeug, welches aber geringeren Schwankungen unterworfen ist. Durch die Verfügbarkeit warmfester und zäher Schneidstoffe ist es möglich, die Problematik des Thermoschocks durch Trockenbearbeitung zu umgehen [11, 45, 70]. Somit kann bei entsprechender Schneidstoffwahl das Verschleißverhalten gegenüber der Naßbearbeitung positiv beeinflußt werden. Durch Trockenbearbeitung werden Standweggewinne von über 50 % gegenüber dem Einsatz von Kühlschmierstoff erreicht. Selbst beim Bearbeiten des Warmarbeitsstahls X40CrMoV5 mit einer Härte von 53–54 HRC zeigt die Trockenbearbeitung die besten Ergebnisse hinsichtlich des Verschleißverhaltens des eingesetzten VHM-Schaftfräsers [12].

Auch bei der Titanbearbeitung werden Ergebnisse erzielt, die dem Einsatz von Emulsion nicht nachstehen [27]. Durch den Einsatz hochwarmfester Siliziumnitrid-Wendeschneidplatten lassen sich über die Standardgußwerkstoffe hinaus auch Materialien wie Sphäroguß, Guß mit Vermikulargraphit und weißer Temperguß bei deutlicher Steigerung der Schnittparameter trocken bearbeiten [72].

Das höhere Temperaturniveau kann jedoch auch dazu führen, daß thermisch bedingte Adhäsionsvorgänge begünstigt werden. Dadurch erhält die Schneidkante eine veränderte Geometrie – im Extremfall kann es zur Aufbauschneidenbildung kommen, die die Bauteilqualität, die Werkzeugstandzeit und die Prozeßsicherheit beeinträchtigt. Hier bringt die Vergrößerung des Spanwinkels eine Verbesserung [67], da so der Spanfluß über die Spanfläche begünstigt wird. Den bei der Trokkenbearbeitung tendenziell größeren Spänen muß durch die Vergrößerung der Spannuten Rechnung getragen werden. Zudem entfällt bei Trockenbearbeitung der Abtransport der Späne aus der Wirkzone. Dadurch erhöht sich die Gefahr, daß Späne wieder durch den Schnitt gezogen werden. Die Prozeßsicherheit wird dadurch erheblich eingeschränkt. Durch Wegblasen der Späne mit Druckluft kann der Gefahr, daß Späne erneut in die Schnittzone gelangen, entgegengewirkt werden. Die Methode hat sich insbesondere bei der Bearbeitung von Hohlformen bewährt. Allerdings kann durch die austretende Druckluft zur erheblichen Lärmentwicklung kommen, der mit geeigneten Maßnahmen (z. B. Gehörschutz, Maschinenkapselung) entgegenzuwirken ist. Während die Trockenbearbeitung von Grauguß und Stahl schon seit längerem prozeßsicher durchgeführt werden kann [11, 12, 27, 45, 70], müssen insbesondere bei der Leichtmetallbearbeitung umfangreichere Anpassungen an die geänderte Prozeßführung vorgenommen werden.

4.2.3 Einsatz der Minimalmengenkühlschmierung

Durch den Einsatz einer Minimalmengenkühlschmierung können die Temperaturen an den Schneiden gegenüber der Trockenbearbeitung reduziert werden, da die Reibung vermindert wird. Eine Kühlwirkung ist aufgrund der geringen eingesetzten Schmierstoffmenge nicht zu erwarten, so daß die Gefahr eines Thermoschocks weiterhin ausgeschlossen werden kann. Dagegen reichen die eingesetzten Schmierstoffmengen aus, einen wirksamen Schutz vor Materialablagerungen am Werkzeug zu bilden. Wird der Einsatz der Minimalmenge durch Druckluft unterstützt, ist ebenfalls für den Späneabtransport aus der Wirkzone gesorgt. Das Fräsen bietet hier besonders gute Voraussetzungen, da verfahrensbedingt kurze Späne erzeugt werden.

In zahlreichen Versuchen wurden sogar typische Geometrien des Werkzeug- und Formenbaus unter Einsatz einer äußeren Minimalmengenkühlschmierung erfolgreich gefertigt (Abb. 4.15). Als Werkstoff wurde ein auf Endfestigkeit vergüteter Warmarbeitsstahl (X38CrMoV 5 1, 1.600 N/mm², ca. 54 HRC) gewählt. Als Werkzeuge kamen Feinstkornhartmetallfräser mit TiN-Beschichtung beim Schruppen und mit TiAlN-Beschichtung beim Schlichten zum Einsatz (Abb. 4.16) [23].

Abb. 4.15. Fräsen eines hochlegierten Warmarbeitsstahls mit äußerer Minimalmengenkühlschmierung

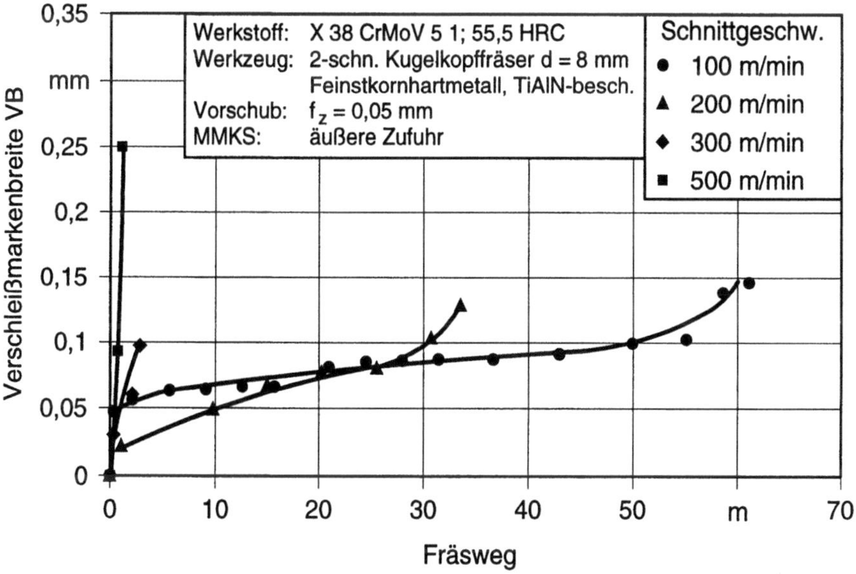

Abb. 4.16. Freiflächenverschleiß beim Fräsen eines hochlegierten Warmarbeitsstahls mit äußerer Minimalmengenkühlschmierung

Beim Fräsen mit Minimalmengenkühlschmierung wurden verschiedene Einstellparameter getestet, wobei die wesentlichen Einflußgrößen der Schmierstoff, der eingesetzte MMKS-Volumenstrom, die Anzahl der Zufuhrdüsen und der Ansprüh-Fräswinkel waren. Die Variation des MMKS-Schmierstoffes ergab für esterbasierte Schmierstoffe sowie für Mineralöle höherer Viskosität sehr gute Ergebnisse hinsichtlich der Oberflächenqualität und der Maßhaltigkeit der Werkstücke – Emulsion ist hingegen für die Minimalmengenkühlschmierung nicht geeignet. Die Verschleißuntersuchungen ergaben, daß der Einsatz mehrerer Zufuhrdüsen vorteilhaft ist. Durch den Einsatz der Minimalmengenkühlschmierung wird der Verschleiß an der Schneidenecke deutlich reduziert. Die Verschleißentwicklung ist um so geringer, je höher der eingesetzte Volumenstrom ist, wohingegen eine Variation des Betriebsdruckes zwischen 4 und 6 bar keine signifikanten Unterschiede brachte. Einflußgrößen wie der Abstand der Düsen zum Werkzeug und die Ausrichtung relativ zur Span- und Freifläche scheinen von geringerer Bedeutung zu sein, was die Applikation der Minimalmengenkühlschmierung erleichtert [29, 87].

Wassmer, Heisel et al. verweisen auf den Einfluß der Kühlung zur Vermeidung der Randschichtbeeinflussung sowie das Auftreten von temperaturabhängigen Verschleißmechanismen. Da weitere Sprühdüsen auch einen höheren Einstellaufwand bedeuten und die Kollisionsgefahr mit der Vorrichtung oder dem Werkstück erhöhen, wird der Einsatz eines gekühlten Mediums vorgeschlagen, indem beispielsweise die Druckluft mit flüssigem Stickstoff vermischt wird [29, 87].

Beim Fräsen von Aluminium ist aufgrund der vergleichsweise geringen Festigkeit des Werkstoffes der KSS-Einsatz nicht zwingend erforderlich. Hier hat der Kühlschmierstoff die Aufgabe, die Adhäsionsneigung, besonders bei Einsatz von unbeschichteten Hartmetallwerkzeugen, zu verringern. Bei der Fertigung von Flugzeugbauteilen aus Aluminium-Knetlegierungen steht darüber hinaus noch das Vermeiden von thermisch bedingten Gefügeveränderungen (z. B. Weichfleckigkeit) und die Temperierung von Bauteil und Werkzeug zur Vermeidung von Maß- und Formabweichungen im Vordergrund.

Aus diesen Gründen werden in der Luftfahrtindustrie beim Fräsen von Flugzeugintegralbauteilen aus Al-Knetlegierungen generell Kühlschmierstoffe eingesetzt. In umfangreichen Untersuchungen zum Fräsen von Al-Knetlegierungen wurde ein speziell definiertes Testteil mit verschiedenen Frässtrategien sowohl naß als auch trocken gefertigt.

Die trocken und unter Einsatz von Emulsion gefrästen Testteile wurden mit elektrischen Leitfähigkeitsmeßgeräten auf Weichfleckigkeit untersucht. Dabei zeigte sich, daß unabhängig von der Frässtrategie, dem KSS-Konzept (Einsatz von Emulsion und Trockenbearbeitung) und der Bodendicke unter den gewählten Testbedingungen mit schliffscharfen Werkzeugen keine Weichfleckigkeit auftrat [59].

Die eingesetzten Schrupp- und Schlichtwerkzeuge neigen jedoch bei der Trockenbearbeitung erheblich zur Scheinspan- und Aufbauschneidenbildung. Werkzeug und Spindel erhitzen sich bei der Trockenzerspanung bereits nach einem Bauteil stark. Der Einsatz unterschiedlicher Werkzeugbeschichtungen hat aber gezeigt, daß die CVD-Diamantbeschichtung, die alpha-C:H- und die WC/C-

Schicht hinsichtlich einer Reduzierung der Aufbauschneidenbildung günstig sind [34]. Ebenfalls positiv wirkt sich eine Vergrößerung des Spanraumes aus. Die darüber hinaus durchgeführten Variationen von Span- und Freiwinkel brachte keine wesentlichen Verbesserungen hinsichtlich Aufbauschneiden- und Scheinspanbildung.

Der Einsatz der Minimalmengenkühlschmierung liefert dagegen das beste Ergebnis hinsichtlich der Vermeidung von Scheinspan- und Aufbauschneidenbildung und wird bereits in der Serie eingesetzt. Eine Beeinflussung der Oberflächenrandzone (Weichfleckigkeit) konnte ebenfalls nicht nachgewiesen werden. Neben der Beschichtungs- und Werkzeuggeometrieoptimierung stellt daher die Minimalmengenkühlschmierung bei den Al-Knetlegierungen eine kostengünstige und universell einsetzbare Alternative zur Naßbearbeitung dar. Es wurde ein Konzept zur Zerspanung mit Minimalmengenkühlschmierung erarbeitet, das den Anforderungen der flexiblen Fertigung auf Bearbeitungszentren gerecht wird. Die entwickelte Düse besitzt zur Abdeckung eines großen Spektrums an unterschiedlichen Werkzeuglängen drei Bohrungen mit unterschiedlichen Bohrungsdurchmessern, die so abgestimmt sind, daß ein homogener, fächerartiger Strahl entsteht, der einen Bereich von ca. 150 mm Werkzeuglänge abgedeckt. Der herkömmliche KSS-Ring wurde durch einen MMKS-Ring ergänzt, wobei vier dieser Düsen in den Hauptfräsrichtungen angeordnet sind (Abb. 4.17). So ist gewährleistet, daß auch beim Nutenfräsen das Werkzeug ausreichend benetzt wird. Zudem wird durch den kontinuierlichen Betrieb aller Düsen der stetige Spanabtransport von der Zerspanstelle sichergestellt und die geforderte Prozeßsicherheit erreicht [21].

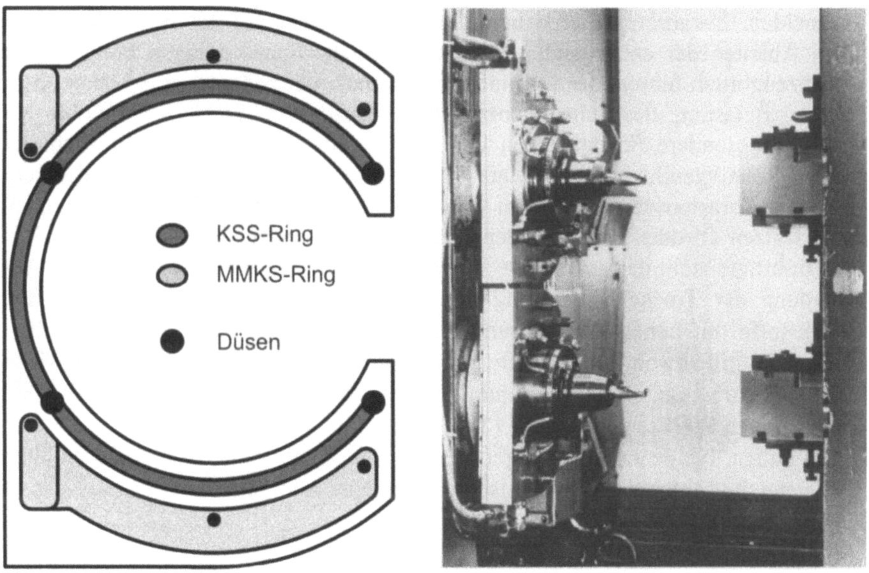

Abb. 4.17. Applikation eines MMKS-Systems an einem horizontalen Bearbeitungszentrum

4.3 Bohren

Bohren ist das Spanen mit ein- oder mehrschneidigem Werkzeug zur Herstellung von Bohrungen ins Volle bzw. zur Verbesserung von Maß, Form, Lage und Oberfläche bei Durchgangs- und Sackbohrungen. Das Werkzeug steht mit sämtlichen Schneiden im Eingriff und führt im allgemeinen gegenüber dem Werkstück als Hauptbewegung eine Drehbewegung und als Nebenbewegung einen axialen Vorschub aus [83]. Besonderheiten bei der Bohrbearbeitung sind

- die auf null abfallende Schnittgeschwindigkeit in der Bohrermitte,
- der schwierige Abtransport der Späne,
- die ungünstige Wärmeverteilung in der Schnittstelle,
- der erhöhte Verschleißangriff auf die scharfkantige Schneidenecke und
- das Reiben der Führungsfasen an der Bohrungswand [46].

Während für das Drehen, Fräsen und Gewindefurchen bereits im allgemeinen schon etablierte Anwendungsbeispiele für eine kühlschmierstofffreie Zerspanung vorliegen, existieren für die unterschiedlichen Bohrverfahren lediglich erste Lösungsansätze einer Minimalmengenkühlschmierung oder Trockenbearbeitung.

Verantwortlich hierfür zeigt sich die Tatsache, daß der Zerspanprozeß beim Bohren innerhalb des Werkstückes liegt. Bei den Bearbeitungsverfahren Drehen und Fräsen hingegen handelt es sich um einen Prozeß mit „offen arbeitenden Schneiden. Daraus resultieren beim Bohren Probleme bei der Spanabfuhr und dem Ableiten der entstehenden Wärme. Mögliche Spanstauungen können zum Werkzeugbruch führen, die verminderte Wärmeabfuhr bedeutet eine höhere thermische Belastung des Schneidstoffes, die vorzeitigen Verschleiß zur Folge hat [62]. Insbesondere Schneidecken und Führungsfasen unterliegen aufgrund der hohen Relativgeschwindigkeit einer erhöhten thermischen Belastung und einem höheren Abrasionsverschleiß. Bei der konventionellen Prozeßführung hingegen unterstützen Öl oder Emulsion den Spantransport und die Wärmeabfuhr. Neben der Bohrtiefe stellt der bearbeitete Werkstoff ein wichtiges Kriterium für die Anwendung der Trockenbearbeitung dar. So bereiten beispielsweise bislang alle Werkstoffe mit hoher Verformbarkeit Schwierigkeiten bei der Trockenbearbeitung. Dies gilt sowohl für spezielle Stahlwerkstoffe als auch im besonderen Maße bei der Bearbeitung von Aluminium. Wichtig für das Bohren ist auch die Wahl der richtigen Werkzeuggeometrie [56].

In Fällen, bei denen ein völliger Verzicht auf Kühlschmierstoff nicht möglich ist, bietet die Minimalmengenkühlschmierung eine Alternative.

4.3.1 Kühlschmierstoffeinsatz

Während bei Verfahren mit frei zugänglicher Wirkstelle und unbehindertem Spanabtransport dem Kühlschmierstoff in erster Linie die Aufgaben Kühlen und

Schmieren zufallen, muß bei der Bohrungsbearbeitung zusätzlich der Spanabtransport aus der Bohrung unterstützt werden. Das Erreichen der Wirkstelle stellt für den Kühlschmierstoff bei den meisten Bohrverfahren ein Problem dar. Bei äußerer Zuführung muß der Kühlschmierstoff entgegen dem Spanfluß und der Förderwirkung der Spankanäle in die Nähe der Wirkstelle gelangen. Dies führte zur Entwicklung von Bohrwerkzeugen mit innerer KSS-Zuführung. Dabei wird in idealer Weise die Wirkstelle von Kühlschmierstoff umspült und der Spanabtransport aus der Bohrung unterstützt.

Für die Zuführung des Kühlschmierstoffes gibt es eine Vielzahl von Möglichkeiten. Diese werden in eine äußere und eine innere Zuführung unterteilt. Das Entspanen der Bohrung wird durch die äußere Zufuhr von Kühlschmierstoff nur unzureichend unterstützt. Für die konventionelle Bearbeitung ist diese Problematik durch die innere Zufuhr von Emulsion mit hohem Druck gelöst (Abb. 4.18).

Die Wirksamkeit der äußeren KSS-Zufuhr wurde am Beispiel des Bohrens von Grauguß untersucht [3]. Hierbei wurden die Ausrichtung der Zufuhrdüsen relativ zum Werkzeug, der Volumenstrom und der Druck des zugeführten Kühlschmierstoffes variiert. Das Erfassen des an der Wirkstelle zur Verfügung stehenden Volumenstroms beim Bohren erfolgte mit speziellen Versuchswerkstücken, bei denen im Abstand von 5, 15, 25, 40 und 50 mm vom Bohrungsanfang aus je eine Meßbohrung quer zur Bohrungsachse angebracht war. Die aus der jeweiligen Meßbohrung austretende KSS-Menge wurde aufgefangen und bestimmt (Abb. 4.19).

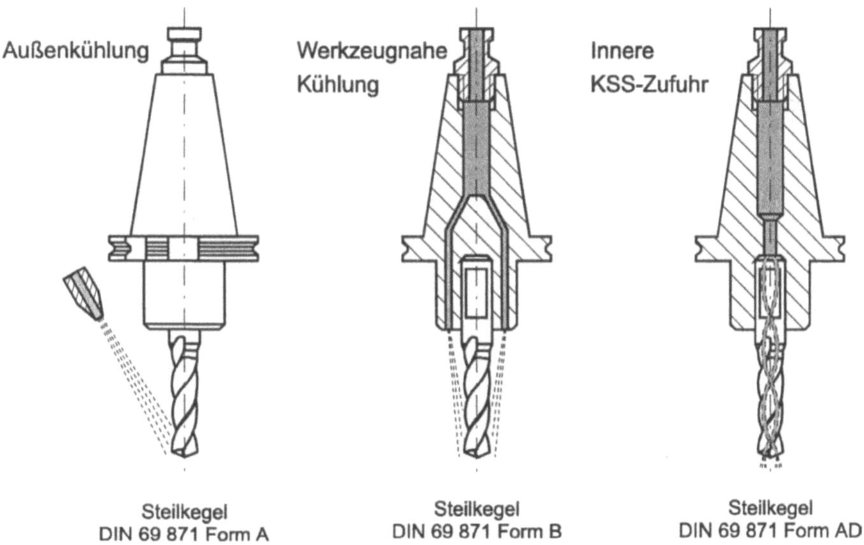

Abb. 4.18. Möglichkeiten zur KSS-Zufuhr bei Bohrverfahren

Da der Kühlschmierstoff entgegen der Förderwirkung der Spannut und damit entgegen dem Spanfluß zugeführt wird, steht ab einem l/D-Verhältnis von ca. 1,5 praktisch kein Kühlschmierstoff mehr an der Wirkstelle zur Verfügung. In diesen Fällen kann eher von einer Minimalmengenkühlschmierung, bei noch größerem Bohrweg von einer Trockenbearbeitung gesprochen werden.

Durch die Wahl hoher KSS-Drücke kann die Versorgung der Wirkstelle bis zu einem l/D-Verhältnis von 1,5 verbessert werden. In jedem Fall ist es wichtig, den KSS-Strahl möglichst parallel zur Werkzeugachse auszurichten [3, 95].

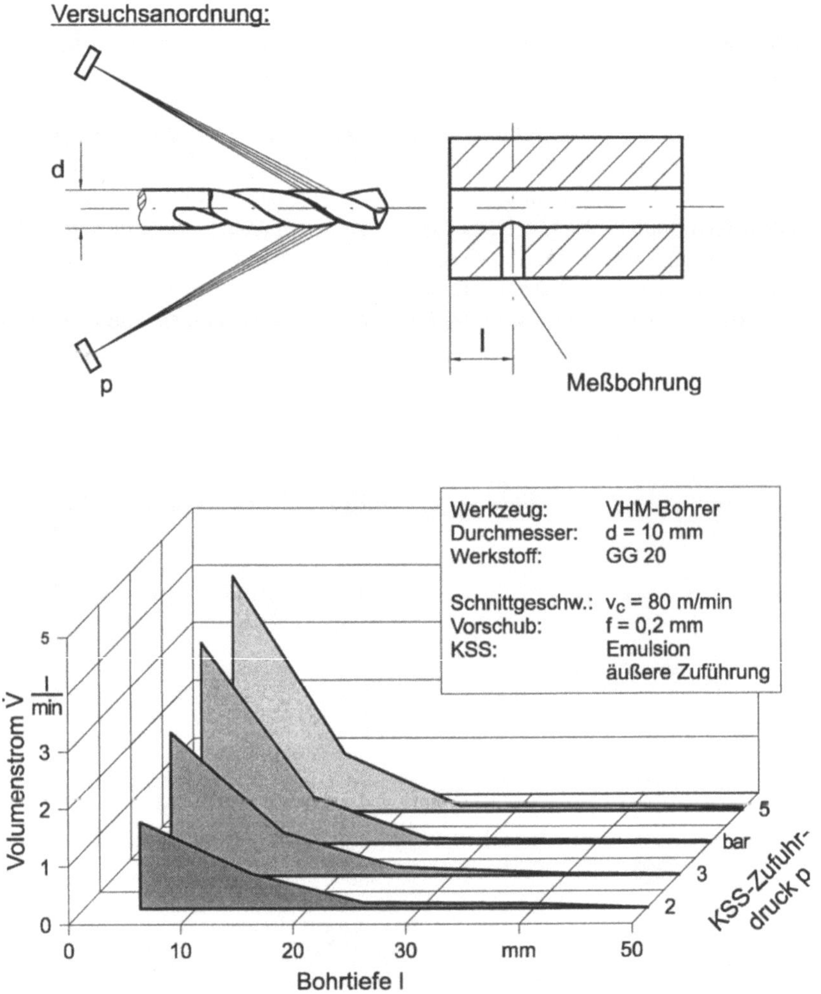

Abb. 4.19. Versorgung der Wirkstelle in Abhängigkeit von der Bohrtiefe bei äußerer KSS-Zuführung [3, 75]

Dieser Zusammenhang führte einerseits zur Entwicklung von Werkzeugen mit innerer KSS-Zufuhr, andererseits ist es ein deutlicher Hinweis darauf, daß eine Überflutungsschmierung beim Bohren, insbesondere tiefer Bohrungen, nicht effektiv ist.

Möglichkeiten zur KSS-Reduzierung

Bei einer Reduzierung der Kühlschmierstoffe ist zu beachten, daß sich die tribologischen Bedingungen grundlegend verändern (Abb. 4.20).

Tendenziell nimmt der Abrasionsverschleiß bei einer Verminderung der Kühlschmierstoffe ab, da sich abrasive Teilchen aufgrund der erhöhten Temperatur leichter in die weichere Werkstoffmatrix drücken lassen. Die erhöhte Temperatur bewirkt aber gleichzeitig eine Zunahme der Diffusionsvorgänge, die den Adhäsionsverschleiß steigert. Zur Verminderung des Adhäsionsverschleißes können Beschichtungen und Substrate herangezogen werden, die Temperaturen lassen sich durch Änderungen an der Werkzeuggeometrie und den Schnittparametern reduzieren [36].

4.3.2 Trockenbearbeitung

Beim trockenen Bohren besteht unmittelbarer Kontakt zwischen Schneidstoff und Werkstoff, der eine Zunahme der Adhäsionsvorgänge bewirkt und der von einem Temperaturanstieg begleitet ist. Obwohl die Festigkeit der Werkstoffmatrix bei steigenden Temperaturen abnimmt, kommt es aufgrund der zunehmenden Diffusionsvorgänge zu erhöhtem Werkzeugverschleiß [36]. Insgesamt bestehen beim trockenen Bohren folgende Probleme:

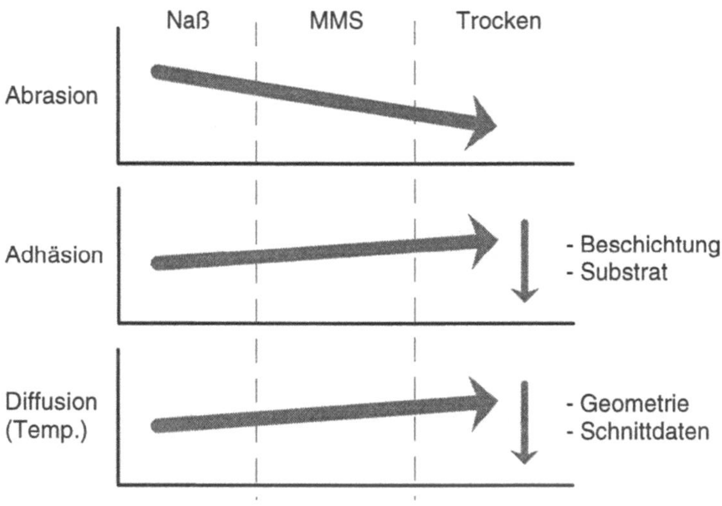

Abb. 4.20. Verschleißmechanismen bei einer Reduzierung der Kühlschmierstoffe [36]

- hohe Werkzeugtemperatur,
- große Kontaktzonen zwischen Schneidstoff und Werkstoff,
- niedrige Oberflächenqualität,
- zunehmende Bohrungstoleranzen,
- schlechte Spanabfuhr (bis hin zu Spanstauungen) durch Verkleben der Späne untereinander und mit der Bohrungswand,
- Aufbauschneidenbildung und
- zunehmender Verschleiß [62].

4.3.3 Minimalmengenkühlschmierung

Beim Bohren mit Minimalmengenkühlschmierung werden die adhäsiven Kräfte zwischen Span, Werkzeug und Bohrungswand aufgrund einer molekularen Trennschicht vermindert. Daraus ergeben sich

- verringerte Werkzeugtemperatur,
- kleinere Kontaktzonen,
- hohe Oberflächenqualität,
- gute Spanabfuhr, da der direkte metallische Kontakt gestört oder unterbrochen ist,
- geringer Verschleiß und
- enge Bohrungstoleranzen [20].

Die verschiedenen Zufuhrmöglichkeiten des Minimalmengenkühlschmierstoffes werden ausführlich in Kap. 3.2.2 dargestellt (s. Abb. 3.6–3.8). Die Vielzahl der Untersuchungen zur Minimalmengenkühlschmierung bzw. Trockenbearbeitung machen deutlich, daß allgemeingültige Aussagen zu dieser Thematik nicht möglich sind. Jeder Bearbeitungsfall sollte einzeln betrachtet werden [2, 22, 74, 75, 94].

Für die Werkzeugentwicklung lassen sich aber einzelne grundsätzliche Empfehlungen ableiten. Die höheren Prozeßtemperaturen verlangen nach warmfesten Werkstoffen, eine verschleißbeständige Oberflächenschicht ist bei einer trockenen Bearbeitung oder einer Bearbeitung mit Minimalmengenkühlschmierung zum Schutz vor Abrasion und Adhäsion notwendig. Unter diesen Vorgaben sind hochwarmfeste P-Hartmetallsorten und Hartstoffbeschichtungen entwickelt worden. Zu erwähnen sind hierbei die Hartstoffschichten TiN, Al_2O_3 und TiAlN sowie die Verschleißschicht MoS_2, die durch die Abgabe von Partikeln für eine Schmierung während der Zerspanung sorgt [7].

Des weiteren lassen sich Quetsch- und Reibvorgänge während des Bearbeitungsprozesses durch eine Gestaltoptimierung des Bohrwerkzeuges vermindern. Eine aus der Vergrößerung des Querschneidenwinkels resultierende Verkürzung der Querschneide ergibt eine deutliche Verminderung der Quetschvorgänge im Bereich der Querschneide. Eine schnelle und reibungsarme Abfuhr der Späne von der Zerspanstelle kann durch eine Vergrößerung der Spannut und durch die Bildung von eng geformten Spänen gewährleistet werden. Bohrversuche in Ck45K zeigten für einen Bohrer mit den oben beschriebenen Geometrieveränderungen ein deutliches Absinken der Prozeßkräfte und -momente [36].

Zur Verbesserung der MMKS-Zufuhr können zusätzlich die Kühlkanalein- und -austritte modifiziert werden. Strömungsgünstige Übergänge im Eintrittsbereich in den Bohrer sowie eine Verlegung der Kühlkanalaustritte auf der Freifläche (größerer Ausströmquerschnitt im Bohrungsgrund) und ggf. ein weiterer Austritt im Spankanal ermöglichen eine verbesserte Schmierstoffzufuhr in den Spankanal. Durch eine ausreichende Benetzung soll hierdurch besonders bei der Aluminiumbearbeitung die Bildung von Materialablagerungen vermieden werden. Die Reibung des Werkzeugs an der Bohrungswand wird durch eine stärkere Verjüngung des Bohrwerkzeugs sowie eine schmalere Fasenbreite der Nebenschneide erreicht (Abb. 4.21) [16, 36].

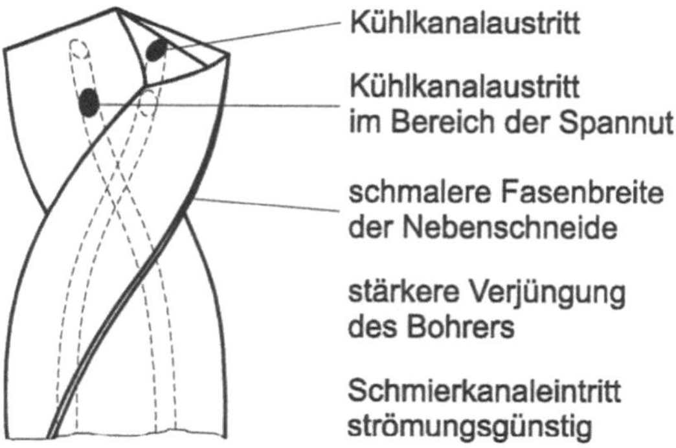

Abb. 4.21. Modifikationen am Wendelbohrer für die Minimalmengenbearbeitung [nach 16, 36]

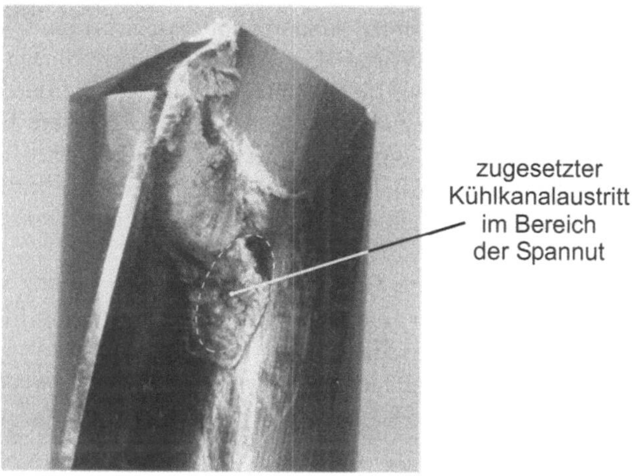

Abb. 4.22. Materialablagerungen am Kühlkanalaustritt eines modifizierten Bohrwerkzeugs

Je nach Anwendungsfall müssen Werkzeugmodifikationen jedoch auch kritisch betrachtet werden. So kann z. B. die zusätzliche Austrittsöffnung im Spankanal auch dazu führen, daß trotz insgesamt verbesserter Schmierbedingungen an den Austrittsöffnungen selbst Materialablagerungen entstehen, die schließlich zum Versagen des Werkzeugs führen (Abb. 4.22).

4.3.4 Anwendungsbeispiele zur KSS-Reduzierung

Da keine allgemeingültigen Aussagen zum Bohren mit Minimalmengenkühlschmierung bzw. zur Trockenbearbeitung möglich sind, werden nachfolgend anhand ausgewählter Beispiele Möglichkeiten und Grenzen der Kühlschmierstoffreduzierung aufgezeigt. Dabei erfolgt auch hier eine Unterteilung in die Werkstoffgruppen

- Grauguß,
- Stahl und
- Leichtmetall.

Grauguß

Die Bearbeitung von Grauguß läßt sich weitgehend trocken durchführen [40]. Die lamellaren Graphiteinschlüsse sorgen für einen guten Spanbruch und bewirken darüber hinaus eine Schmierung der Zerspanstelle. Beim Bohren müssen jedoch auch bei diesem Werkstoff die Voraussetzungen für die Trockenbearbeitung durch den Einsatz geeigneter Werkzeuge geschaffen werden. Der kurzbrüchige Span kann dann auch ohne den Einsatz von Kühlschmierstoffen problemlos aus der Bohrung entfernt werden [36].

So lassen sich beim Bohren mit beschichteten Hartmetallwerkzeugen hohe Schnittgeschwindigkeiten und Standwege realisieren (v_c = 200 m/min, 1.000 Bohrungen), ohne daß die Leistungsgrenze der beschichteten HM-Werkzeuge erreicht wird. Selbst Sphärogußwerkstoffe können mit beschichteten HM-Bohrwerkzeugen noch relativ gut trocken bearbeitet werden [40]. Hier können bei größeren Bohrtiefen ähnlich wie bei Stahl Spanstauungen auftreten, die durch Anpassung der Werkzeuggestalt vermieden werden können [56]. Die höhere Festigkeit und daraus resultierende höhere thermische Werkzeugbelastung verlangt jedoch zusätzlich, daß die Schnittgeschwindigkeit gegenüber der Graugußbearbeitung reduziert wird. Darüber hinaus ist mit verstärktem Verschleiß der Werkzeuge zu rechnen.

Beim Bohren von GG-20 bis GGG-40 sind neben dem Einsatz von Minimalschmierung und beschichteten Hartmetallwerkzeugen nur wenig Modifikationen notwendig. Ab GGG-70 ist der Einsatz von Feinstkornhartmetallen der warmfesten P-Sorte und speziellen Beschichtungen wie z. B. TiAlN notwendig [7]. Auch warmfeste Siliziumkeramik als Schneidstoff ermöglicht beim Trockenbohren gute Ergebnisse [66].

Allgemein werden zunehmend beschichtete HM-Bohrer eingesetzt. Mit TiAlN beschichteten Bohrern können im Vergleich zu unbeschichteten Bohrern die fünffachen Standwege beim Trockenbohren von GGK P30 erzielt werden. Auch in diesem Einsatzfall wirken sich die thermophysikalischen Eigenschaften der TiAlN-Schicht positiv aus. Der Vorteil des Trockenbohrens von Graugußmaterialien ist der erheblich flachere Temperaturgradient an der Bohrungswand. Dadurch werden Randzonenaufhärtungen vermieden [36].

Stahl

Bohren mit symmetrischen Kurzlochbohrern

Das Einsatzverhalten von symmetrischen Kurzlochbohrern wird anhand des Werkzeugverschleißes und wichtiger Bohrungskennwerte beim Bohren von Stahl Ck 45 unter Verwendung von Emulsion, mit Minimalmengenkühlschmierung und in der Trockenbearbeitung erfaßt und bewertet [2]. Tabelle 4.4 gibt einen Überblick über die hierbei eingesetzten Werkzeugtypen.

Werkzeuge mit gelöteten Hartmetallschneiden können zur Bestimmung des Werkzeugverschleißes mit Minimalmengenkühlschmierung und bei Trockenbearbeitung nicht zufriedenstellend eingesetzt werden. Es kommt nach wenigen Bohrungen zum Bruch der Werkzeugschäfte. Die Werkzeugschneide ist beim Bohren ins Volle einer starken mechanischen und thermischen Beanspruchung ausgesetzt. Mittels Temperaturmessungen konnte ein Temperaturbereich von 400 bis maximal 1.200 °C für die Werkzeugschneide ermittelt werden. Das für die Fixierung der Hartmetall-Schneide im Grundkörper eingesetzte Lotmaterial erreicht seine Schmelztemperatur bei 700–1.000 °C, wobei typische Werte bei ca. 800 °C liegen. Die dadurch bedingte Aufweichung der Fügestelle zwischen HM-Schneide und Grundkörper führt zur Instabilität der Schneide und in Verbindung mit den hohen mechanischen Belastungen zum Bruch des Werkzeuges. Darüber hinaus kommt es bei Werkzeugen mit gelöteten Schneiden zur Störung des Spanflusses durch die Übergangskante zwischen Schneide und Schaft im Bereich der Spannuten.

Vollhartmetall-Werkzeuge haben dagegen mit allen KSS-Konzepten den für die Versuchsreihen geforderten Bohrweg von $L_f = 32$ m erreicht. Dabei ist für die Trockenbearbeitung der größte Werkzeugverschleiß festzustellen. Abb. 4.23 zeigt am Beispiel des Werkzeugtyps 1 den ermittelten Eckenverschleiß.

Tabelle 4.4. Eingesetzte Werkzeugtypen beim Bohren von Ck 45 [2]

Werkzeugtyp	Beschichtungen	Bemerkungen
Typ 1	TiN, TiCN	VHM-Werkzeug
Typ 2	TiN	Werkzeug mit gelöteter HM-Schneide
Typ 3	TiN, TiAlN	Werkzeug mit gelöteter HM-Schneide
Typ 4	TiN, TiAlN	VHM-Werkzeug

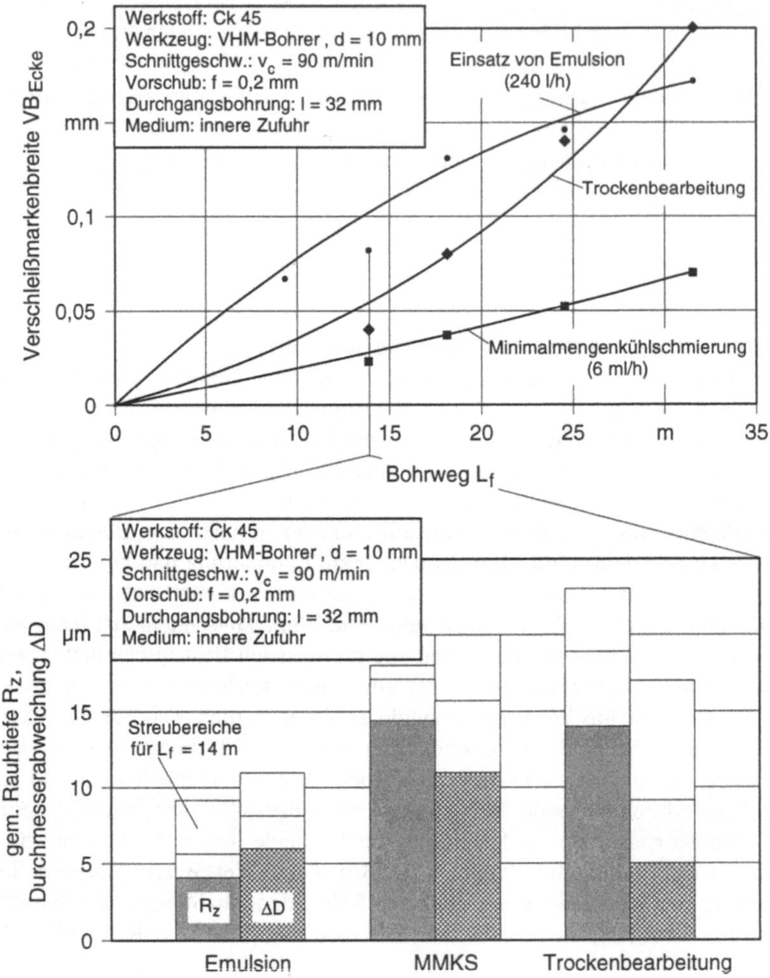

Abb. 4.23. Werkzeugverschleiß und Bohrungsqualität bei Anwendung unterschiedlicher KSS-Konzepte [94]

Beim Vergleich der unterschiedlichen Kühlschmierstoffkonzepte fällt auf, daß die Ausbildung einer Verschleißmarke an den Schneidenecken oder auf den Freiflächen der Hauptschneide für die Prozeßcharakterisierung eine untergeordnete Rolle spielt. Dennoch gab es beim Verschleißverhalten zwischen den einzelnen Arten der Prozeßführung Unterschiede. Insbesondere bei der Trockenbearbeitung treten häufiger als bei Einsatz von Emulsion oder bei Anwendung der Minimalmengenkühlschmierung Eckenausbrüche an den Bohrwerkzeugen auf. Die ohnehin schon hochbelasteten Schneidenecken können durch Spanklemmer oder Spanreste, die zwischen Nebenschneide und Bohrungswand durchgezogen werden, über ihre Belastungsgrenze hinweg beansprucht werden. Bei Einsatz von Emulsion und Anwendung der Minimalmengenkühlschmierung treten diese Erscheinungen seltener auf, da hier die Spanabfuhr durch die innere Zufuhr des Mediums begünstigt wird.

In bezug auf die Durchmesserabweichungen ΔD und die gemittelte Rauhtiefe R_z werden mit Emulsion die günstigsten Ergebnisse erzielt – Abb. 4.23 zeigt die ermittelten Bohrungsqualitäten nach einem Bohrweg von $L_f = 14$ m beim Einsatz des Werkzeugtyps 1. Bei der Trockenbearbeitung verschlechtert sich die Rauhigkeit der Bohrungswand um durchschnittlich 10–15 µm. Die Durchmesser, die bei Anwendung der Minimalmengenkühlschmierung und bei der Trockenbearbeitung gefertigt werden, liegen im Bereich H7–H8, beim Einsatz von Emulsion wird durchschnittlich H7 erzielt.

Bei der Trockenbearbeitung sind, abweichend von den anderen KSS-Konzepten, über die Bohrtiefe l von 32 mm Differenzen des Bohrungsdurchmessers zwischen Anbohr- und Ausbohrseite von 50–60 µm festgestellt worden. Hier nimmt mit fortschreitender Bohrtiefe der Werkzeugdurchmesser aufgrund der Wärmeausdehnung stetig zu, so daß zum Bohrungsende hin größere Bohrungsdurchmesser als am Bohrungsanfang erzeugt werden. Mit einem Wärmeausdehnungskoeffizienten von $5{,}5 \times 10^{-6}\,K^{-1}$ ergibt sich für einen Nenndurchmesser der Werkzeuge von 10 mm bei einer Temperaturerhöhung um 1.000 K (s. Abb. 4.24), eine Durchmesservergrößerung des Werkzeugs um 55 µm, was wiederum der Durchmesserabweichung zum Bohrungsende hin entspricht. Dies ist jedoch nur als erste Näherung zu sehen, da bei dieser überschlägigen Berechnung von einem zylindrischen Vollquerschnitt mit einer stationären Wärmeleitung sowie unbeeinflußtem Werkstück ausgegangen wurde.

Auch beim Bohren können die Prozeßtemperaturen mit Hilfe eines Videothermographiesystems erfaßt werden (s. Kap. 3.2.7, Abb. 3.15). Hierbei werden die Kühlschmierstoffkonzepte Minimalmengenkühlschmierung und Trockenbearbeitung angewendet. Die Bestimmung der Schneiden- und Werkstücktemperatur bei Einsatz von Emulsion ist mit dieser Methode nicht möglich, da die aus dem Werkzeug ausströmende Emulsion die Schneide verdeckt [74]. In Tabelle 4.5 sind die Temperaturmeßwerte für unterschiedliche Werkzeuge und verschiedene Meßstellen bei der Trockenbearbeitung und mit Minimalmengenkühlschmierung dargestellt. Die Vollhartmetallwerkzeuge (Typ 1 und 4) mit TiN-Beschichtung zeigen bei Anwendung der einzelnen KSS-Konzepte annähernd gleiche Schneidentemperaturen (Abb. 4.24). Geringfügige Unterschiede sind auf abweichende Schneidengeometrien und Meßwertschwankungen zurückzuführen. Durch den Einsatz einer TiAlN-Beschichtung sinkt die Schneidentemperatur gegenüber der TiN-Schicht deutlich, da die TiAlN-Schicht ein besseres Isolationsvermögen hat und damit das Substrat besser vor der Zerspanungswärme schützt. Darüber hinaus ist die Oberflächenrauheit der TiAlN-beschichteten Werkzeuge geringer als bei der TiN-Beschichtung, so daß hier weniger Reibungswärme entsteht. Insgesamt kann festgestellt werden, daß der Einsatz einer Minimalmengenkühlschmierung das Temperaturniveau gegenüber der Trockenbearbeitung um ca. 25 % reduziert, was vor allem auf die reduzierte Reibung zwischen Werkzeug und Werkstoff zurückzuführen ist. Diese Ergebnisse werden auch durch die in [90] vorgestellten Temperaturmessungen beim Reiben von Aluminium-Gußlegierungen unterstützt.

Tabelle 4.5. Temperaturen der Meßobjekte [75]

Werkzeug-typ	Beschich-tung	KSS-Konzept	Schneiden-temperatur	Werkstück-temperatur	Bohrdeckel-temperatur
Typ 1	TiN	MMKS 6 ml/h	938 °C	68 °C	399 °C
	TiN	trocken	1190 °C	70 °C	477 °C
Typ 2	TiN	MMKS 6 ml/h	508 °C	72 °C	527 °C
Typ 3			konnte bei den Temperaturmessungen nicht eingesetzt werden		
Typ 4	TiN	MMKS 6 ml/h	827 °C	57 °C	275 °C
	TiN	trocken	1094 °C	71 °C	521 °C
	TiAlN	MMKS 6 ml/h	536 °C	59 °C	369 °C
	TiAlN	trocken	409 °C	67 °C	398 °C

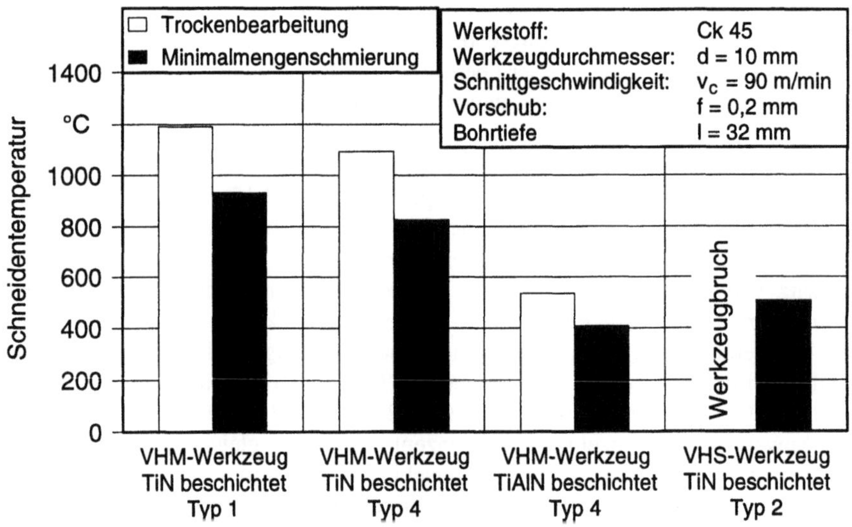

Abb. 4.24. Schneidentemperatur in Abhängigkeit von Werkzeugtyp und angewendetem KSS-Konzept [75]

Bohren mit Wendeschneidplatten-Bohrern

Beim Bohren ins Volle werden in Abhängigkeit vom zu fertigenden Durchmesser und Längen-zu-Durchmesser-Verhältnis l/D unterschiedliche Werkzeugtypen eingesetzt. Symmetrische Vollhartmetallwerkzeuge werden üblicherweise bis zu einem Nenndurchmesser von 16 mm angeboten. Im Durchmesserbereich von 16 bis 25 mm, in Ausnahmefällen bis 30 mm, werden symmetrische Werkzeuge mit gelöteten Hartmetallschneiden eingesetzt. Diese Werkzeugtypen sind für l/D-Verhältnisse bis 7 gebräuchlich [60].

Für Durchmesser von 20–84 mm kommen asymmetrische Werkzeuge mit geklemmten oder geschraubten Wendeschneidplatten (WSP) zur Anwendung. Bei Werkzeugverschleiß müssen nur die Wirkelemente, d. h. die Schneidplatten ausgewechselt werden, der Werkzeuggrundkörper wird weiter verwendet. Um handelsübliche Wendeschneidplatten einsetzen zu können, werden die Werkzeuge asymmetrisch aufgebaut, da sich so mit relativ kleinen Schneidplatten große Bohrungsdurchmesser fertigen lassen.

Wendeschneidplatten-Bohrer unterscheiden sich aufgrund der Spanform und des Förderverhaltens der Späne grundsätzlich von symmetrischen Bohrwerkzeugen [26]. Wegen der in die Wendeschneidplatten einsinterbaren Spanleitstufe besteht die Möglichkeit, den Spanbruch zu beeinflussen. Somit sind auch für langspanende Werkstoffe Spanlocken erzielbar, die gut durch die Spankammern abgeführt werden können. Durch die asymmetrische Schnittaufteilung entstehen an den Schneiden unterschiedliche Spanvolumina, denen in jüngster Zeit durch die angepaßte Gestaltung der Spannuten Rechnung getragen wird [26, 64, 69].
WSP-Bohrer arbeiten im Gegensatz zu zweischneidigen, symmetrischen Wendelbohrern wie einschneidige Werkzeuge, wobei im Fall einer Bestückung mit zwei Schneidplatten die Schnittbreite auf die Innen- und Außenschneide verteilt wird. Im Vergleich zu Wendelbohrern sind nur geringere Vorschubwerte realisierbar; die Zerspanleistung kann aber insgesamt gesteigert werden, da die maximal mögliche Schnittgeschwindigkeit höher liegt [53]. Die hohe Oberflächenqualität beruht auf der großen Schnittgeschwindigkeit und auf dem fehlenden Kontakt zwischen Werkzeugschaft bzw. Nebenschneide und Bohrungswand, denn nur die Wendeschneidplatten schneiden auf dem zu fertigenden Durchmesser, der Werkzeugschaft ist verjüngt und berührt die Bohrungswand nicht [28].

Die zum Eindringen des Schneidkeils in den Werkstoff notwendigen Kräfte entstehen aus Trenn-, Scher- und Reibungskomponenten. Für mechanische Betrachtungen können sie an der Schneide zu einer punktförmig angreifenden Zerspankraft zusammengefaßt werden. Die Zerspankraft läßt sich in die an der Zerspanleistung beteiligten Anteile Schnittkraft F_c, Vorschubkraft F_f und in die Passivkraft F_p zerlegen (Abb. 4.25). Durch den asymmetrischen Werkzeugaufbau bleibt bei der Zerspanung eine resultierende Passivkraft (Abdrängkraft) F_p in radialer Richtung bestehen, die mit dem Bohrer umläuft und diesen nach außen oder zur Bohrungsmitte auslenkt und somit zu einem Über- oder Untermaß der Bohrung führen kann
Die Spankammersteigung wird so gewählt, daß das Profil des Bohrers vom Kopf bis zum Spankammerauslauf um etwa 65–85° verdreht wird. Im Bereich des Spankammerauslaufes, also des längsten Hebelarmes, ergibt sich dann das maximale Widerstandsmoment bezogen auf die Passivkraft F_p. Die hiermit erreichte Biegesteifigkeit kann durch runde Spankammerprofile noch erhöht werden. Diese Form der Spankammer minimiert die Schwächung des Werkzeugträgers und unterstützt den Spanfluß auch bei langspanenden Werkstoffen [28].

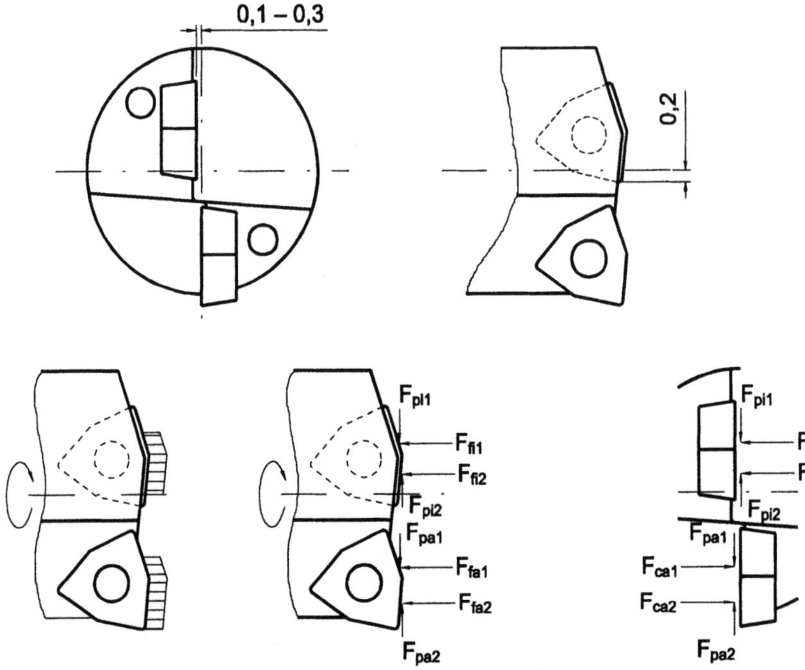

Abb. 4.25. Zerspankraftaufteilung beim Wendeschneidplatten-Bohrer

Beim Vollbohren von Stahl Ck 45 und X6 CrNiMoTi 17 12 2 kamen WSP-Bohrer mit Nenndurchmesser 25 mm unter Anwendung unterschiedlicher Kühlschmierstoffkonzepte bei l/D-Verhältnis von 1 und 3 im Rahmen einer Machbarkeitsanalyse zum Einsatz. Hierbei wurde das Erreichen eines Bohrweges von L_f = 1.125 mm angestrebt. Die Ergebnisse der Referenzversuche unter Einsatz von Emulsion wurden mit den Prozeßkenngrößen Bohrmoment M_t, Vorschubkraft F_f, Durchmesserabweichung ΔD, gemittelte Rauhtiefe R_z, Rundheitsabweichung T_k und dem Werkzeugverschleiß VB_{Ecke} und VB_{max} bei Anwendung der Minimalmengenkühlschmierung und der reinen sowie druckluftunterstützten Trockenbearbeitung verglichen.

Bohren von Ck 45

Die Abb. 4.26 zeigt die mit verschiedenen KSS-Konzepten erreichten Bohrwege für das l/D-Verhältnis von 1 bei der Bearbeitung von Ck 45. Im untersuchten Schnittparameterbereich wird mit Emulsion, Minimalmengenkühlschmierung und druckluftunterstützter Trockenbearbeitung der geforderte Bohrweg erreicht. Niedrige Schnittgeschwindigkeiten und/oder niedrige Vorschübe erweisen sich als vorteilhaft. Ursachen hierfür sind im Zunehmen der Spanungsdicke bei steigendem Vorschub sowie einer Verschlechterung des Spanbruches durch die größere Wärmeeinbringung bei höheren Schnittgeschwindigkeiten zu suchen. Eine reine Trockenbearbeitung ist nicht möglich; schon nach wenigen Bohrungen versagt das Werkzeug durch Ausbrüche an der inneren Schneidplatte.

Wie erwartet, ist die Bearbeitung von tiefen Bohrungen mit l/D = 3 ebenfalls nur mit Unterstützung des Spantransportes durch Emulsion oder Druckluft bei Minimalmengenkühlschmierung und druckluftunterstützter Trockenbearbeitung möglich (Abb. 4.27). Im letzten Fall wurde allerdings der geforderte Bohrweg nicht erreicht. Ursache hierfür ist die Intensität der thermische Belastung des Werkzeuges infolge der fehlenden Schmierung, die bei kürzeren Bohrtiefen nicht derart ausgeprägt in Erscheinung tritt [93].

Unter dem Aspekt Bohrungsqualität kann für das Bohren von Ck 45 festgestellt werden, daß eine Reduzierung des Einsatzes von Kühlschmierstoffen bei vergleichbarer Bohrungsqualität möglich ist. Insbesondere bei Anwendung der Minimalmengenkühlschmierung sind deutlich reduzierte Bohrmoment- und Vorschubkraftwerte erreichbar. Der Einsatz von Emulsion bewirkt gegenüber den anderen Kühlschmierstoffkonzepten geringere Durchmesserabweichungen (Abb. 4.28). Für die Prozeßkennwerte Rundheitsabweichungen T_k und Oberflächenrauheit R_z stellt die Minimalmengenkühlschmierung eine sehr gute Alternative dar. Die in der Bohrungsrandzone gefundene Verfestigung des Werkstoffgefüges ist nicht auf das jeweilig angewendete KSS-Konzept zurückzuführen, sondern entsteht durch plastische Verformung während der Zerspanung [93].

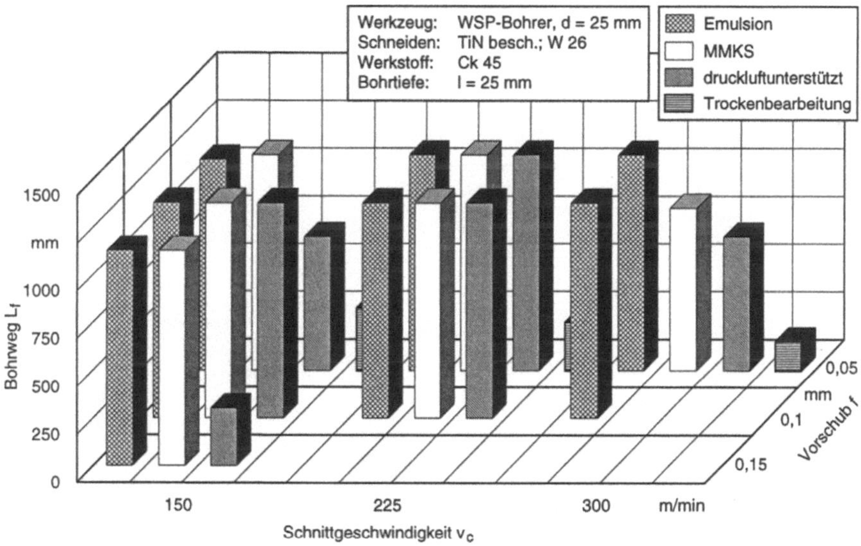

Abb. 4.26. Bohrweg für das l/D-Verhältnis von 1 bei der Bearbeitung von Ck 45 [93]

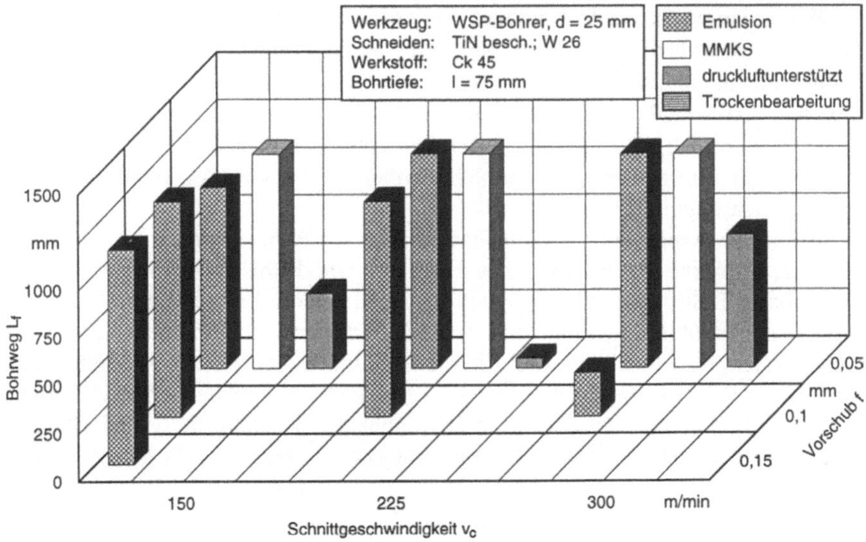

Abb. 4.27. Bohrweg für das l/D-Verhältnis von 3 bei der Bearbeitung von Ck 45 [93]

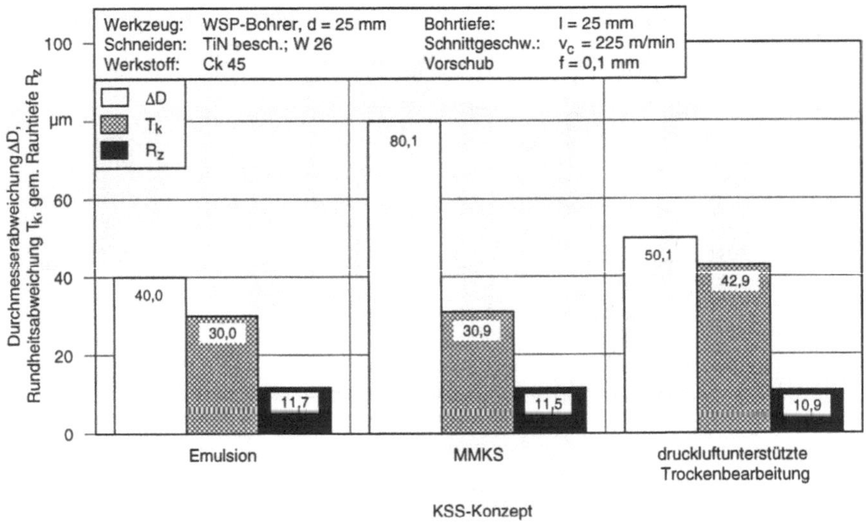

Abb. 4.28. Bohrungsqualität in Abhängigkeit vom KSS-Konzept [93]

Bohren von X6 CrNiMoTi 17 12 2

Bei diesem Material handelt es sich um einen rost- und säurebeständigen, austenitischen Stahl, der im Wärmebehandlungszustand lösungsgeglüht (1.050 °C) und abgeschreckt vorliegt. Auch für dieses Material, welches im Vergleich zu Ck 45 schwerer zerspanbar ist, sind die Möglichkeiten der KSS-Reduzierung untersucht worden. Abb. 4.29 gibt für das l/D-Verhältnis = 1 den erreichten Bohrweg für die einzelnen KSS-Konzepte wieder.

Bei Verwendung von Emulsion wird der geforderte Bohrweg erreicht. Bei Einsatz der anderen KSS-Konzepte erzielt man mit MMKS die höchsten Standwege. Allerdings liegen die erreichten Bohrwege jeweils unter 50 % der geforderten Standwege. Anhand der bei MMKS und druckluftunterstützter Trockenbearbeitung entstehenden Anlaßfarben der Späne läßt sich eine gegenüber dem Emulsionseinsatz erhöhte Temperatur in der Bearbeitungszone feststellen, die zu einer höheren thermischen Belastung der Schneiden führt und den Standweg negativ beeinflußt. Die höhere Prozeßtemperatur begünstigt die Aufbauschneidenbildung, die außer beim Einsatz von Emulsion bei allen übrigen KSS-Konzepten auftritt.

Die Bearbeitung von Bohrungen mit einem l/D-Verhältnis von 3 ist bisher nur unter Einsatz von Emulsion möglich. Die erreichten Bohrwege entsprechen qualitativ den Werten der Bearbeitung mit einem l/D-Verhältnis von 1.

Das angewendete KSS-Konzept beeinflußt die Ausbildung der Oberflächenrauheit bei der Bearbeitung von X6 CrNiMoTi 17 12 2 in stärkerem Maße als bei der Bearbeitung von Ck 45. Unabhängig von der Schneidensorte liefert eine Bearbeitung unter Verwendung von Emulsion oder mit Druckluftunterstützung ähnliche Ergebnisse, während der Einsatz einer MMKS größere Oberflächenrauheiten erzeugt. Aufgrund der bei druckluftunterstützter Trockenbearbeitung höchsten Prozeßtemperatur wird die Zerspanung erleichtert; die Vorschubkräfte sind niedriger als bei MMKS. Die geringeren Kräfte verursachen weniger Verschleiß an der Außenschneidenecke, deren Kontur sich auf der erzeugten Oberfläche abbildet. Durch die intensive Kühlschmierung beim Einsatz von Emulsion wird ebenfalls der Verschleiß der Außenschneidenecke gering gehalten.

Eine thermisch induzierte Randzonenbeeinflussung ist bei keinem KSS-Konzept zu finden – selbst bei den durch die Zerspanung entstehenden hohen Temperaturen wandelt das austenitische Gefüge nicht um. Aufgrund hoher Druckkräfte, wie sie im Bohrungsgrund vorherrschen, bilden sich dicht unterhalb der Oberfläche Verformungslinien. Da dieser Bereich zerspant wird, verschlechtert sich das Bearbeitungsergebnis nicht. Es kann lediglich durch Kaltverfestigung zu einem Anstieg der Schnittkräfte und damit zu einem stärkeren Werkzeugverschleiß kommen. Die mechanische Belastung an der Außenschneide ist nicht so groß, daß sich in der Bohrungswand Verformungslinien bilden. Weder bei einer hohen Einzelbelastung noch bei einem Kollektiv aus hoher mechanischer und thermischer Belastung läßt sich deshalb eine Beeinflussung der Oberflächenrandzone feststellen. Abb. 4.30 zeigt ein unbeeinflußtes Grundgefüge mit dem auf der Oberfläche abgebildeten Vorschubprofil und einer Materialaufschweißung im linken Bildbereich, in der man die bei der Zerspanung entstehenden Verformungslinien erkennt [22].

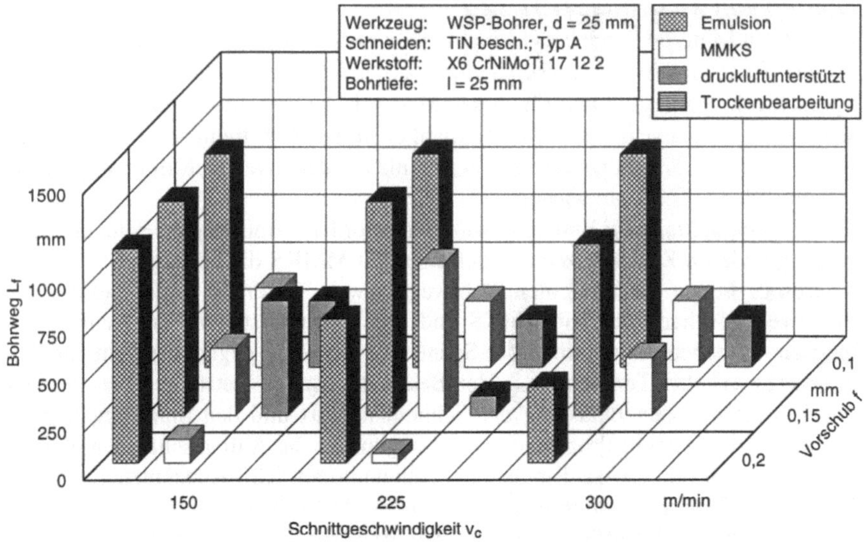

Abb. 4.29. Bohrweg für das l/D-Verhältnis 1 bei der Bearbeitung von X6 CrNiMoTi 17 12 2 [22]

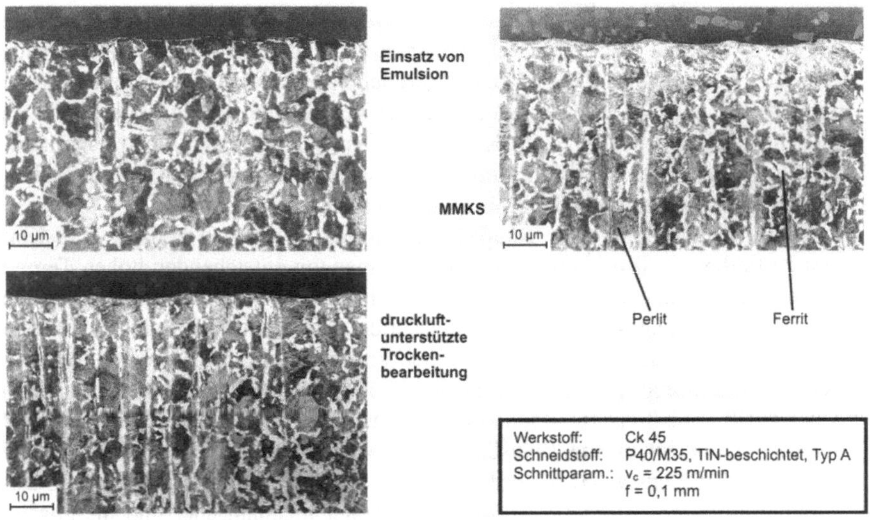

Abb. 4.30. Unbeeinflußte Oberflächenrandzone [75]

Es zeigt sich, daß für die eingesetzten Werkzeuge die KSS-Konzepte MMKS, druckluftunterstützte Trockenbearbeitung und reine Trockenbearbeitung keine Alternative zum Einsatz von Emulsion bieten. Die erzielten Bearbeitungsergebnisse entsprechen zwar den Anforderungen, der Werkzeugstandweg ist aber zu gering. Sogar beim Einsatz von Emulsion erreichte eine der betrachteten Schneidensorten den geforderten Bohrweg nicht. Teilweise kommt es schon während der ersten Bohrung zum katastrophalen Versagen der Schneiden. Dabei spielt die für den Werkstoff typische Aufbauschneidenbildung eine wichtige Rolle.

Bei den KSS-Konzepten MMKS und druckluftunterstützte Trockenbearbeitung haften die Aufbauschneiden so fest an der Schneide, daß bei einem Abwandern große Stücke der Schneidkante ausbrechen. Aufgrund der Ausbrüche kann diese Schneidenseite nicht weiter eingesetzt und die Wendeschneidplatte nach einem Umspannen nicht mehr sicher geklemmt werden. Offensichtlich beeinflussen thermisch aktivierte Adhäsionsmechanismen die Haftfestigkeit der Aufbauschneide, denn auch beim Einsatz von Emulsion bilden sich kleine Aufbauschneiden, die sich aber ablösen, ohne dabei Schneidkantenausbrüche zu verursachen und den Standweg zu beeinträchtigen. Ein Einsatz von Emulsion stabilisiert den Bearbeitungsprozeß, so daß Anzahl und Intensität von Ergebnisschwankungen gegenüber den anderen KSS-Konzepten zurückgeht [75].

Aluminium und Magnesium

Der am häufigsten eingesetzte Leichmetallwerkstoff ist Aluminium. Die Verwendung von Magnesium als Werkstoff für Leichtbaukonstruktionen gewinnt zunehmend an Bedeutung, da Magnesium verglichen mit Aluminium eine deutlich geringere Dichte aufweist. Die hohe Wärmedehnung sowie der niedrige Schmelzpunkt erschweren in beiden Fällen den Bearbeitungsprozeß [42]. Aufgrund des niedrigen Schmelz- und Erweichungspunktes kommt es zu Problemen bei der Spanbildung. Die Wärmedehnung hat eine große Formänderung am Bauteil zur Folge.

Aluminium

Die hohe Wärmeleitfähigkeit von Aluminium bewirkt, daß sehr viel von der im Zerspanungsprozeß entstehenden Wärme von Werkstück und Span aufgenommen wird. Viele Aluminiumlegierungen neigen zu Verklebungen mit den Werkzeugen, zur Zusetzung der Spanräume und, in Abhängigkeit von der Zerspantemperatur, zur Scheinspanbildung [43].

Trockenbohren in Aluminium

Mit den derzeit vorhandenen Bohrwerkzeugen ist eine völlig trockene Bearbeitung von Aluminium nicht durchführbar. Beim Einsatz von Werkzeugen in GD-AlSi9Cu3, die im Vergleich zu konventionellen Werkzeugen eine hohe Warmhärte und eine wärmeisolierende Hartstoffschicht aufweisen, zeigte sich, daß die untereutektische Aluminiumlegierung im Trockenschnitt stark zu Verklebungen mit dem Werkzeug und zum Zusetzen der Spanräume mit dem Werkstoff neigt. Als Grund für diese Vorgänge werden durch Adhäsion hervorgerufene Verschleißvorgänge genannt, die aus der intensiven Bildung von fest am Werkzeug haftenden Partikeln, Preßschweißschichten und Aufbauschneiden resultieren [24]. Durch Werkstoffverklebungen in der Spannut werden die Gleiteigenschaften der Paarung Werkzeug-Werkstück verschlechtert. Daher unterliegt der Prozeß mit steigender Anzahl von Bohrungen immer größeren Störungen, bis das Werkzeug aufgrund der zugesetzten Spanräume unbrauchbar ist. Auch eine Variation der Schnittparameter bringt hier keine Verbesserung [62].

Bohren mit MMKS in Aluminium

Im Gegensatz zur Trockenbearbeitung können durch den Einsatz einer äußeren Minimalmengenkühlschmierung mit den gleichen Werkzeugtypen (s o.) wesentlich bessere Bearbeitungsergebnisse in bezug auf Oberflächengüte und Spanbildung erzielt werden. Beim Bohren in GD-AlSi9Cu3 werden die besten Ergebnisse für ein Bohrwerkzeug mit einem Durchmesser von d = 8,5 mm tendenziell bei einer Schnittgeschwindigkeit von $v_c = 270$ m/min und einem Vorschub von f = 0,2 mm erzielt [62].

Mit einem unbeschichteten VHM-Werkzeug (d = 10 mm) werden bei einer Schnittgeschwindigkeit von 120 m/min und einem Vorschub von 0,25 mm ebenfalls sehr gute Ergebnisse in AlSi9Cu3 erreicht [56]. Mit einer äußeren Zufuhr der Minimalmenge können sogar bessere Oberflächen an den Bohrungswänden und höhere Standzeiten als beim Bohren mit Emulsion erzielt werden. Bei Bohrtiefen bis etwa 3×d können VHM-Bohrer mit Standardgeometrie verwendet werden. Bei größeren Bohrtiefen bewähren sich Werkzeuge mit 40° Drall und geringerer Kerndicke im Spitzenbereich, um guten Spanablauf und Spantransport zu gewährleisten.

Für (Ti, Al)N+MoS_2-beschichtete VHM-Bohrer (d = 8,5 mm) liegen Untersuchungsergebnisse vor, bei denen auch nach 300 Bohrungen (30 mm tief) in GD-AlSi9Cu3 bei einer Schnittgeschwindigkeit von 300 m/min und einem Vorschub von 0,5 mm weder Verschleißerscheinungen noch Werkstoffaufschweißungen auftreten.

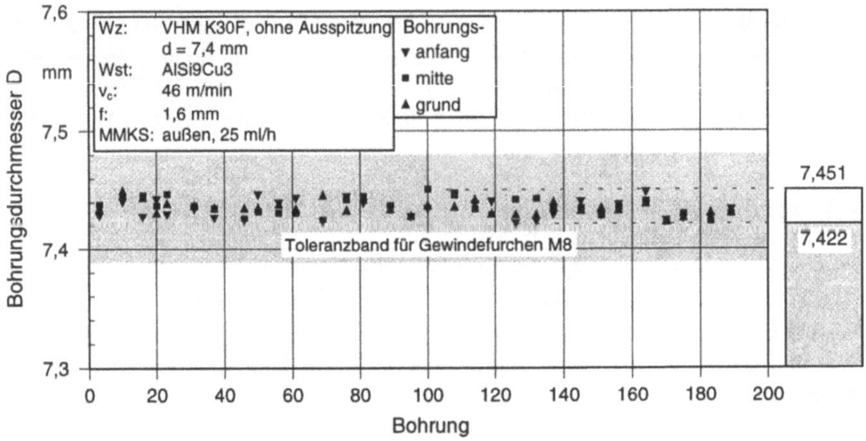

Abb. 4.31. Bohrungsdurchmesser beim Bohren in AlSi9Cu3

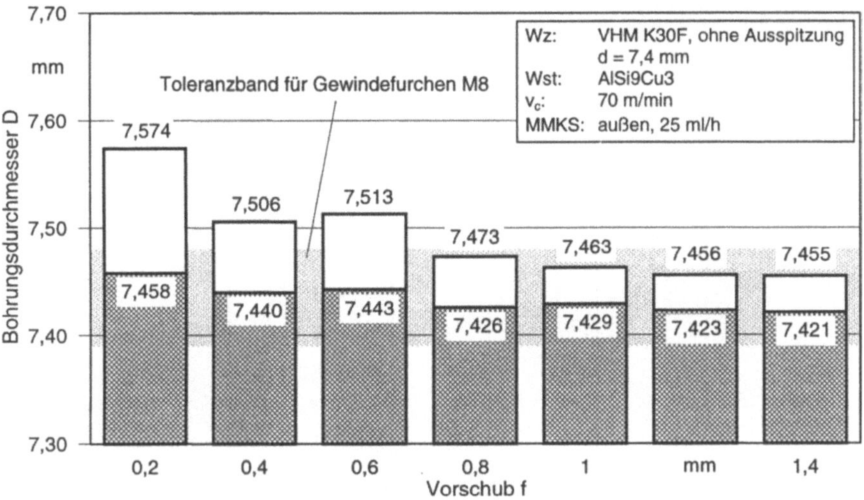

Abb. 4.32. Einfluß des Vorschubes auf den Bohrungsdurchmesser

Die R_z-Werte liegen unter 20 µm und die Bohrungsdurchmesser entsprechen den geforderten Toleranzen [40]. Aber auch bei geringeren Schnittgeschwindigkeiten lassen sich bei äußerer Zufuhr der Minimalmenge gute Ergebnisse erzielen. Bei der Herstellung von Vorbohrungen für das Gewindefurchen M6 und M8 in einer AlSi9Cu3-Legierung liegt der Streubereich der erzielten Bohrungsdurchmesser innerhalb der jeweiligen Toleranzbänder für das Gewindefurchen (Abb. 4.31).

Die erzielten Rauheiten waren mit R_z-Werten zwischen 22 µm und 30 µm in einem Bereich, der für ein anschließendes Gewindefurchen als ausreichend eingestuft werden kann. Charakteristisch für die verwendeten Vollhartmetall-Werkzeuge (K30F) sind die breiten und tiefen Spannuten, die den Abtransport der Späne von der Zerspanstelle erleichtern. Bei diesen Werkzeugen erweist sich der Vorschub als entscheidender Parameter für die Einhaltung der geforderten Toleranz (Abb. 4.32).
Dieses Phänomen läßt sich mit Hilfe folgender Ansatzpunkte begründen:

- Der höhere Vorschub hat zwar eine größere Wirkarbeit zur Folge, gleichzeitig wird aber der Kontaktweg zwischen Werkzeug und Werkstück verkürzt. Da das Werkzeug zum größten Teil vor dem Eintritt in das Werkstück mit Schmiermedium benetzt wird, kann bei hohem Vorschub offensichtlich die Schmierfilmtrennschicht durch den verkürzten Schnittweg über einen größeren Anteil der Bohrtiefe aufrecht erhalten werden. Bei kleineren Vorschüben hingegen bleibt die Trennschicht offensichtlich nicht über den gesamten Schnittweg erhalten, und es bilden sich Aufschweißungen an den Führungsfasen, die den Bohrerdurchmesser anwachsen lassen.

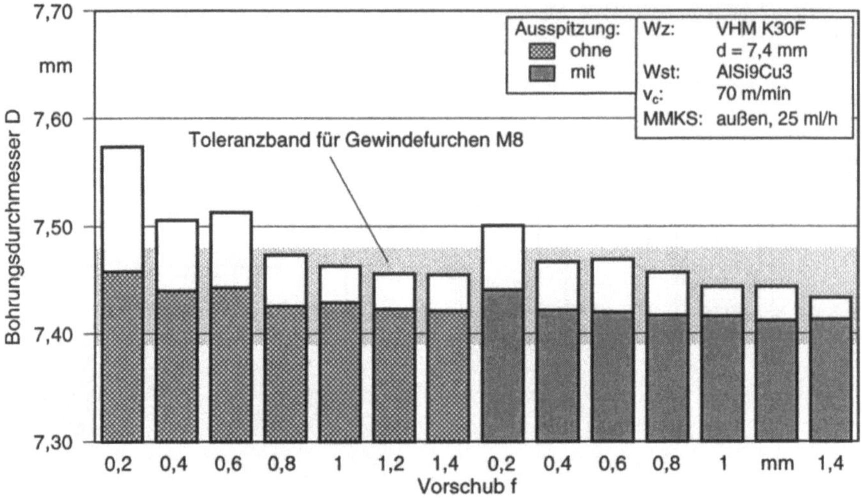

Abb. 4.33. Einfluß von Ausspitzung und Vorschub f auf den Bohrungsdurchmesser D

- Eine Vergrößerung des Vorschubes f fördert den Spanbruch und führt zu enger gewendelten oder gebrochenen Spänen. Ursache ist der größere Umformgrad an der Außenfläche des ablaufenden Spanes aufgrund der geometrisch bedingten stärkeren Krümmung [33]. Enger gewendelte Späne lassen sich leichter durch die Spannut abführen und reiben weniger stark an der Bohrungswand.
- Untersuchungen von Bohrwerkzeugen mit Ausspitzung lassen darauf schließen, daß sich durch den höheren Vorschub eine bessere Führung des Werkzeuges ergibt. Es wird deutlich, daß die Ausspitzung zu einer besseren Zentrierung führt und die Durchmesserzunahme der Bohrung bereits bei kleineren Vorschüben geringer ausfällt (Abb. 4.33).

Offensichtlich bewirkt daher der höhere Vorschub bei den Werkzeugen eine bessere Zentrierung, wodurch die Trudelbewegungen des Bohrers (auch durch Rundlauffehler von Bohrer, Spannfutter und der Maschine) beim Eintritt in die Werkstückoberfläche vermindert werden. Da es sich bei Aluminium um einen relativ weichen Werkstoff handelt, ist der Einfluß einer Trudelbewegung besonders deutlich, da sich der Bohrer sehr leicht in die Bohrungswand drücken läßt. Die Stabilisierung des Bohrers mit zunehmender Bohrtiefe zeigt sich auch in der Tatsache, daß die Durchmesser zu Beginn der Bohrung meist größer ausfallen.

Die Ausspitzung hat jedoch einen Nachteil. Der negative Spanwinkel der Hauptschneide im Bereich der Ausspitzung hat zur Folge, daß es in diesem Bereich zu starken Quetsch- und Reibvorgängen kommt, die durch die dort existierenden geringen Schnittgeschwindigkeiten zudem noch verstärkt werden. Ein Anstieg der Kräfte und Momente während des Bearbeitungsprozesses ist die Folge (Abb. 4.34).

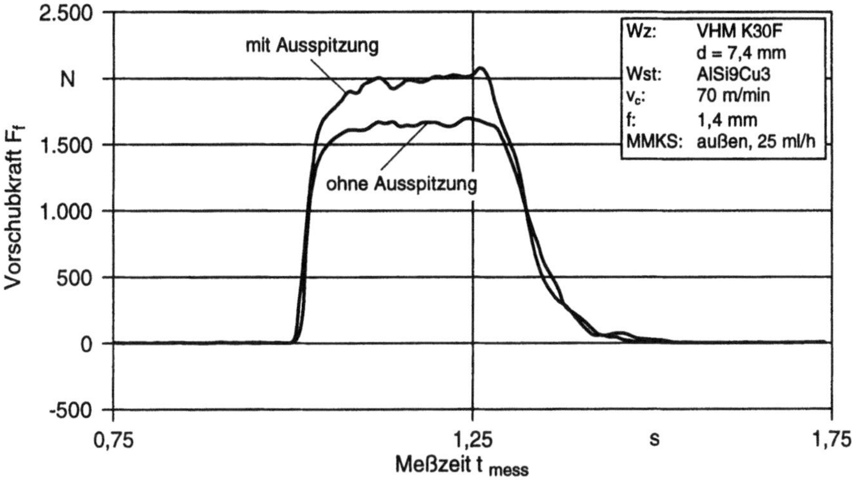

Abb. 4.34. Verlauf der Vorschubkraft F_f für Werkzeuge mit und ohne Ausspitzung

Eine größere Anzahl von Quetsch- und Reibvorgängen bewirkt zudem eine Zunahme der Diffusions- und Adhäsionsvorgänge. Dadurch wird die Bildung von Aufschweißungen des Aluminiumwerkstoffes am Bohrwerkzeug begünstigt.

Bohren von AlSi10Mg(Cu)

Bei der Herstellung von Vorbohrungen zum Gewindefurchen M6 lassen sich die geforderten Durchmessertoleranzen mit unbeschichteten Vollhartmetallbohrwerkzeugen und innerer Zufuhr einhalten (Abb. 4.35). Charakteristisch für die hier verwendeten Werkzeuge sind die Austrittsöffnungen der Kühlkanäle an den Freiflächen und der positive Spanwinkel über die gesamte Hauptschneidenbreite.

Die Oberflächengüte der Bohrungswände liegt bei R_z-Werten zwischen 16 und 23 µm und ist damit für ein anschließendes Gewindefurchen ausreichend.

Magnesium

Allgemein gilt Magnesium als gut zerspanbar. Aufgrund der geringen spezifischen Schnittkräfte ist nur ein geringer Leistungsbedarf notwendig. Es kann mit hohen Schnittgeschwindigkeiten zerspant werden, wobei der Werkzeugverschleiß gering ist und vergleichsweise hohe Oberflächengüten entstehen. Verglichen mit Aluminium weist Magnesium etwa die gleiche Schmelztemperatur und eine ähnliche Wärmeausdehnung auf. Die Wärmeleitfähigkeit ist aber deutlich geringer. Hierdurch kann im Vergleich zu Aluminium weniger Wärme über das Werkstück abgeführt werden.

Aufgrund der geringen Schmelztemperatur und Wärmeleitfähigkeit können bei der Spanbildung, wie bei Aluminium, ebenfalls Probleme auftreten. Derzeit wird Magnesium hauptsächlich unter Verwendung von Öl aber auch Emulsion als Kühlschmierstoff bearbeitet. Bis in die 80er Jahre wurde Magnesium bei der VW AG im Werk Kassel ohne Kühlschmierstoff bearbeitet [73].

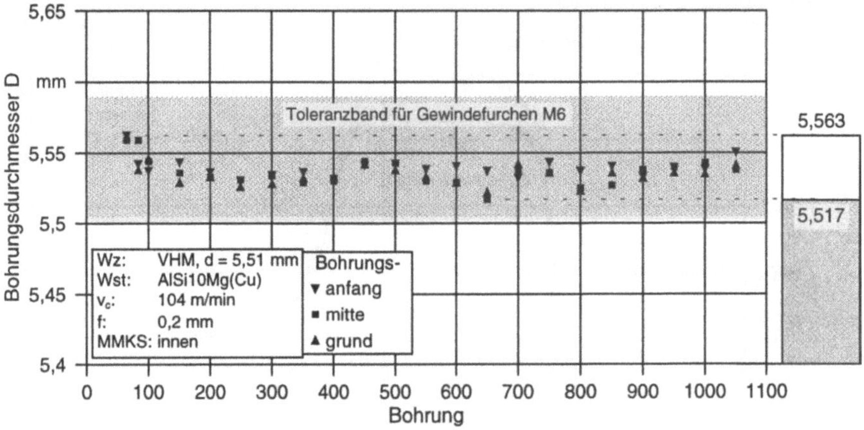

Abb. 4.35. Erzielte Bohrungsdurchmesser D bei unbeschichtetem VHM-Werkzeug

Die hohe Reaktivität von Magnesiumspänen erfordert den schnellen Transport der Späne von der Wirkstelle, um bei einer möglichen Entzündung der Späne die Brandlast zu verringern. Gerade bei der Bohrungsbearbeitung ist es notwendig, den Spantransport zu unterstützen. Diese Aufgaben werden vom Kühlschmierstoff übernommen und müssen bei Substitution des Kühlschmierstoffes mit berücksichtig werden.

Trockenbohren in Magnesium

Derzeit werden als Schneidstoff HSS und Hartmetall bei Bohrwerkzeugen eingesetzt. Mit diesen Schneidstoffen scheint eine Trockenbearbeitung unter heute üblichen Schnittgeschwindigkeiten nicht möglich zu sein. Bei der Trockenbearbeitung von Magnesium kommt es zur Bildung von Ablagerungen am Werkzeug, die sich auf die Bohrungsqualität negativ auswirken. Vor allem bei heute üblichen Schnittgeschwindigkeiten treten Ablagerungen auf.

Neben der verminderten Bohrungsqualität ist die Entzündbarkeit von Magnesium im allgemeinen und von feinen Magnesiumspänen im besonderen ein Grund, der gegen die reine Trockenbearbeitung spricht. Bei der Bohrungsbearbeitung entstehen neben den üblichen Spänen auch sehr feine Späne und Stäube, die sich in der Maschine verteilen. Diese Späne und Stäube sind leicht entzündlich und können bereits durch Funkenflug, wie er z. B. bei einem Werkzeugbruch auftreten kann, entzündet werden. Durch den Einsatz von Öl oder Emulsion als Kühlschmierstoff werden die feinen Späne und Stäube gebunden und abtransportiert. Die MMKS reduziert die Brandlast, da die Späne gebunden werden und durch die anhaftende Ölschicht deren Reaktionsfreudigkeit gehemmt wird. Zusätzlich führt die gezielte Schmierung der Wirkstelle dazu, daß die Reibung und die dadurch hervorgerufenen Temperaturen gemindert werden. Hierdurch wird wiederum die Gefahr eines Brandes in der Werkzeugmaschine reduziert.

Bohren mit MMKS in Magnesium

Als Werkzeuge für die Bohrungsbearbeitung wurden unbeschichtete Vollhartmetallbohrer (K40UF) mit einem Drallwinkel von 26° und innerer Kühlmittelzufuhr eingesetzt. Abb. 4.36 zeigt den Verlauf der Vorschubkraft und des Bohrmomentes als Funktion des Vorschubes, für die Bearbeitung von Aluminium unter Einsatz von Emulsion und für Magnesium unter Einsatz von Emulsion und MMKS. Die Steigerung des Vorschubes führt generell zu einem Anstieg der Vorschubkraft und des Bohrmomentes. Der Werkstückmaterialeinfluß ist deutlich zu erkennen.

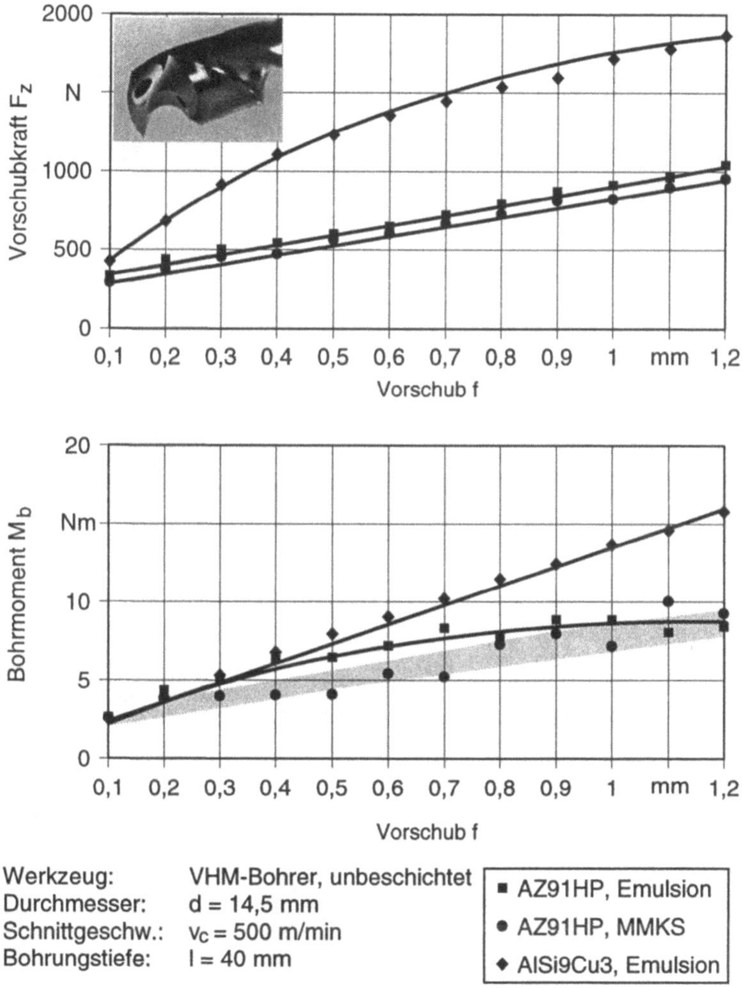

Abb. 4.36. Vergleich der Prozeßkenngrößen in Abhängigkeit vom KSS-Konzept

Bei der Bearbeitung von Aluminium treten wesentlich höhere Belastungen auf als bei der Bearbeitung von Magnesium. Die Vorschubkraft läßt bei einem Vorschub von f = 0,1 mm bei beiden Werkstoffen in etwa gleiche Werte erkennen, bei einem Vorschub von f = 1,2 mm ist die Vorschubkraft bei Aluminium allerdings um den Faktor 1,7 höher als bei Magnesium.

Das Bohrmoment, welches durch die Schnittkraft, die Reibung zwischen Führungsfasen und Bohrungswand und den Spantransport bestimmt wird, zeigt einen signifikanten Unterschied ab einem Vorschub von f = 0,4 mm aufwärts. Bei f = 1,2 mm ist das Bohrmoment bei Aluminium um den Faktor 1,8 höher.

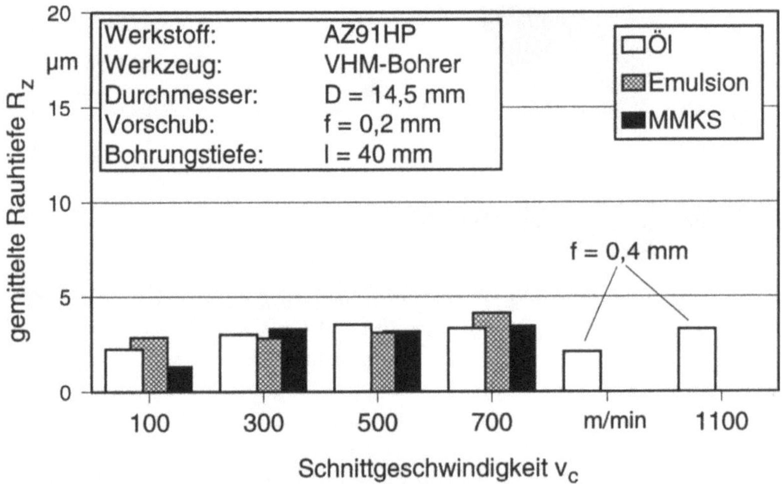

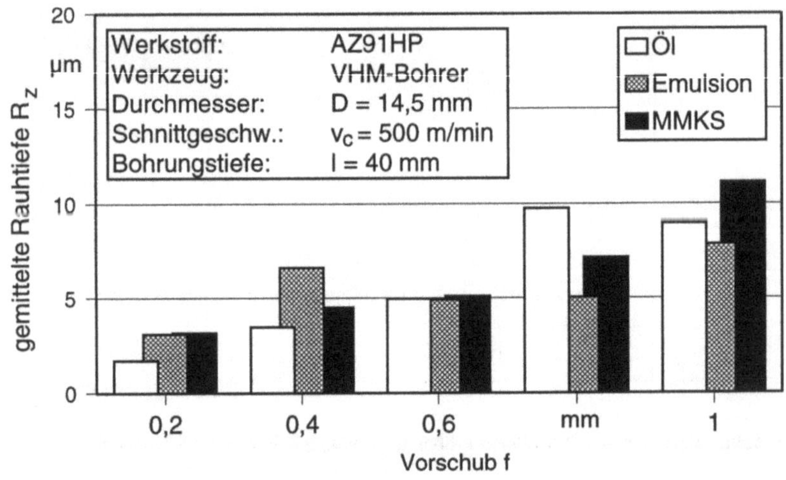

Abb. 4.37. Einfluß des KSS-Konzeptes auf die gemittelte Rauhtiefe

Bei der Betrachtung der Werkzeugbelastung beim Bohren von Magnesium in Abhängigkeit des Kühlschmierstoffes zeigt sich, daß die Vorschubkraft bei Einsatz der MMKS konstant niedriger ist als bei dem Einsatz von Emulsion. Das Bohrmoment steigt wie auch bei der Verwendung von Emulsion an. Auch hier führt die MMKS zu einer Reduzierung des Bohrmomentes, wobei aber die Differenz bezogen auf die Verwendung von Emulsion schwankt. Die geringere mechanische Werkzeugbelastung ist einerseits darauf zurückzuführen, daß durch die geringere Kühlwirkung der MMKS in der Zerspanzone höhere Temperaturen auftreten, welche die Festigkeit des Werkstoffes herabsetzen. Andererseits wird durch das bei der MMKS verwendete Öl eine bessere Schmierung erzielt, wodurch die Reibung an den Kontaktstellen zwischen Werkzeug und Werkstück stärker reduziert wird.

Die Erfassung der mechanischen Werkzeugbelastung zeigt, daß der Werkstoff Magnesium verglichen mit Aluminium deutlich geringere Werkzeugbelastungen hervorruft. Die Substitution der Emulsion durch die MMKS reduziert die mechanische Werkzeugbelastung bei der Bohrungsbearbeitung von Magnesium geringfügig.

Abb. 4.37 zeigt die gemittelte Rauhtiefe als Funktion der Schnittgeschwindigkeit und des Vorschubes bei unterschiedlichen KSS-Konzepten. Die maximal eingesetzten Schnittgeschwindigkeiten werden durch die Drehzahl der Spindel begrenzt. Bei der Verwendung von Öl als Kühlschmierstoff mußte für die Schnittgeschwindigkeit $v_c = 900$ m/min und 1.100 m/min ein Vorschub von $f = 0{,}4$ mm eingesetzt werden, da bei kleinerem Vorschub erhebliche Schwingungen auftraten. Es zeigt sich, daß weder die Steigerung der Schnittgeschwindigkeit noch der eingesetzte Kühlschmierstoff einen signifikanten Einfluß auf die gemittelte Rauhtiefe haben. Die Erhöhung des Vorschubes führt zu einem erwarteten Anstieg der gemittelten Rauhtiefe R_z, da diese maßgeblich durch den Vorschub bestimmt wird. Bei einem Vorschub von $f = 1$ mm, was in diesem Fall einer Vorschubgeschwindigkeit von ca. $v_f = 11$ m/min entspricht, werden Werte um ca. $R_z = 10$ µm erreicht. Auch bei der Erhöhung des Vorschubes zeigt sich kein eindeutiger Unterschied in Abhängigkeit des eingesetzten Kühlschmierstoffkonzeptes. An der Span- oder Freifläche der Hauptschneide bzw. an der Nebenschneide des Werkzeuges konnten unabhängig vom KSS-Konzept weder eine Aufbauschneidenbildung noch größere, fest haftende Werkstoffablagerungen beobachtet werden.

Bei der Bohrungsbearbeitung von Magnesium können neben sehr hohen Schnittgeschwindigkeiten auch hohe Vorschübe eingesetzt werden, wobei eine gute Bohrungsqualität erzielt wird. Die Substitution der üblichen Kühlschmierstoffe Öl oder Emulsion durch die Minimalmengenkühlschmierung wirkt sich nicht negativ auf die Bohrungsqualität aus.

4.4 Reiben

Das Reiben zählt zu den Feinbearbeitungsverfahren und entspricht einem Aufbohren mit geringem Aufmaß. Bei Reibwerkzeugen wird nach DIN 8589 Teil 2 [17] zwischen Ein- und Mehrschneiden-Reibahlen unterschieden (Abb. 4.38). Die Schneiden einer Mehrschneiden-Reibahle sind im Bereich der Nebenschneide mit Rundschliffasen versehen, die zur Führung des Werkzeuges in der Bohrung dienen. Die Einschneiden-Reibahle wird hingegen durch Führungsleisten in der Bohrung geführt – die Nebenschneide ist im Normalfall mit einem Freiwinkel versehen. Die Trennung der Funktionen Zerspanen und Führen auf eine Schneide und davon unabhängige Führungsleisten ergeben bei Einschneiden-Reibahlen erweiterte Möglichkeiten der Werkzeuggestaltung, wodurch eine erhebliche Steigerung der Zerspanleistung erreicht wird [49]. Abb. 4.39 zeigt die Einflußfaktoren, die die Funktionen der Einschneiden-Reibahle bestimmen.

Der Reibahlenschaft wird durch die an Schneide und Führungsleisten / Rundschliffasen angreifenden Kräfte und Momente auf Schub-, Biegung und Torsion belastet. Die Schnittparameter und der Werkstückstoff bestimmen maßgeblich die angreifenden Kräfte und Momente. Dieser Belastung muß der Schaft standhalten, ohne daß es zu Schwingungen oder Verlagerungen des Werkzeuges kommt, welche die Bohrungsqualität beeinträchtigen.

Die Kühlkanäle haben die Aufgabe, den Kühlschmierstoff gezielt an die Wirkstellen des Werkzeuges zu transportieren. Der Kühlschmierstoff kann die entstehende Wärme nur bei effektiver Versorgung der Wirkelemente abführen und durch seine Schmierwirkung die entstehende Reibung zwischen den Kontaktpartnern vermindern. Weiterhin müssen die anfallenden Späne und Spanreste sicher aus der Bohrung entfernt werden. Durch die Lage und Gestalt der Kühlschmierstoffkanäle wird die Versorgung der Wirkelemente beeinflußt. Besonders im Hinblick auf die Minimalmengenkühlschmierung sind strömungstechnische Gesichtspunkte bei der konstruktiven Gestaltung der Kühlkanäle zu berücksichtigen.

Einschneiden-Reibahlen sind mit zwei oder mehr auf dem Umfang angeordneten Führungsleisten versehen. Diese führen das Werkzeug in der Bohrung und übertragen die Reaktionskräfte der Zerspankräfte auf die Bohrungswand. Zusätzlich kann durch die Führungsleisten die Bohrungsoberfläche geglättet werden. Eine Erfüllung dieser Funktionen bedingt, daß die Führungsleisten einen ständigen Kontakt mit der Bohrungswand haben. Hierdurch können erhebliche Temperaturen zwischen den Kontaktpartnern entstehen, die zu Materialablagerungen an den Führungsleisten führen können, welche deren Funktion und somit auch die Oberflächenqualität der Bohrung beeinträchtigen. Die Führungsleisten müssen an die entsprechende Bearbeitungsaufgabe angepaßt werden. Haupteinflußgrößen sind hierbei die Kombination von Werkstückstoff zu Führungsleistenwerkstoff, die Gestalt der Führungsleisten, die Schnittparameter und die Kühlschmierstofftechnik.

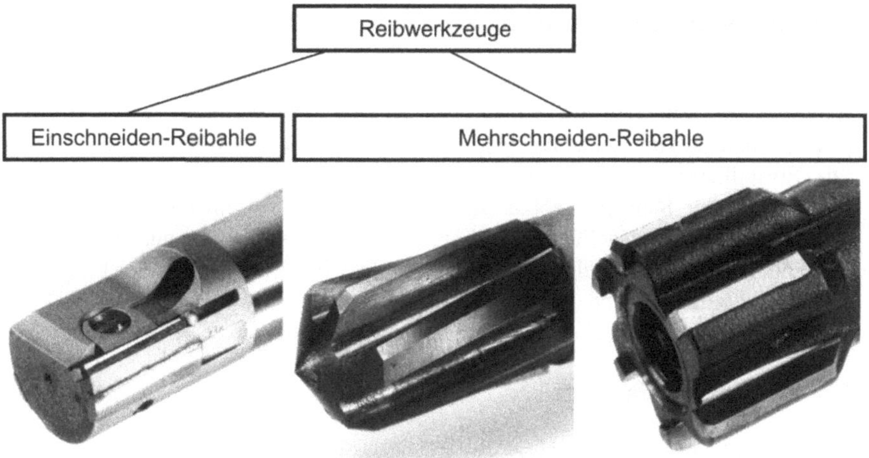

Abb. 4.38. Typische Ein- und Mehrschneiden-Reibahle

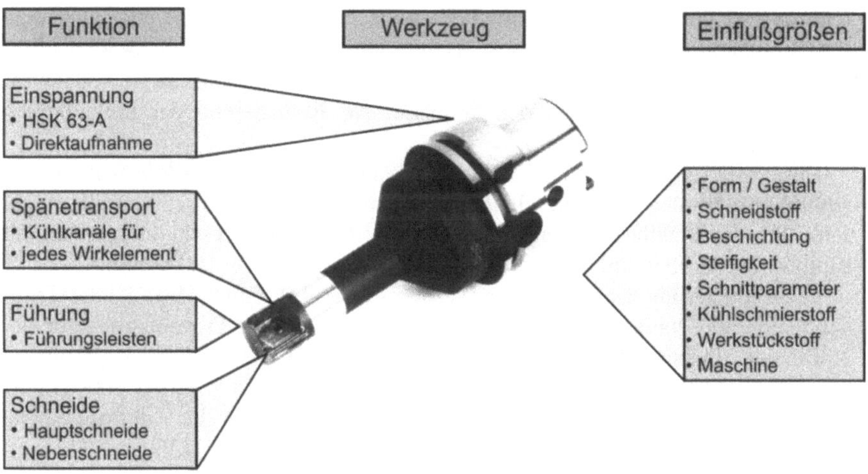

Abb. 4.39. Einflußfaktoren auf die Funktionen von Reibahlen am Beispiel einer Einschneiden-Reibahle

Die Einflußgrößen Form und Gestalt der Schneide, die Kombination von Schneid- zu Werkstückstoff, die Schnittparameter und die Kühlschmierstoffversorgung wirken sich auf die Spanbildung an der Schneide aus. Die Gesamtheit dieser Einflußgrößen muß so aufeinander abgestimmt werden, daß keine Aufbauschneidenbildung / Materialablagerungen durch Adhäsion, erhöhter Verschleiß oder eine ungünstige Spanbildung auftritt, die die Oberflächenqualität der Bohrung reduziert.

Das einfache Auswechseln der Wirkelemente bei Einschneiden-Reibahlen ermöglicht ein Anpassen des Werkzeuges an unterschiedliche Aufgaben. Es läßt sich optimal auf die speziellen Anforderungen der Reibbearbeitung abstimmen. Die Einstellbarkeit der Schneide erlaubt ein Justieren im µm-Bereich und das Nachstellen der Schneide, sobald der Anfangsverschleiß ein Unterschreiten der Toleranzgrenze verursacht hat. Somit ist nicht der Verschleiß der auswechselbaren Schneide, sondern der Führungsleistenverschleiß für die Standzeit der Einschneiden-Reibahle maßgebend.

4.4.1 Kühlschmierstoffeinsatz

Für die Bohrungsfeinbearbeitung mit Einschneiden-Reibahlen ist neben der konstruktiven Gestalt und der Anordnung der Wirkelemente deren Kühlschmierstoffversorgung für die Bohrungsqualität entscheidend. Vor allem das Entfernen der Späne vom Ort der Zerspanung ist bei der Bohrungsfeinbearbeitung wichtig. So trägt der Kühlschmierstoff maßgeblich dazu bei, die Qualität der Bohrung zu verbessern. Diese Aufgaben kann der Kühlschmierstoff allerdings nur dann erfüllen, wenn die Wirkelemente der Einschneiden-Reibahle umfassend mit Kühlschmierstoff benetzt werden. Zum Reiben wird üblicherweise Öl oder aber eine fette Emulsion verwendet, deren Konzentration bis zu 14 % betragen kann. Reiboperationen sind deswegen auf Transferstraßen bei Emulsionseinsatz konzentrationsbestimmend und stellen den Schlüssel zur Reduzierung der umlaufenden KSS-Mengen dar.

Unter Verwendung der Vollstrahlkühlschmierung werden zur Bearbeitung von Aluminium-Gußlegierungen Schnittgeschwindigkeiten von $v_c = 150$ m/min eingesetzt. Bei der Stahlbearbeitung liegen die üblichen Schnittgeschwindigkeiten bei Einsatz von hartmetallbestückten Werkzeugen bei bis zu $v_c = 100$ m/min.

Die Reduzierung des Kühlschmierstoffeinsatzes z. B. durch MMKS oder Trockenbearbeitung kann neben der Bohrungsqualität auch die Prozeßtemperatur beeinflussen. Insbesondere bei der Bearbeitung von Leichtmetall-Legierungen kommt der Prozeßtemperatur eine große Bedeutung zu, da z. B. bei 300–350 °C die Plastizität von Aluminium zunimmt. Hierdurch werden die Adhäsion sowie Materialablagerungen an den Wirkelementen begünstigt. Mit Hilfe von Thermoelementen und Videothermographie läßt sich die Temperatur im Werkstoff und an den Wirkelementen bei Anwendung unterschiedlicher Kühlschmierstoffkonzepte bestimmen (s. a. Kap 3.2.7).

Abb. 4.40 zeigt den Versuchsaufbau zur Videothermographie beim Reiben. Die höchste Schneidentemperatur wird von der Videothermographiekamera in dem Moment erfaßt, an dem das Werkzeug das letzte Aufmaß zerspant.

Anhand von Abb. 4.41 ist erkennbar, daß hartmetallbestückte Werkzeuge höhere Schneidentemperaturen hervorrufen als PKD-bestückte. Dies liegt zum einen an der höheren Wärmeleitfähigkeit von PKD und zum anderen an der geringeren Oberflächenrauheit des Schneidstoffes.

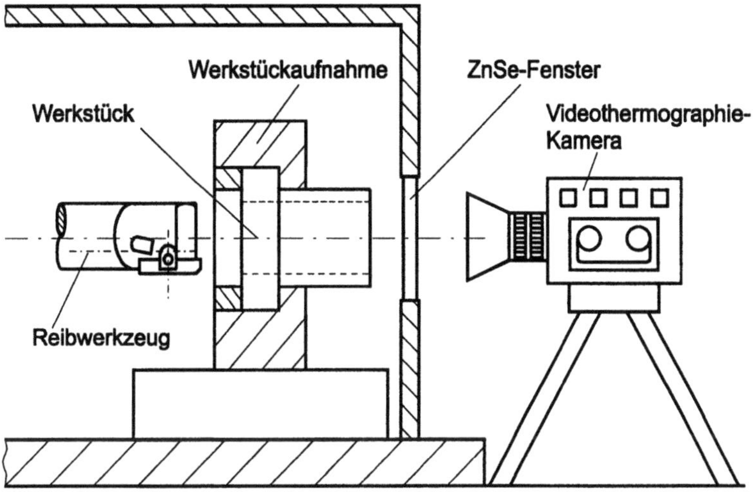

Abb. 4.40. Temperaturmessung durch Videothermographie

Die Anschnittform von Reibahlenschneiden kann entsprechend dem Einstellwinkel κ beim Drehen interpretiert werden (Abb. 4.41). Beim Reiben von Aluminium stellt die Anschnittform von 30° eine Standardform dar. Zur Reduzierung der Passivkraftkomponente bei der Bearbeitung vorgegossener Bohrungen mit schwankendem Ausmaß stellt aber auch die Anschnittform von 75° eine sinnvolle Alternative dar. Werkzeuge mit einer Anschnittform von 30° erzielen aufgrund der größeren Spanungsbreite b und der durch die Schneidengeometrie hervorgerufenen größeren Passivkraftkomponente höhere Schneidentemperaturen als Werkzeuge mit einer Anschnittform von 75°. Das Erhöhen der Spanungsbreite führt zur Vergrößerung der Kontaktfläche des ablaufenden Spanes mit der Werkzeugschneide, was wiederum verstärkte Reibung und somit höhere Temperaturen zur Folge hat. Gleichzeitig bewirkt die Anschnittform von 30° eine Zunahme der Passivkraftkomponente, was wiederum den Druck der Führungsleiste 2 auf die Bohrungswand und damit auch die Reibung zwischen Bohrungswand und Führungsleiste erhöht.

Auch bei der Stahlbearbeitung läßt sich das werkzeugseitige Temperaturfeld mit Hilfe von Thermoelementen in Abhängigkeit vom Kühlschmierstoffkonzept und den verwendeten Schneid- bzw. Führungsleistenwerkstoffen bestimmen (Abb. 4.42). Es ist auch hier wieder zu beachten, daß es sich bei den gemessenen Werten um Temperaturen im Werkstück handelt. Die in der Kontaktzone zwischen den Wirkelementen und der Bohrungswand auftretenden Temperaturen liegen wesentlich höher, können aber über diese Meßmethode nicht erfaßt werden.

Bei Verwendung der Überflutungsschmierung mit Emulsion (Abb. 4.42, oben) kommt es im Werkstück zu keiner deutlichen Erhöhung der Temperatur. Auch mit zunehmender Bearbeitungszeit steigt die Temperatur nicht wesentlich an.

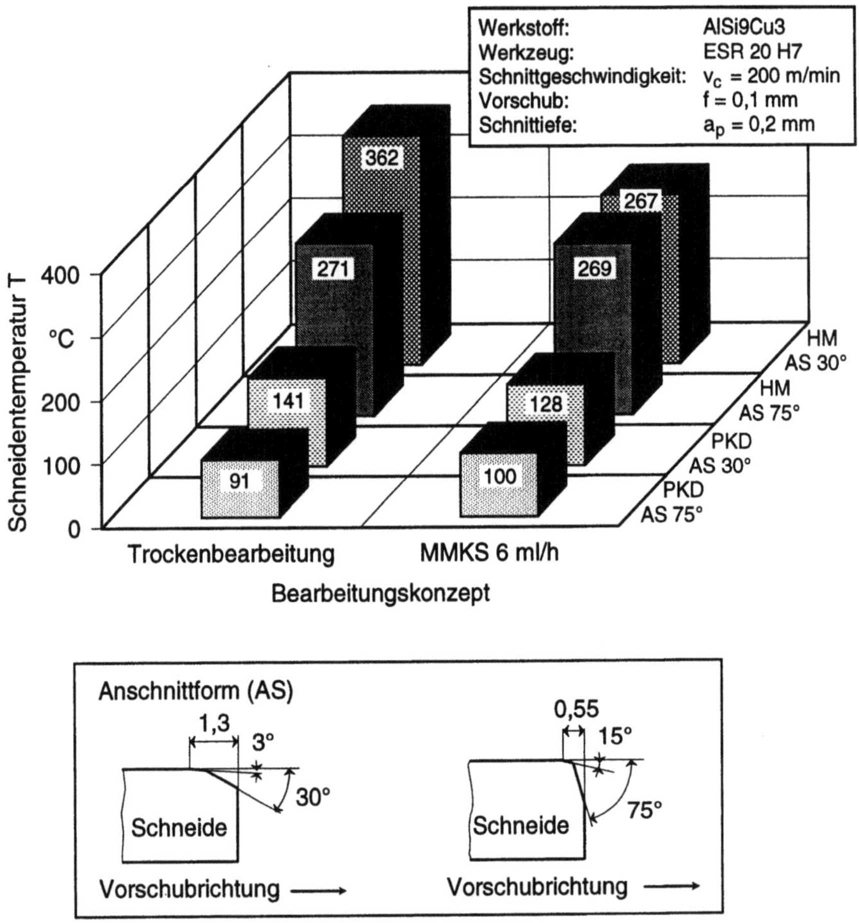

Abb. 4.41. Schneidentemperatur bei unterschiedlicher Werkzeuggeometrie

Im Vergleich dazu beeinflußt die MMKS die Prozeßtemperaturen deutlich (Abb. 4.42: Mitte). Der Abstand der Meßstellen (Abb. 4.42: oben und Mitte) ist bei beiden Versuchen annähernd identisch. Die in der Bohrungswand gemessenen Temperaturen sind im Vergleich zum Einsatz von Emulsion wesentlich höher, und es kommt zu einem Anstieg der Temperatur mit zunehmender Bearbeitungszeit beim Einsatz der MMKS.

Bei Einsatz von Hartmetall als Schneid- und Führungsleistenwerkstoff ergibt sich der in Abb. 4.42 (unten) dargestellte Temperaturverlauf. Die gemessenen Temperaturen im Werkstück sind deutlich geringer als bei Einsatz von Cermet-bestückten Einschneiden-Reibahlen. Durch die höhere Wärmeleitfähigkeit des Hartmetalls ändert sich die Temperaturverteilung. Es wird wesentlich mehr Wärme über den Werkzeuggrundkörper abgeleitet, als dieses bei einem Werkzeug mit Cermet-Führungsleisten der Fall ist.

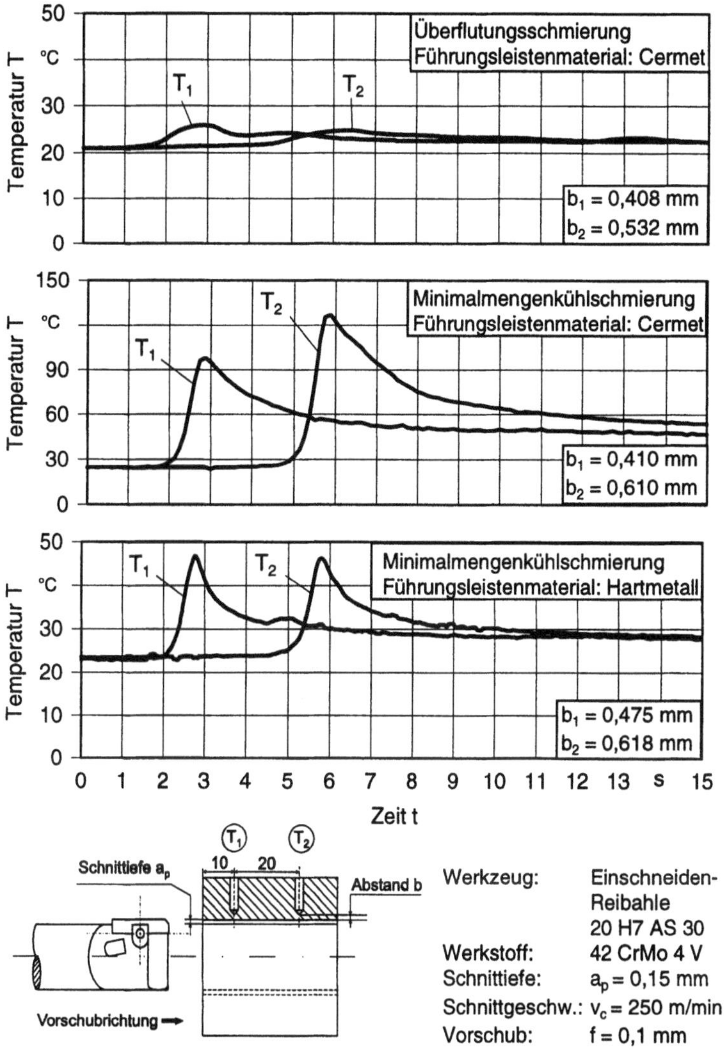

Abb. 4.42. Temperaturen in Abhängigkeit vom KSS-Konzept und den Führungsleisten [9]

4.4.2 Stahlbearbeitung

Werkzeugverschleiß

Zur Beurteilung der Einsatzmöglichkeiten der MMKS bei der Stahlbearbeitung mit strömungstechnisch optimierten Einschneiden-Reibahlen ist das Verschleißverhalten des Werkzeuges eine wichtige Größe. Bei einer Einschneiden-Reibahle ist es notwendig, zwischen dem Verschleiß der Schneide und der Führungsleisten zu unterscheiden. Die Bearbeitung von 42CrMo4V führt wegen der hohen Zähigkeit und Streckgrenze des Werkstoffes zu einer hohen Werkzeugbelastung. Der Verschleiß der Schneide, der üblicherweise wesentlich höher ist als der Verschleiß der Führungsleisten, ist nicht bestimmend für die Einsatzzeit des Werkzeuges, da die Schneide gewechselt werden kann. Bestimmend ist hingegen der Verschleiß der Führungsleisten, da diese fest mit dem Grundkörper verbunden sind (gelötet oder geklebt).

Als Führungsleistenwerkstoffe zur Stahlbearbeitung eignen sich Hartmetall und Cermet. Bei einer ausreichenden Schmierung und Kühlung der Führungsleisten kann auch polykristalliner Diamant (PKD) bei der Stahlbearbeitung eingesetzt werden.

Bei der Betrachtung des Verschleißverhaltens zeigen sich deutliche Unterschiede zwischen den verschiedenen Führungsleistenwerkstoffen. Im Hauptbelastungsbereich kommt es an den Hartmetall-Führungsleisten zu Materialverlust aus der Funktionsfläche der Führungsleiste durch abrasiven Verschleiß sowie zu kleineren Ablagerungen im Stirnbereich. Cermet-Führungsleisten zeigen ein anderes Verschleißverhalten. Durch die geringere Wärmeleitfähigkeit des Cermets im Vergleich zu Hartmetall entstehen in der Kontaktzone zwischen der Führungsleiste und der Bohrungswand zu höhere Temperaturen. Hierdurch kommt es an den Cermet-Führungsleisten im Stirnbereich zu verstärkten Materialablagerungen. Der Einsatz von MMKS führt zu einer stärkeren Bildung von Ablagerungen als die Verwendung von Emulsion, was auf die Temperaturen zurückzuführen ist. Die Trennung der Adhäsionbindungen führt zu geringem Materialverlust aus der Führungsleistenoberfläche. Durch die Temperaturwechselbeanspruchung am Anfang und am Ende des Reibprozesses bilden sich axial verlaufende Risse in den Cermet-Führungsleisten. An den PKD-Führungsleisten kommt es sowohl unter Verwendung von Emulsion als auch MMKS zu keinem nennenswerten Verschleiß, trotz der geringeren Kühlwirkung der MMKS und der Tendenz zum tribochemischen Verschleiß.

Abb. 4.43 zeigt für die Schneidstoffe Hartmetall und Cermet die Verschleißmarkenbreite VB beispielhaft für einen Bohrweg s von ca. 1,4 m in Abhängigkeit von der KSS-Technik. Der Verschleiß von Hartmetall ist deutlich größer als der von Cermet, aber sowohl bei Hartmetall als auch bei Cermet führt der MMKS-Einsatz zu einer Reduzierung der Verschleißmarkenbreite.

Ein Grund für das günstigere Verschleißverhalten unter Verwendung der MMKS liegt in der besseren Schmierung durch das hochadditivierte Öl. Hierdurch wird der Schneidstoff weniger durch den über die Spanfläche ablaufenden Span und die Reibung zwischen Werkstück und Freifläche beansprucht. Die durch den geringeren Kühleffekt weniger ausgeprägte Thermoschockbelastung hat ebenfalls positive Auswirkungen auf den Verschleiß des Schneidstoffes.

Der Verschleißvorteil von Cermet gegenüber Hartmetall läßt sich durch die größere Warmhärte von Cermet erklären. Einerseits sorgt diese auch bei hohen Temperaturen für einen ausreichend hohen Verschleißwiderstand, andererseits wird die entstehende Prozeßwärme wegen der geringeren Wärmeleitfähigkeit von Cermet verstärkt in das Werkstück bzw. den Span abgeleitet [9].

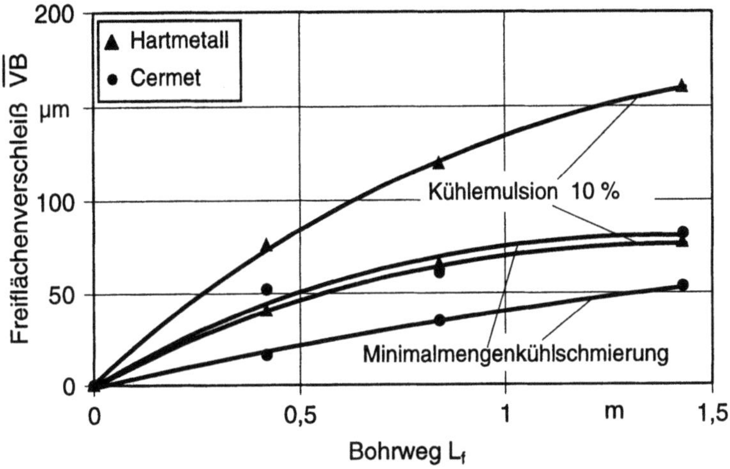

Werkstoff:	42 CrMo 4 V	Schnittgeschw.:	v_c = 150 m/min
Werkzeug:	Einschneiden-Reibahle 20 H7	Vorschub:	f = 0,1 mm
		Schnittiefe:	a_p = 0,3 mm
Führungsleisten:	Cermet	Bohrungstiefe:	l = 42 mm

Abb. 4.43. Werkzeugverschleiß verschiedener Schneidstoffe in Abhängigkeit vom KSS-Konzept

Bohrungsqualität

Die Bewertung der Bohrungsqualität erfolgt anhand der Durchmesser und der gemittelten Rauhtiefe der Bohrung sowie der Oberflächenrandzone. Die bei der Stahlbearbeitung mit unterschiedlichen KSS-Konzepten erreichbare Bohrungsqualität ist in.

Abb. 4.44 in Abhängigkeit von der Schnittgeschwindigkeit und dem Führungsleistenwerkstoff dargestellt. Öl als Kühlschmierstoff führt zur geringsten Streuung der Ergebnisse mit steigender Schnittgeschwindigkeit. Dieses kann auf die gute Schmier- und Spantransportfähigkeit von Öl und die hinreichende Kühlwirkung zurückgeführt werden. Der Einsatz von Emulsion und MMKS hat eine etwas größere Streuung des Durchmessers zur Folge. Insgesamt zeigt sich, daß alle Bohrungen trotz der sehr hohen Schnittgeschwindigkeit innerhalb des Toleranzfeldes liegen. Abb. 4.45 zeigt die gemittelte Rauhtiefe in Abhängigkeit von der Schnittgeschwindigkeit und dem Führungsleistenwerkstoff bei den unterschiedlichen KSS-Konzepten. Generell führt die Steigerung der Schnittgeschwindigkeit bei Verwendung von Werkzeugen mit Hartmetall oder PKD-Führungsleisten unabhängig vom KSS-Konzept zu einer Reduzierung der gemittelten Rauhtiefe. Dieses kann auf höhere Temperaturen während des Glättungsvorganges zurückgeführt werden. Im Gegensatz dazu kommt es bei Einsatz von Werkzeugen mit Cermet-Führungsleisten in Kombination mit Emulsion oder

MMKS zu einer Verschlechterung der gemittelten Rauhtiefe ab $v_c = 300$ m/min. Dieses ist auf die Bildung von sehr harten, festhaftenden Werkstoffablagerungen an den Cermet-Führungsleisten zurückzuführen. Diese Ablagerungen bilden sich auch an den Hartmetall-Führungsleisten, wobei die Ablagerungen an diesen Führungsleisten aber deutlich kleiner sind. Aufgrund der sehr guten Schmierung kommt es bei Verwendung von Öl nur zu sehr kleinen Ablagerungen an den Cermet-Führungsleisten, die sich nicht auf die Bohrungsoberfläche auswirken.

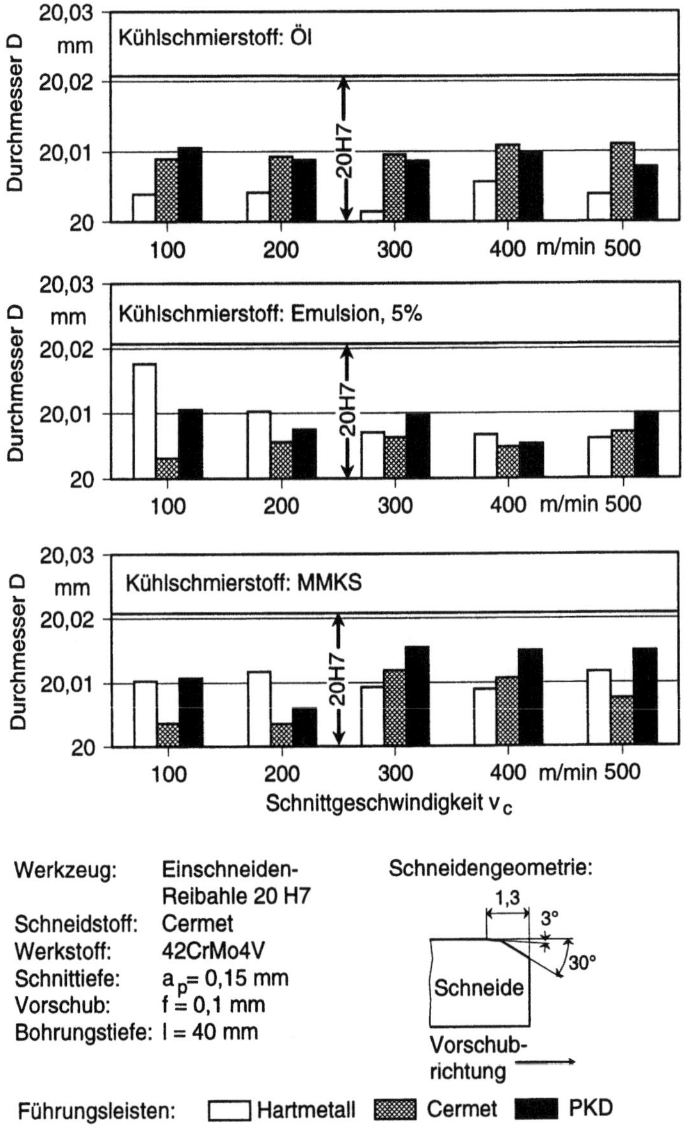

Abb. 4.44. Bohrungsdurchmesser in Abhängigkeit vom KSS-Konzept

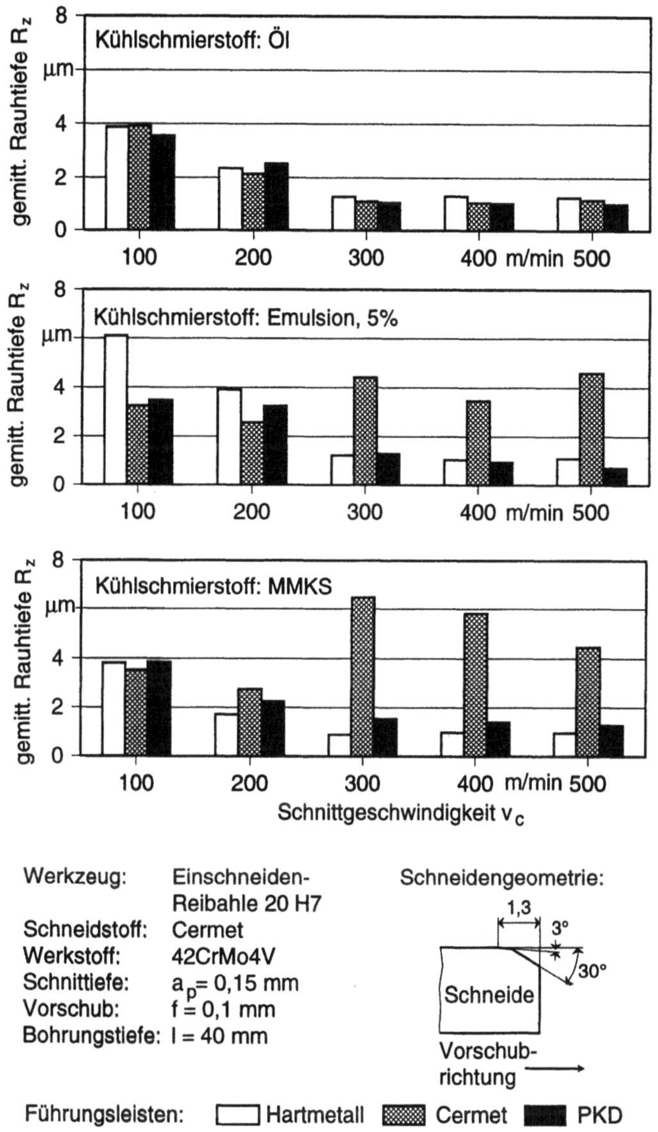

Abb. 4.45. Gemittelte Rauhtiefe in Abhängigkeit vom KSS-Konzept

Beeinflussung der Oberflächenrandzone bei der Stahlbearbeitung

Bei der Analyse der Oberflächenrandzone zeigt sich, daß unter verschiedenen Bedingungen eine Gefügeveränderung in Form einer Neuhärtung auftritt. Abb. 4.46 gibt beispielhaft die Oberflächenrandzone in Abhängigkeit des KSS-Konzeptes und der Schnittiefe bei einer Schnittgeschwindigkeit von 500 m/min und Einsatz eines Werkzeuges mit Cermet-Führungsleisten wieder. Bei Verwendung von Öl kommt es in der Oberflächenrandzone zu keiner Neuhärtung. Bei Einsatz von Emulsion und MMKS kann eine leichte Neuhärtung beobachtet werden, wobei die Beeinflussung bei Verwendung von MMKS geringfügig größer ist. Die weitere Erhöhung der Schnittgeschwindigkeit oder aber die Steigerung der Schnittiefe verstärken die Neuhärtung. Der Einsatz von Hartmetall-Führungsleisten führt zu einer deutlichen Reduzierung der Neuhärtung. Beim Einsatz von PKD-Führungsleisten konnte keine Neuhärtung festgestellt werden.

Die Neuhärtung in der Oberflächenrandzone wird durch eine schnelle Aufheizung und anschließend schnelle Abkühlung in Kombination mit einer partiell hohen Flächenpressung hervorgerufen. Die geringe Wärmeleitfähigkeit des Cermets verglichen mit der Wärmeleitfähigkeit von Hartmetall oder aber PKD, führt zu erhöhten Temperaturen in der Kontaktzone. Diese erhöhten Temperaturen unterstützen die Bildung von Ablagerungen an den Führungsleisten. Hierdurch kommt es zu einer Verschlechterung des Glättungsvorganges und somit erhöhter partieller Flächenpressung. In Kombination mit den erhöhten Temperaturen wird hierdurch die Neuhärtung in der Oberflächenrandzone gefördert.

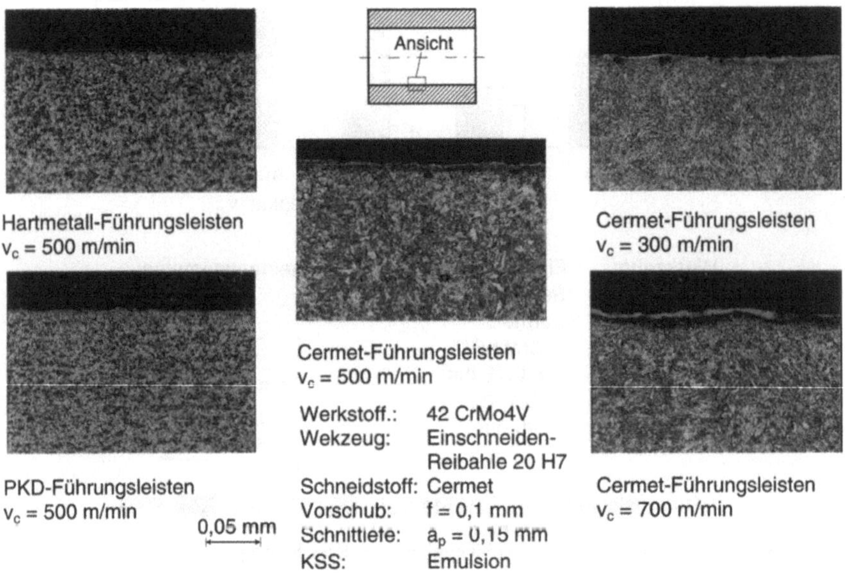

Abb. 4.46. Einfluß des KSS-Konzeptes und der Schnittiefe auf die Oberfächenrandzone

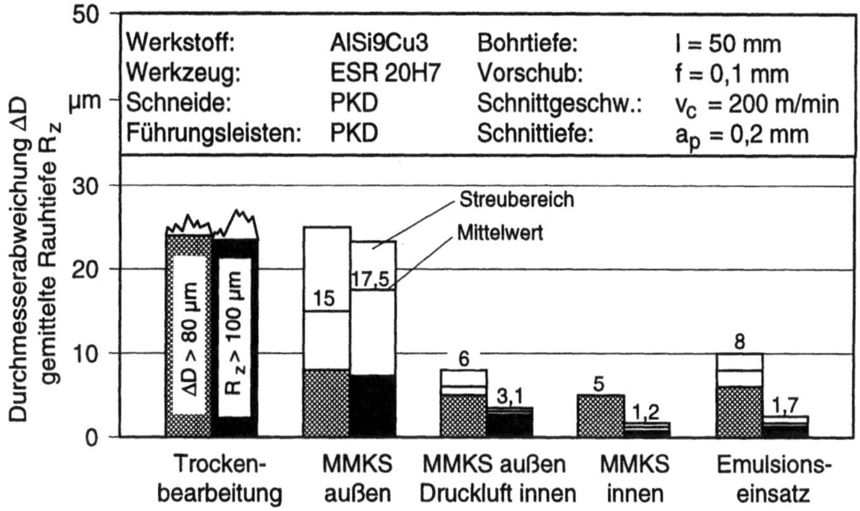

Abb. 4.47. Gemittelte Rauhtiefe R_z und Durchmesserabweichung ΔD in Abhängigkeit vom angewendeten KSS-Konzept [94]

4.4.3 Aluminiumbearbeitung

Einsatz von Standardwerkzeugen

Während bei der Stahlbearbeitung die Festigkeit des Werkstoffes und die daraus resultierende Bearbeitungstemperatur für das Einsatzverhalten der Reibahlen bestimmend ist, steht bei der Leichtmetallbearbeitung, insbesondere bei Aluminium, die Adhäsionsneigung zu den Wirkelementen des Werkzeugs im Vordergrund.

Abb. 4.47 zeigt für den Einsatz von Standardreibahlen anhand der erzielten Oberflächenqualität (R_z >100 µm) sowie der Durchmesserabweichung (ΔD > 80 µm) bei der Aluminiumbearbeitung, daß selbst mit einer PKD-Bestückung die Trockenbearbeitung nicht möglich ist. Verantwortlich hierfür sind extreme Ablagerungen an den Führungsleisten der einschneidigen bzw. an den Rundschliffasen der mehrschneidigen Werkzeuge. Aufgrund der ausgeprägten Adhäsion entstehen diese Ablagerungen vor allem zwischen den unbeschichteten Hartmetallwirkelementen und dem Aluminiumwerkstoff. Aber auch an PKD-bestückten Werkzeugen kommt es bei der Trockenbearbeitung ebenfalls nach wenigen Bohrungen zu starker Materialablagerung an den Wirkelementen, die den Glättungsvorgang erheblich stören.

Der außen zugeführte Minimalmengenkühlschmierstoff (MMKS außen) verbessert die Ergebnisse deutlich, wobei mit ein- und mehrschneidigen Hartmetallwerkzeugen bzgl. der Durchmesserabweichung trotzdem Bohrungen weit außerhalb des Toleranzfeldes (H7) gefertigt wurden. Mit PKD-bestückten Einschneiden-Reibahlen kann zu Bohrungsbeginn das Toleranzfeld H7 eingehalten werden, wobei die Bohrungsoberflächen eine dem Reiben entsprechende Qualität aufweisen [91, 92]. Nach einem Längen-zu Durchmesserverhältnis von ca. 1,5 erreicht der von außen zugeführte Minimalmengenschmierstoff die Wirkstelle nicht mehr – die Oberflächenrauheit nimmt durch Werkstoffablagerungen an den Wirkelementen stark zu [91]. Bei Verwendung von PKD-bestückten Werkzeugen sind Bohrungen mit hoher, gleichmäßiger Oberflächenqualität hingegen durch den kombinierten Einsatz von außen zugeführtem Minimalmengenkühlschmierstoff und innen zugeführter Druckluft ($p = 5$ bar) zu erzielen. Dieses führt zu dem Schluß, daß einerseits die zugeführte Schmierstoffmenge ausreichend ist, um die adhäsionsbedingten Ablagerungen an den Führungselementen zu vermeiden, andererseits aber eine zusätzliche Unterstützung der Spanabfuhr durch Druckluft benötigt wird.

Dennoch weist die äußere Minimalmengenkühlschmierung kombiniert mit innen zugeführter Druckluft als Bearbeitungskonzept Nachteile auf. Einerseits ist zum Erzielen guter Bearbeitungsergebnisse ein relativ hoher Durchsatz von Minimalmengenschmierstoff erforderlich (40 ml/h), andererseits ergeben sich häufig Probleme bei der Positionierung der MMKS-Düse, da eine annähernd parallele Ausrichtung zur Reibahlenachse notwendig ist. Eine bessere Versorgung der Wirkstelle ist mit der inneren Zufuhr des Minimalmengenkühlschmierstoffes möglich. Aus der Versorgung der Wirkstelle mit Kühlschmierstoff über die gesamte Bohrungstiefe resultiert ein besseres Bearbeitungsergebnis und eine höhere Reproduzierbarkeit. Die Verbrauchsmengen des Schmierstoffes liegen dann bei 4–10 ml/h [90].

Einsatz modifizierter Werkzeuge

Beim Einsatz der Standardwerkzeuge wurde festgestellt, daß der Größe, Form und Richtung der Kühlkanalaustritte aus dem Werkzeuggrundkörper in bezug auf die Effizienz der Versorgung der Wirkelemente mit Kühlschmierstoff (KSS) eine besondere Bedeutung zukommt, da es sich bei diesem Medium um ein zweiphasiges, kompressibles Gemisch handelt. Expansionen durch Querschnittserweiterungen der Kühlkanäle führen dann zur Verringerung der Strömungsgeschwindigkeit, und es kommt zum Entmischen des Aerosols. Gleiches gilt für starke Umlenkungen der Strömung – Richtungsänderungen sollten einen Winkel von 30° nicht überschreiten. Aussagen zur strömungstechnischen Werkzeuggestaltung gelten in gleicher Weise für alle übrigen durchströmten Maschinenteile (Drehdurchführung, Spindel, Werkzeugaufnahme, etc.; s. Kap. 5).

Die Erkenntnisse der Untersuchung von Standardwerkzeugen sind in strömungstechnisch optimierte, PKD-bestückte Werkzeug eingeflossen Abb. 4.48. Von besonderer Bedeutung bei der Optimierung dieser Werkzeuge war, die Lage, Richtung und Durchmesser der KSS-Austrittsbohrung der Minimalmengenkühlschmierung anzupassen. Die Ergebnisse, die mit MMKS in bezug auf die gemittelte Rauhtiefe R_z mit einem modifizierten Einschneiden-Werkzeug erzielt werden können, sind in Abb. 4.49 dargestellt.

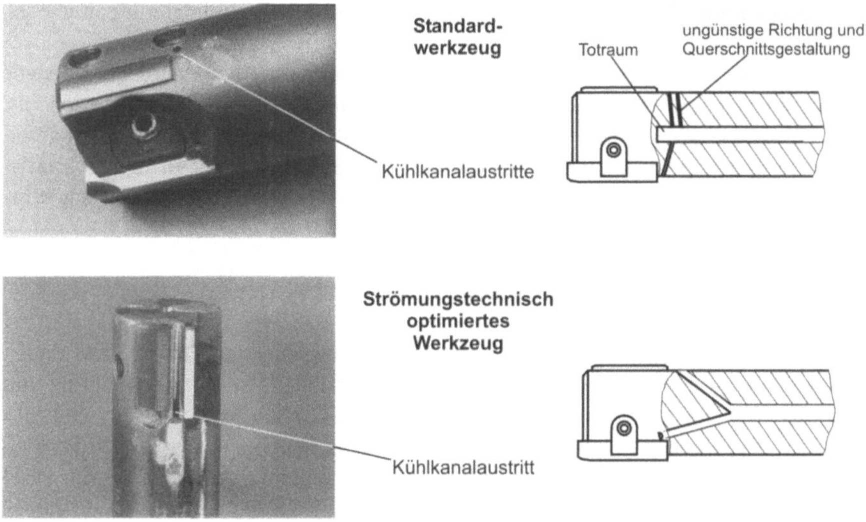

Abb. 4.48. Strömungstechnisch optimierte Einschneiden-Reibahle

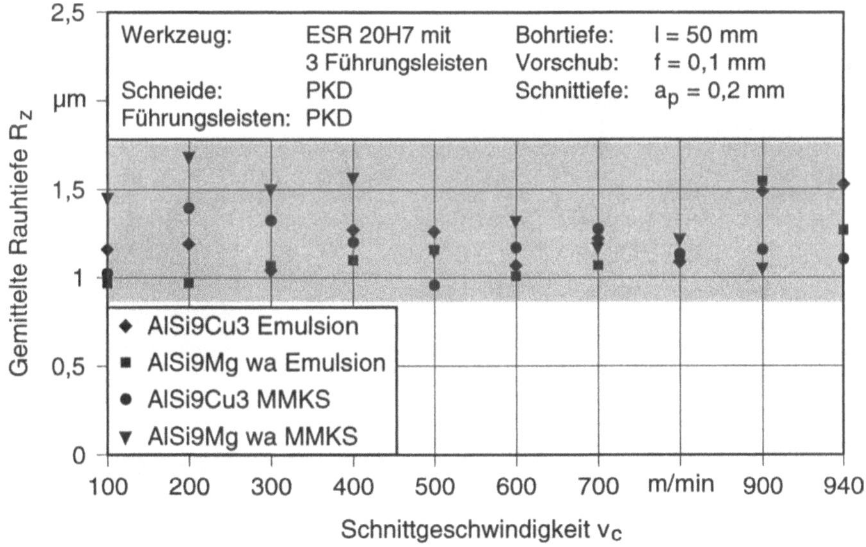

Abb. 4.49. Gemittelte Rauhtiefe R_z in Abhängigkeit von der Schnittgeschwindigkeit v_c

Die so modifizierten Werkzeuge konnten bis zur maximalen Spindeldrehzahl von 15 000 min^{-1} (entspricht $v_c = 940$ m/min) eingesetzt werden. Abb. 4.49 gibt die dabei entstehende Oberflächenrauhigkeit sowohl für den Einsatz von Emulsion als auch mit MMKS für zwei verschiedene Aluminium-Gußlegierungen wieder [93].

Unabhängig vom bearbeiteten Werkstoff und vom angewendeten KSS-Konzept befinden sich die Werte für die gemittelte Rauhtiefe R_z in einem Bereich um 1,3 µm, wobei die Werte nur gering streuen. Es ist ersichtlich, daß mit angepaßten Werkzeugkonzepten auch mit Minimalmengenkühlschmierung in einem großen Schnittgeschwindigkeitsbereich Bohrungen hoher Qualität gefertigt werden können [94].

Einsatz PKD-bestückter Mehrschneiden-Reibahlen

Das Einsatzverhalten von Standard-Mehrschneidenreibahlen (MSR), bei denen Schneiden und Nebenschneiden aus Hartmetall bestehen, ist nur unter Einsatz von Emulsion zufriedenstellend. Bei MMKS kommt es schon nach wenigen Bohrungen zu starken Materialablagerungen an den Wirkelementen, was die Bohrungsqualität beeinträchtigt. Auch Standard-Mehrschneidenreibahlen, die mit PKD bestückt sind, erreichten bisher bei Einsatz von MMKS nicht die Leistungsfähigkeit von PKD-bestückten Einschneiden-Reibahlen. Bei PKD-MSR kam es, ähnlich wie bei Standard-ESR, zum Niederschlagen des MMKS-Mediums in Toträumen des Werkzeuges. Aber auch bei Mehrschneiden-Reibahlen kann durch strömungstechnische Optimierungen (Abb. 4.50) das Einsatzverhalten der Werkzeuge deutlich gesteigert werden (Abb. 4.51).

Auch hier sind mit modifizierten Werkzeugen unter MMKS bis zur maximalen Spindeldrehzahl von 15 000 min^{-1} (entspricht $v_c = 753$ m/min) sehr gute Bohrungskennwerte zu erzielen. Auffällig ist, daß diese Werte die unter Einsatz von Emulsion gefertigten z. T. noch übertreffen [65].

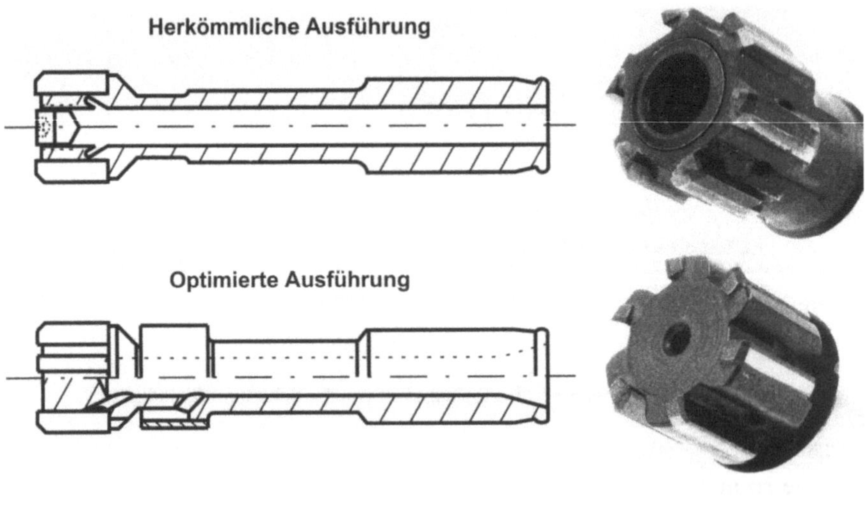

Abb. 4.50. Standard und optimierte Mehrschneiden-Reibahlen mit PKD-Bestückung (nach DIHART)

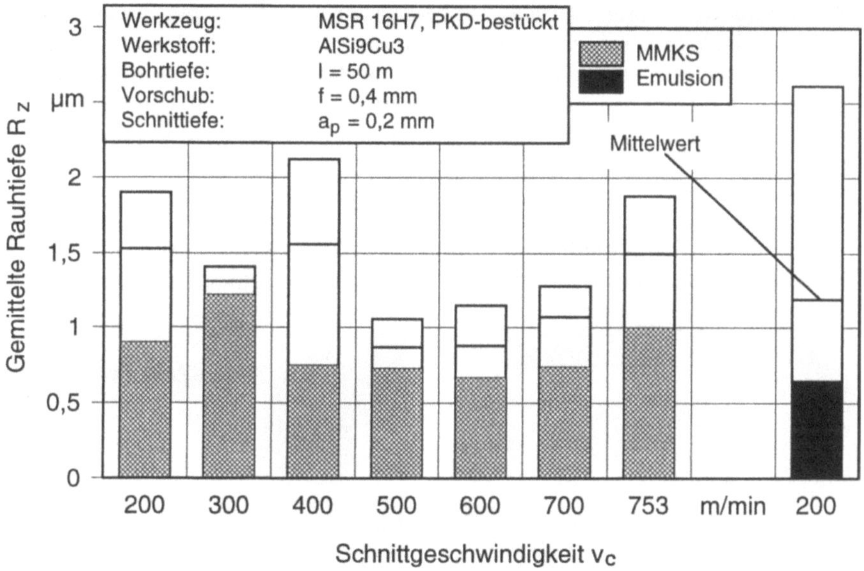

Abb. 4.51. Gemittelte Rauhtiefe in Abhängigkeit von der Schnittgeschwindigkeit bei Einsatz modifizierter Mehrschneiden-Reibahlen

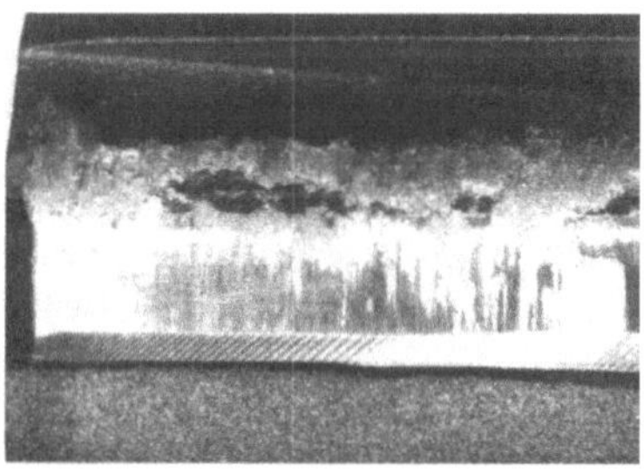

Abb. 4.52. Materialablagerungen auf Hartmetall-Standardführungsleisten

Modifizierung der Führungsleisten

Neben der Problematik der KSS-Zufuhr an die Wirkelemente hat sich bei den Untersuchungen mit hartmetallbestückten Standardwerkzeugen gezeigt, daß es im Seitenbereich der HM-Führungsleisten zu Materialaufrieb kommt, der das Bearbeitungsergebnis stark beeinträchtigt (Abb. 4.52).

Die Materialablagerungen entstehen durch mechanisches Verhaken des rauhen Seitenbereiches der Führungsleisten mit dem bearbeiteten Aluminiumwerkstoff.

Die Struktur des Führungsleistenseitenbereiches wurde durch den Fertigungsprozeß der Reibahlen vorgegeben. Die Weiterentwicklung der Produktionsvorgänge verbesserte die Makro- und Mikrogeometrie der Hartmetallführungsleisten dahingehend, daß auch beschichtete Hartmetallwerkzeuge mit modifizierten Führungsleisten erfolgreich mit Minimalmengenschmierung eingesetzt werden können (Abb. 4.53).

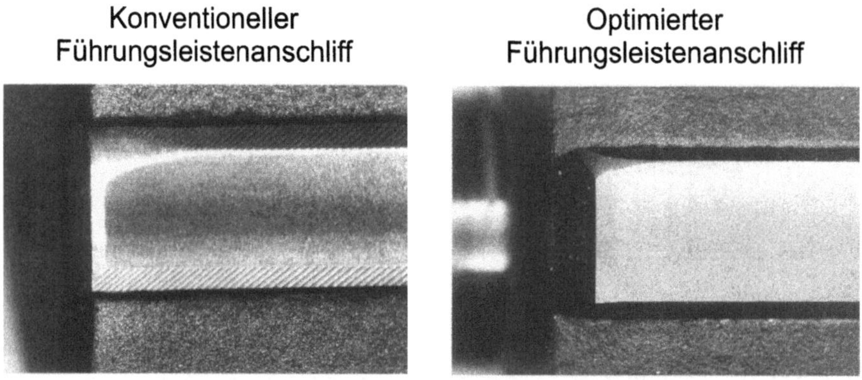

Abb. 4.53. Modifizierung des Führungsleistenanschliffs

Tabelle 4.6. Eigenschaften der eingesetzten Schichten (nach Herstellerangabe)

Schicht	Eigenschaft	Daten	
WC/C Wolframkarbid/ Kohlenstoff	amorphe Kohlenstoffschicht, gesputtert	Schichtdicke: Härte HV 0,05: Reibwert: Besch.-temp.:	1–4 µm 1000 0,2 < 250 °C
ta-C	tetragonale amorphe Kohlenstoffschicht, magnetrongesputtert (diamond like carbon)	Schichtdicke: E-Modul: Reibwert: Besch.-temp.:	≈ 0,5 µm 400 Gpa 0,15–0,2 150 °C
a-C:H	amorphe Kohlenstoffschicht (DLC = diamond like carbon)	Schichtdicke: Härte HV 0,05: Reibwert: Besch.-temp.:	1–10 µm 1000–6000 0,1–0,2 < 200 °C
TiAlN Titanaluminium -nitrid	PVD-Schicht, 2lagig	Schichtdicke: Härte HV 0,05: Reibwert: Besch.-temp.:	1–5 µm 3300 0,3 ≈ 450 °C

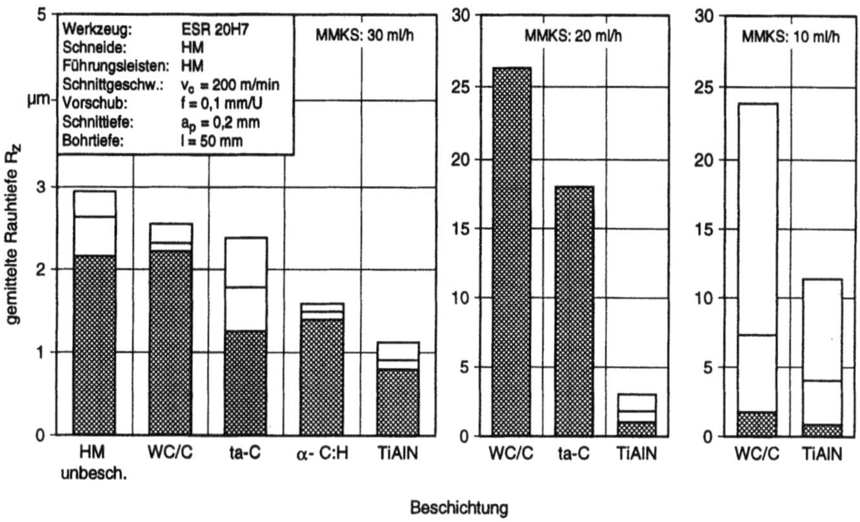

Abb. 4.54. Gemittelte Rauhtiefe R_z bei Einsatz modifizierter hartmetallbestückter Einschneiden-Reibahlen mit MMKS

Tabelle 4.6 gibt die Eigenschaften der Beschichtungen an, die auf optimierten HM-bestückten Einschneiden-Reibahlen eingesetzt wurden.

Das Einsatzverhalten der beschichteten HM-Werkzeuge gibt Abb. 4.54 für unterschiedliche MMKS-Dosierungen wieder. Bei einer Dosierung von 30 ml/h werden mit allen Werkzeugen gute bis sehr gute Bohrungskennwerte erzielt. Von besonderer Bedeutung ist in diesem Zusammenhang, daß auch modifizierte unbeschichtete Werkzeuge noch R_z-Werte unter 3 µm fertigen. Bei einer Reduzierung der MMKS-Dosierung auf 20 ml/h sind nur noch Bohrungskennwerte, die mit TiAlN-beschichteten Werkzeugen gefertigt wurden, akzeptabel. Bei Senkung der KSS-Zufuhr auf 10 ml/h ist der Durchschnitt aller mit hartmetallbestückten Werkzeugen gefertigter Bohrungen nicht mehr akzeptabel. Einzelne Bohrungen, besonders zu Beginn der Versuchsreihe, ergaben jedoch mit dem TiAlN-beschichteten Werkzeug auch hier noch gemittelte Rauhtiefen von ca. 2 µm. Insgesamt ist das Einsatzverhalten der modifizierten Werkzeuge sehr vielversprechend und läßt erwarten, daß durch weitere Entwicklungen in der Beschichtungstechnologie das Einsatzverhalten weiter verbessert werden kann.

4.4.4 Magnesiumbearbeitung

Bei der Magnesiumbearbeitung kamen wie bei der Aluminiumbearbeitung strömungstechnisch optimierte Einschneiden-Reibahlen mit PKD-Führungsleisten zum Einsatz. Aufgrund der guten Zerspanbarkeit von Magnesium wurden Versuche mit Schnittgeschwindigkeiten bis zu v_c = 1.100 m/min (entspricht der max.

Spindeldrehzahl von n = 24.000 min⁻¹) bei Verwendung von Öl und MMKS bei einem Vorschub von bis zu f = 0,3 mm durchgeführt (Abb. 4.55). Bei vergleichenden Untersuchungen unter Verwendung von Emulsion wurde eine Maschine mit einer Spindeldrehzahl von n = 15.000 min^{-1} eingesetzt.

Abb. 4.55 zeigt die Durchmesserabweichung und die gemittelte Rauhtiefe in Abhängigkeit von der Schnittgeschwindigkeit. Die Bohrungsdurchmesser liegen unabhängig vom KSS-Konzept innerhalb des Toleranzfeldes. Mit steigender Schnittgeschwindigkeit ändert sich der Bohrungsdurchmesser nur unwesentlich. Unter Verwendung von Öl als Kühlschmierstoff sind die Bohrungen insgesamt etwas größer, was auf ein größer eingestelltes Werkzeug zurückgeführt werden kann.

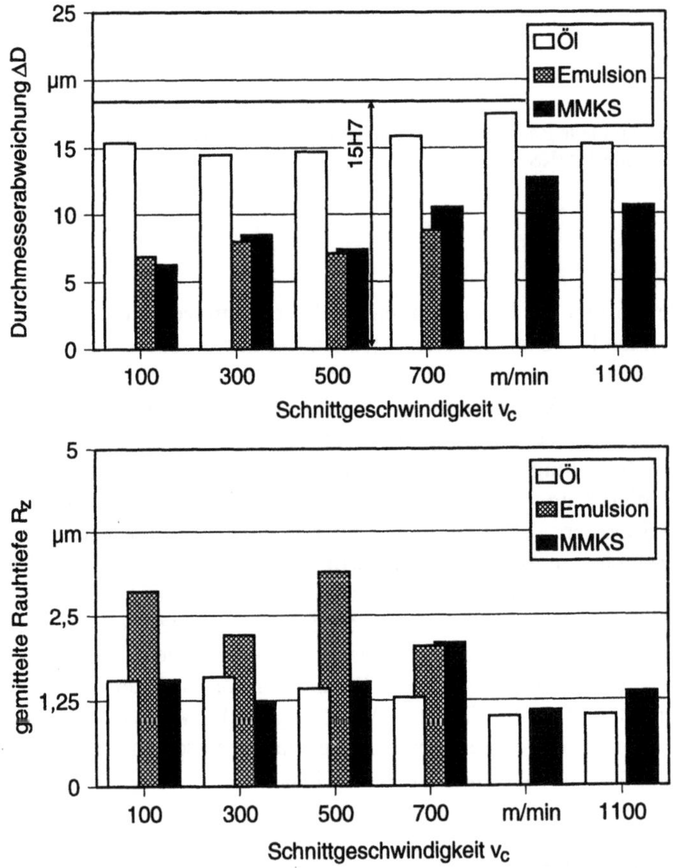

Werkzeug:	Einschneiden-Reibahle 15H7	Vorschub:	f = 0,3 mm
		Schnittiefe:	a_p = 0,25 mm
Schneidstoff:	PKD	Bohrungstiefe:	l = 40 mm
Fl.-Werkstoff:	PKD		

Abb. 4.55. Gemittelte Rauhtiefe und Bohrungsdurchmesser beim Reiben von AZ91HP

Die gemittelte Rauhtiefe verringert sich bei Einsatz von Öl mit steigender Schnittgeschwindigkeit. Bei Einsatz von MMKS werden in etwa gleiche Werte, aber mit einer geringfügig größeren Streuung, erzielt. Im Vergleich mit Emulsion als Kühlschmierstoff ergeben sich bei Einsatz von MMKS deutlich bessere gemittelte Rauhtiefen. Wie aus den Ergebnissen ersichtlich ist, hat die Steigerung der Schnittgeschwindigkeit unabhängig vom KSS-Konzept keinen signifikanten Einfluß auf die Bohrungsqualität. Eine weitere Steigerung der Schnittgeschwindigkeit wird durch den Werkzeugdurchmesser sowie die maximale Spindeldrehzahl begrenzt. Auch die Steigerung des Vorschubes von f = 0,1 auf 0,3 mm (nicht dargestellt) wirkt sich nicht negativ auf die Bohrungsqualität aus.

Wie auch bei der Bearbeitung von Aluminiumlegierungen mit MMKS muß eine ausreichende und umfassende Schmierung der Wirkelemente vor allem bei hohen Schnittgeschwindigkeiten gewährleistet werden, da es ansonsten zu erheblichen Materialablagerungen am Werkzeug kommt (Abb. 4.56). Bei einer ausreichenden und umfassenden Versorgung der Wirkelemente kann die Magnesiumlegierung AZ91HP unter Verwendung von MMKS mit sehr hohen Schnittgeschwindigkeiten bei hohen Vorschüben prozeßsicher bearbeitet werden.

Zusammenfassend kann für das Reiben von Aluminium, Magnesium und Stahl festgetellt werden, daß mit angepaßten Werkzeugen im Vergleich zum Emulsionseinsatz ähnlich gute Bohrungsqualitäten möglich sind. Durch die Schlüsselfunktion zur Reduzierung der umlaufenden KSS-Menge, die das Reiben in vielen Prozeßketten darstellt, ist somit eine wichtige Voraussetzung für die Realisierung einer trockenen Komplettbearbeitung geschaffen.

Abb. 4.56. Materialablagerungen an einer Einschneiden-Reibahle bei der Magnesiumbearbeitung

4.5 Gewindeherstellung

Zur Herstellung von Gewinden kommen verschiedene Fertigungsverfahren zum Einsatz. Abb. 4.57 gibt einen Überblick über die verschiedenen Möglichkeiten. Im Bereich der spanenden Innengewindefertigung werden hauptsächlich das Gewindebohren und zunehmend verstärkt das Gewindefräsen eingesetzt [51]. Daher wird im folgenden auf diese Verfahren näher eingegangen.

Nach DIN 8589 Teil 2 [18] ist Gewindebohren „... Schraubbohren mit einem Gewindebohrer zur Erzeugung eines Innengewindes ...". Es handelt sich dabei um ein spanendes Verfahren im kontinuierlichen Schnitt. Der Materialabtrag erfolgt bei den mehrschneidigen Mehrnutenwerkzeugen durch ein stufenförmiges Aufeinanderfolgen der Schneiden. Daher wird Gewindebohren auch als rotatorisches Räumverfahren bezeichnet. Entscheidend für den Spantransport ist die Nutenrichtung der Werkzeuge, wobei zu beachten ist, daß hier pro Spannut mehrere Späne abgeführt werden müssen [51, 78].

Das Gewindebohren erfolgt im Vergleich zu anderen spanenden Fertigungsverfahren mit relativ niedrigen Schnittgeschwindigkeiten. Höhere Schnittgeschwindigkeiten beim Gewindebohren scheitern häufig an folgenden Hemmnissen [80]:

- Angst vor Werkzeugbruch,
- fehlende Synchronität der Spindelrotation und des Werkzeugvorschubes beim Anlaufen, Abbremsen und Umschalten,
- vermeintlich erhöhter Werkzeugverschleiß und damit verbundener Standzeitsenkung,
- verändertes Spanverhalten und daraus resultierender Spänestau bei tiefen Bohrungen,
- unzureichende KSS-Zufuhr.

Wie bei allen Bohrungsbearbeitungen muß auch hier dem Spantransport eine besondere Beachtung zukommen, da die entgegen der Vorschubrichtung austretenden Späne und die erschwerte KSS-Zufuhr das Klemmen der Späne zwischen Werkzeug und Werkstück begünstigen. Auch dürfen sich nach Beendigung der Fertigung keine Späne mehr in den Gewindegängen befinden, da sonst die Funktionalität des Gewindes nicht gewährleistet ist.

Die Auslegung der Schneidengeometrie bestimmt das Zerspanverhalten der Gewindebohrer. Sie trägt entscheidend zur Spanbildung, zum Spanablauf und zum Entstehen der Bearbeitungskräfte bei. Die Spanform und der Spanablauf werden durch Spanwinkel und Nutenform sowie bei Grundloch-Gewindebohrern durch die Drallsteigung der Spannuten bestimmt. Die Anschnittlänge beeinflußt in erster Linie den Verschleiß der Schneiden und die Oberflächenqualität. Der Freiwinkel im Gewindeprofil bestimmt die Gleitflächengröße und ist somit mitbestimmender Faktor für die Adhäsionskräfte und tribochemischen Reaktionen [52].

Untersuchungen über den Schneidentemperaturverlauf beim Gewindebohren mit unterschiedlichen Schnittgeschwindigkeiten (maximale Schnittgeschwindigkeit v_c = 30 m/min) in verschiedenen Werkstoffen zeigen, daß die maximal auftretende Temperatur unter 100°C liegt. Dabei ist der Gewindebohrer vor der Bearbeitung mit Öl benetzt worden. Die auftretenden Temperaturen stellen somit keine Gefährdung des Gewindebohrers bezüglich seiner Warmhärte dar und sprechen nicht gegen eine Steigerung der Schnittgeschwindigkeit [8].

Eine Steigerung der Schnittgeschwindigkeit wird maßgeblich durch die Dynamik der Werkzeugmaschine begrenzt, da die Spindel bei Erreichen des Umkehrpunktes reversieren muß, um den Gewindebohrer aus dem Gewinde zu schrauben.

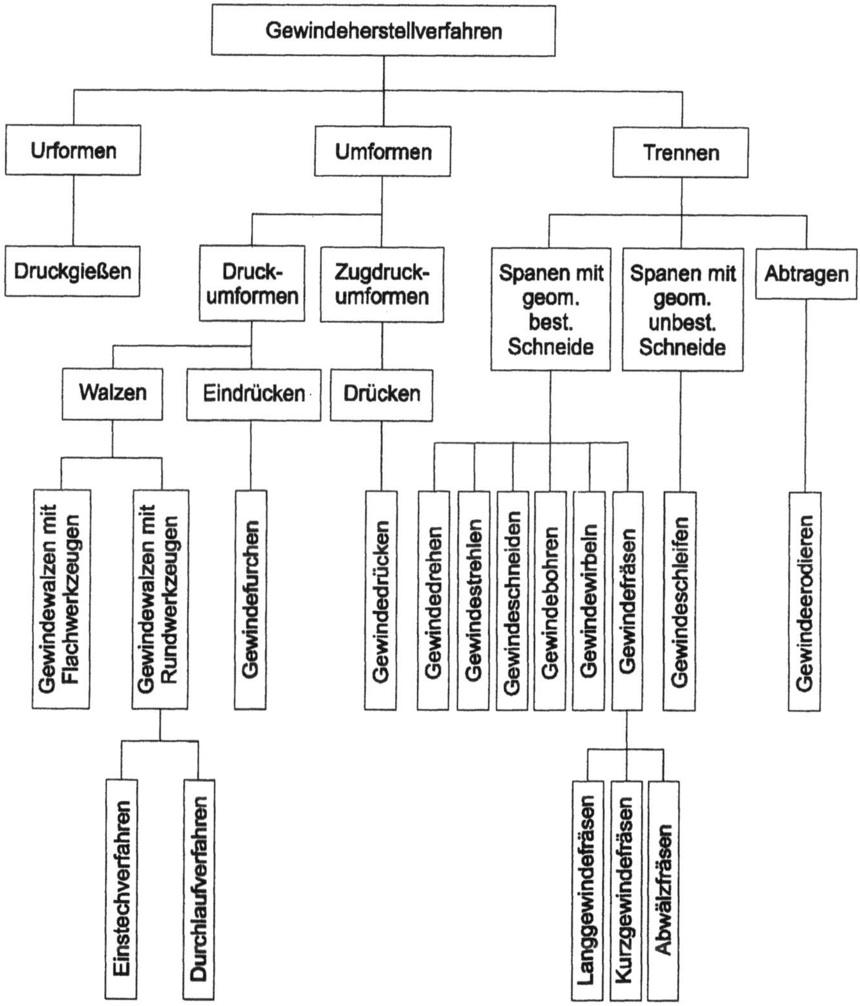

Abb. 4.57. Systematik der Gewindefertigung [78]

Gewindefräsen ist ein spanendes Fertigungsverfahren mit mehrschneidigem, rotierendem Werkzeug. Zwischen der translatorischen und rotatorischen Vorschubbewegung des Werkzeuges besteht ein kinematischer Zwangsablauf. Unterschieden wird grundsätzlich zwischen Kurz- und Langgewindefräsen [78]. Der Materialabtrag erfolgt durch einen räumlichen Kommaspan [51]. Auch bei langspanenden Werkstoffen entstehen kurze Späne, dabei ist hinsichtlich der Oberflächengüte das Gewindefräsen dem Gewindebohren deutlich überlegen [86].

Nach DIN 8589 Teil 3 [19] ist Kurzgewindefräsen „... Schraubfräsen von Gewinde mit einem mehrprofiligem Gewindefräser, dessen Achse zur Werkstückachse parallel liegt und dessen Vorschub der Gewindesteigung entspricht ...“. Kurzgewindefräser haben auf ihrer gesamten Breite nebeneinander liegende Profile ohne Steigung, wobei der Abstand der einzelnen Profile der Steigung entspricht. Die einzelnen Zähne am Umfang des Fräsers sind hinterschliffen. Mit einem Werkzeug können Gewinde gleicher Steigung und unterschiedlicher Durchmesser gefertigt werden. Die Fräserlänge muß mindestens um den Betrag der Steigung größer sein als die zu fertigende Gewindelänge. Das Gewinde ist nach 1,1 bis 1,3 Werkstückumdrehungen auf der gesamten Gewindelänge fertig [25, 78].

Nach DIN 8589 Teil 3 [19] ist Langgewindefräsen „... Schraubfräsen von Gewinde mit einem einprofiligen Gewindefräser, dessen Achse in Richtung der Gewindesteigung geneigt ist und dessen Vorschub der Gewindesteigung entspricht ...“. Beim Langgewindefräsen werden als Werkzeuge scheibenförmige, hinterdrehte oder hinterschliffene Profilfräser verwendet. Die Gewindelänge am Werkstück ist unabhängig von der Fräserbreite, so daß sehr lange Gewinde erzeugt werden können. Entsprechend der Gewindesteigung muß die Fräserachse zur Werkstückachse gedreht werden. Bei Innengewinden wird durch diese Schrägstellung die Länge des zu fertigenden Gewindes begrenzt [25, 78].

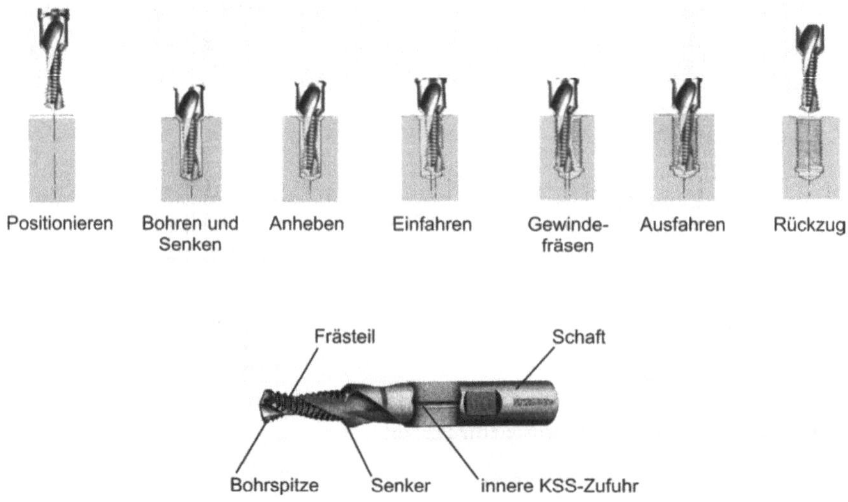

Abb. 4.58. Arbeitsschritte beim Herstellen eines Gewindes durch Bohrgewindefräsen [nach 32]

Das Bohrgewindefräsen führt die Fertigungsverfahren Bohren, Senken und Kurzgewindefräsen mit einem einzigen Kombinationswerkzeug aus. Abb. 4.58 zeigt einen zweischneidigen Bohrgewindefräser, der aus Schaft, Senker, Frästeil und Bohrspitze besteht und mit einer inneren KSS-Zufuhr versehen ist. Die Gestalt der Bohrspitze entspricht der eines konventionellen Wendelbohrers. Beim Übergang von der Bohrspitze zum Frästeil verjüngt sich das Werkzeug und vermeidet so beim Bohren einen Kontakt der Fräserzähne mit der Bohrungswand. Bei der Fertigung von Sacklochgewinden wird am Gewindegrund mit der Bohrspitze ein Freistich erzeugt. Der Abstand der Fräserzähne entspricht der zu fertigenden Gewindesteigung. Mit einem Werkzeug lassen sich damit Gewinde gleicher Steigung in Durchgangs- und Sacklöcher unterschiedlicher Durchmesser fräsen. Die Gewindetiefe wird von der Länge des Frästeils beschränkt. Die Verfahrensschritte zu Herstellung eines Gewindes sind in Abb. 4.58 oben dargestellt. Nacheinander werden das Kernloch gebohrt, angesenkt und das Gewinde gefräst. Bei der Herstellung des Gewindes bewegt sich der Fräser auf einer Schraubenlinie um den Bohrungsmittelpunkt, wobei in axialer Richtung um den Betrag der Steigung verfahren wird. Nach einer Umdrehung um die Bohrungsachse ist das Gewinde fertiggestellt. Die Drehrichtung des Fräsers und die Richtung der Bahnbewegung bestimmen, ob im Gleichlauf oder Gegenlauf gefräst wird. Die Drehzahl und der Bahnvorschub des Bohrgewindefräsers sind unabhängig voneinander. Das Bohrgewindefräsen ist nur auf CNC-Maschinen mit einer 3D-Bahnsteuerung einsetzbar. Ein wesentlicher Vorteil neben den fehlenden Werkzeugwechseln ist, daß die Arbeitsspindel nicht aus hohen Drehzahlen abgebremst und reversiert werden muß, wie dies beim Gewindebohren wegen der notwendigen Drehrichtungsumkehr beim Zurückdrehen des Werkzeuges aus der Gewindebohrung erforderlich ist.

4.5.1 Kühlschmierstoffeinsatz

Bei einer Grundloch-Innengewindefertigung mittels Gewindebohren in einem Einsatzstahl (16MnCr5) und einer 5 %-Emulsion mit einer Zuführung von außen haben Untersuchungen die Anwendung von Schnittgeschwindigkeiten von bis zu 100 m/min zugelassen. Dabei hängt die wirtschaftlichste Schnittgeschwindigkeit von der Werkzeugbeschichtung ab. Bei TiN- und TiCN-Beschichtungen liegt diese bei 40 m/min, bei (Ti,Al)N-beschichteten Gewindebohrern nur bei höheren Schnittgeschwindigkeiten (> 70 m/min). Ursache hierfür ist das durch die Beschichtung veränderte Spanbildungsverhalten. Eine Trockenbearbeitung zeigt bei Anwendung von reinen Hartstoffbeschichtungen im Vergleich zur Naßbearbeitung keine zufriedenstellenden Ergebnisse. Der Einsatz einer Minimalmengenkühlschmierstofftechnik brachte hier eine deutliche Verbesserung. Eine andere Möglichkeit zur Verminderung der Reibung ist die Aufbringung einer Festschmierstoff-Beschichtung auf MoS_2-Basis direkt auf das Werkzeug. TiAlN/MoS_2-beschichtete Werkzeuge ergaben bei Schnittgeschwindigkeiten von 100 m/min ein lehrenhaltiges Schneidverhalten, ähnlich der reinen TiAlN-Beschichtung bei der Naßbearbeitung. Das Verhalten bezüglich der Standzeiten lag bei Schnittgeschwindigkeiten von über 70 m/min über dem der rein hartstoffbeschichteten Werkzeuge [81].

4.5.2 Trockenbearbeitung

Prinzipiell treten beim Gewindebohren und beim Gewindefräsen die bereits in Kap. 4.2 bzw. Kap. 4.3 näher beschriebenen Problemfelder auf. Entsprechend sind analoge Lösungsansätze für die Trockenbearbeitung verfolgt worden. Jedoch sind hier besonders hohe Anforderungen bezüglich des Spantransportes und der erzielten Oberfächengüte zu berücksichtigen.

Zur Vermeidung von Aufbauscheiden, die zu einer Beeinträchtigung der Gewindequalität und zu Schneidenausbrüchen führen können, wird beim Gewindefräsen die Verwendung von Kühlschmierstoff empfohlen, der gleichzeitig die Schneidentemperatur mindert [86].

Mit beschichteten Hartmetall-Fräsern sind in Stahl, Guß und Titanlegierungen mittels Gewindefräsen trocken Standzeiten erzielbar, die mit den Ergebnissen bei einer Überflutungsschmierung mit Emulsion vergleichbar sind [27].

Grauguß

Das trockene Gewindebohren von Gußeisenwerkstoffen ist Stand der Technik und auch mit relativ hohen Schnittgeschwindigkeiten möglich. Voraussetzung hierfür ist allerdings der Einsatz geeigneter Werkzeuge [39, 51, 57, 58]. Zum Einsatz kommen dabei TiN- oder TiCN-beschichtete Gewindebohrer aus HSS-E und Hartmetall. Erzielt werden mindestens gleich gute, je nach Gußqualität auch deutlich bessere Ergebnisse als beim Gewindebohren mit Emulsion. Schwieriger ist das Gewindebohren in Sphäroguß, z. B. GGG-70. Aber auch dabei können mit TiCN-beschichteten Vollhartmetall-Gewindebohrern gute Ergebnisse erzielt werden [27]. Beim Gewindebohren in lamellarem Grauguß und Sphäroguß haben sich TiCN- und TiAlN-Beschichtungen als günstig erwiesen [52].

Stahl

Probleme beim trockenen Gewindebohren in Stahl-Werkstoffen bereiten Schichtablösungen, ungleichmäßige Standzeiten und höhere Drehmomente. Auch kann es zum Aufschweißen von Spanresten im Gewinde kommen. Die Ergebnisse beim trockenen Gewindebohren von Stahl streuen stark. Die Prozeßsicherheit ist hierbei nur bedingt gegeben. Dies führt dazu, daß beim Gewindebohren in Stahl-Werkstoffen auf dem Weg zu einer Trockenbearbeitung eine Minimalmengenkühlschmierung als wirtschaftliche Zwischenlösung angesehen wird [27, 81].

Ein weiteres Problem beim trockenen Gewindebohren ist, daß mit zunehmender Standzeit einzelne Gewinde nicht mehr lehrenhaltig sind. Ursache hierfür sind kleine Werkstoffpartikel, die ein Eindrehen des Lehrdorns verhindern. Diese Partikel sind ohne Hilfsmedium nur schwer aus dem Gewinde zu entfernen.

Als günstig haben sich beim Gewindebohren in Stahlwerkstoffen TiN-Beschichtungen, bei Durchgangsgewinden auch TiCN-Beschichtungen erwiesen. Bei Durchgangsbohrungen in C45 werden trocken Schnittgeschwindigkeiten bis zu 50 m/min realisiert [52].

Aluminium

Das Gewindebohren von Aluminiumlegierungen ist trocken nicht möglich. Hier treten werkstoffbedingt ähnliche Probleme auf, wie sie in Kap. 4.3 bereits näher beschrieben worden sind. Da bei der Aluminiumbearbeitung vor allem Quetsch-, Reib- und Adhäsionsvorgänge das Bearbeitungsergebnis bestimmen, führt eine reine Trockenbearbeitung zu völlig inakzeptablen Arbeitsergebnissen bzw. aufgrund von Verklebungen und zugesetzten Werkzeugen zu Werkzeugbruch [31, 57, 58]. Bereits nach wenigen Gewinden setzen sich die Flanken von Gewindebohrern zu und in der Folge werden sehr rauhe, nicht akzeptable Gewinde erzeugt. Auch eine Variation der Werkzeugparameter und Schnittbedingungen führt hierbei zu keiner wesentlichen Verbesserung.

4.5.3 Minimalmengenkühlschmierung

Durch den Einsatz einer Minimalmengenkühlschmierung können bei der Gewindeherstellung deutlich bessere Ergebnisse erzielt werden als bei einer Trockenbearbeitung. Die Prozeßsicherheit, die Qualität der gefertigten Gewinde sowie die Standzeiten der Werkzeuge lassen sich hiermit positiv beeinflussen. Durch den Einsatz einer MMKS lassen sich Materialverklebungen verhindern. Auch der Spantransport wird unterstützt und somit kann insgesamt eine höhere Prozeßsicherheit erreicht werden.

Stahl

Voraussetzung für das Gewindebohren in Stahl ist der Einsatz beschichteter Werkzeuge in Verbindung mit einer Minimalmengenkühlschmierung. Das Schichtsystem muß auf die besondere Aufgabe abgestimmt sein. Daneben ist eine weitere Leistungssteigerung mit einer entsprechenden Werkzeugoptimierung zu erreichen [41].

Beim Gewindebohren von Stahlwerkstoffen mit HSS-E Gewindebohrern treten gelegentlich Probleme bezüglich der Lehrenhaltigkeit der Gewinde auf. Hervorgerufen werden diese durch Materialablagerungen an den Werkzeugen. Solche Schwierigkeiten lassen sich durch eine entsprechende Gestaltoptimierung vermindern. Auch hier erweist sich der Einsatz einer Minimalmengenkühlschmierung als vorteilhaft. Die Prozeßsicherheit läßt sich hierdurch positiv beeinflussen. Gewindebohrer aus pulvermetallurgisch hergestelltem Schnellstahl mit TiCN-Beschichtung haben sich besonders bei Stählen höherer Festigkeit und mit höherem Gehalt an Legierungselementen bewährt [57, 58].

Aluminium und Magnesium

Beim Einsatz einer MMKS lassen sich auch beim Gewindebohren in Aluminium hohe Standzeiten bei hohen Schnittgeschwindigkeiten erreichen [31, 57, 58]. Materialverklebungen, die beim trockenen Gewindebohren auftreten, werden hierbei verhindert und es können saubere, lehrenhaltige Gewinde gefertigt werden. Wichtig ist hierbei die Auswahl des KSS und des Werkzeuges. Eine erhebliche Leistungssteigerung erbringt beim Gewindebohren in Aluminium auch das Aufbringen einer MoS_2-Schicht auf das Werkzeug [13, 39].

In Abb. 4.59 wird der Vorteil des Bohrgewindefräsens gegenüber einer herkömmlichen Gewindeherstellung mittels Gewindebohren deutlich. Aufgrund der fehlenden Werkzeugwechsel-, Beschleunigungs- sowie Abbremszeiten der Spindel sinkt die Bearbeitungszeit zur Herstellung eines Gewindes, und der Nutzungsgrad steigt entsprechend an. Untersuchungen zum Bohrgewindefräsen in AZ91HP haben ergeben, daß die mechanische Belastung des Werkzeuges bei einer MMKS vergleichbar mit der Belastung bei einer Überflutungsschmierung mit Emulsion ist. Eine reine Trockenbearbeitung ohne Druckluftunterstützung führte aufgrund der fehlenden Unterstützung des Spantransportes zu Spanklemmern, die einen Werkzeugbruch zur Folge hatten.

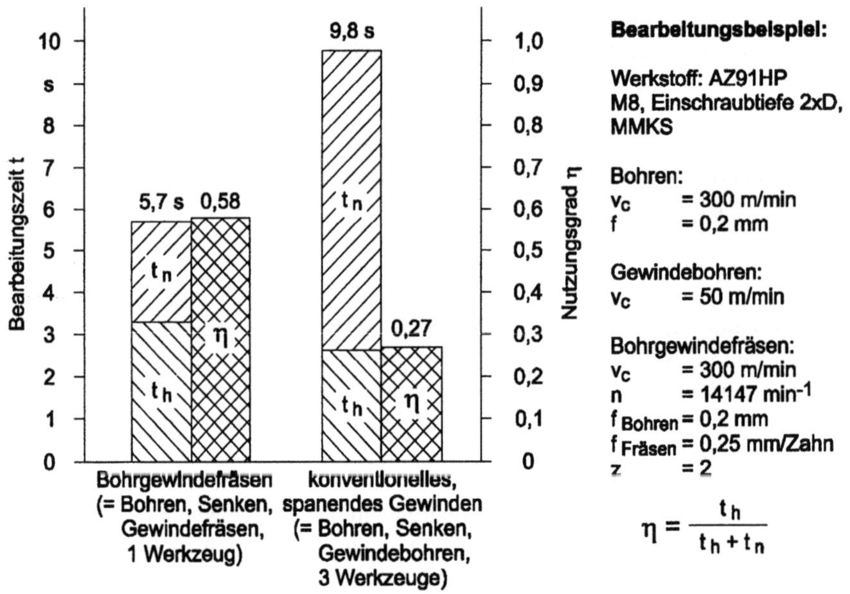

Abb. 4.59. Vergleich der Bearbeitungszeit und des Nutzungsgrades bei der Herstellung eines Gewindes

4.6 Tiefbohren

Tiefbohrverfahren im Sinne der VDI-Richtlinie 3210 [85] sind spanende Bearbeitungsverfahren für Bohrungen, deren Durchmesser zwischen 1 und 1.000 mm betragen können und deren Bohrungstiefen i. Allg. größer als das Dreifache des Durchmessers sind. Bei kleinen Bohrungsdurchmessern können Längen-zu-Durchmesser-Verhältnisse von bis zu 100, in Ausnahmefällen sogar bis zu 250 erreicht werden, während bei großen Durchmessern das erreichbare Bohrtiefenverhältnis i. d. R. durch den Verfahrweg der Maschine bzw. deren Bettlänge begrenzt wird.

Die Tiefbohrverfahren übertreffen den Anwendungsbereich von Wendelbohrern außer in den Bohrungsabmessungen auch hinsichtlich der erzielbaren Durchmessertoleranzen, Oberflächengüten, Rundheiten und Mittenverläufe. Vorteil beim Einsatz von Tiefbohrverfahren ist die stetige Spanabfuhr ohne Ausspanhübe. Wegen der hohen Bohrungsgüte werden die Verfahren zunehmend aber auch für kleine Bohrungstiefen mit l/D > 1 interessant.

Das älteste der drei Tiefbohrverfahren ist das Einlippenbohrverfahren [84], bei dem der Kühlschmierstoff durch eine innere Bohrung im Werkzeug unter Druck zur Werkzeugschneide geführt wird und die Spanabfuhr durch eine i. d. R. V-förmige Längsnut des Schaftes erfolgt (Abb. 4.60). Kühlschmierstoff und Späne strömen so durch die Bohrbuchse in den Bohrbuchsenträger. Die Führung des Werkzeuges erfolgt beim Anbohren mit Hilfe einer Bohrbuchse, danach durch Dreipunktanlage und Selbstführung in der Bohrung durch die Führungsleisten und die Rundschliffase. Das Tiefbohren mit Einlippenbohrern wird vorzugsweise im Durchmesserbereich von 1–40 mm angewendet.

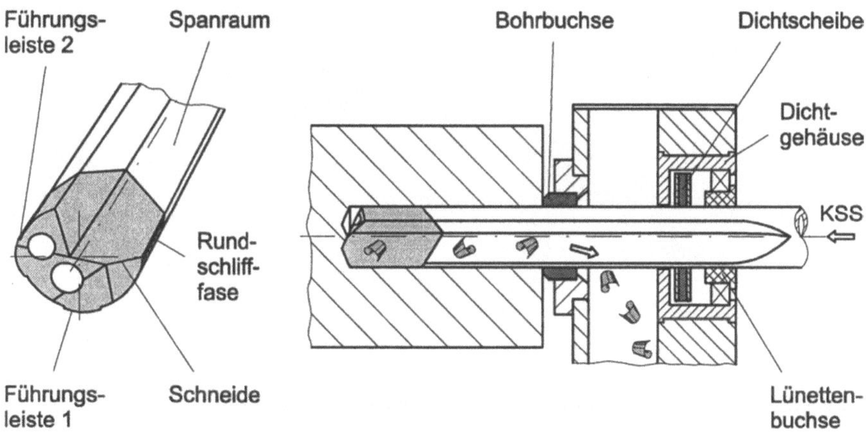

Abb. 4.60. Tiefbohren mit Einlippenbohrern – Werkzeug und Verfahren

Im Maschinenbau stellen vorzugsweise Bauteile aus dem Motoren- und Getriebebau, beispielsweise Nocken-, Kurbel- und Getriebewellen, Pleuelstangen, Zylinderköpfe und Kurbelgehäuse typische Anwendungsgebiete für dieses Tiefbohrverfahren dar. Durch den Einsatz von Hartmetall als Schneidstoff können bei idealen Bedingungen hinsichtlich Kühlung, Schmierung und kontinuierlicher Spanabfuhr neben ausgesprochen guten Bohrungsqualitäten sehr hohe Zerspanleistungen erreicht werden. Besonders erwähnt sei, daß aufgrund der Selbstführung des Bohrers ein geringer Bohrungsmittenverlauf vorliegt, woraus die hohe Fluchtgenauigkeit resultiert.

4.6.1 Kühlschmierstoffeinsatz

Beim Einsatz von Tiefbohrverfahren befinden sich oft mehrere tausend Liter Kühlschmierstoff im Umlauf, die aufgrund der notwendigen Volumenströme und Drucke erforderlich sind (Abb. 4.61). Die hohen Strömungsgeschwindigkeiten und Öldrucke setzen auch besondere Abdichtungsmaßnahmen voraus, die in dieser Weise bei anderen Fertigungsverfahren nicht notwendig sind. Die Kühlschmierstoffe übernehmen die Ableitung der Reibungs- und Verformungswärme, die Schmierung aller Reibungszonen zwischen Werkzeug und Werkstück und insbesondere den Abtransport der Späne aus der Bohrung. Zur Gewährleistung von Bohrungsgüte und Prozeßsicherheit werden besondere, hochadditivierte Tiefbohröle eingesetzt, die unter großem Aufwand umweltgerecht entsorgt werden müssen.

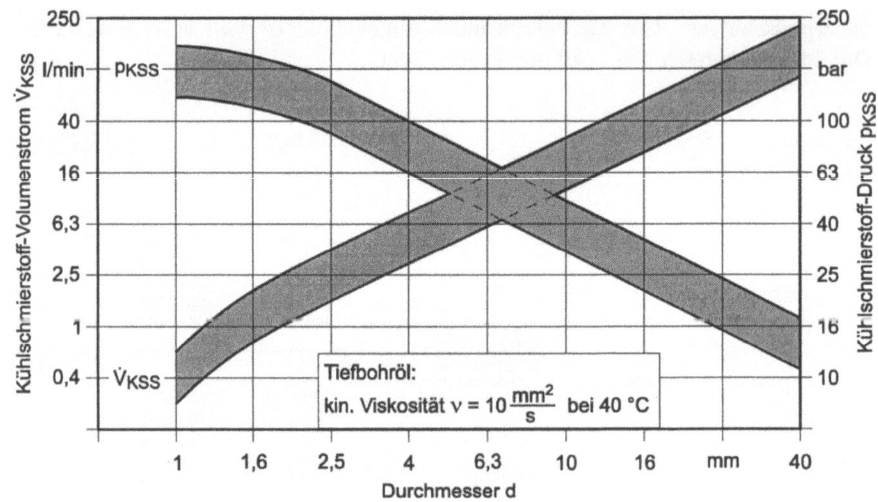

Abb. 4.61. KSS-Volumenstrom und -Druck beim Einlippenbohren [84]

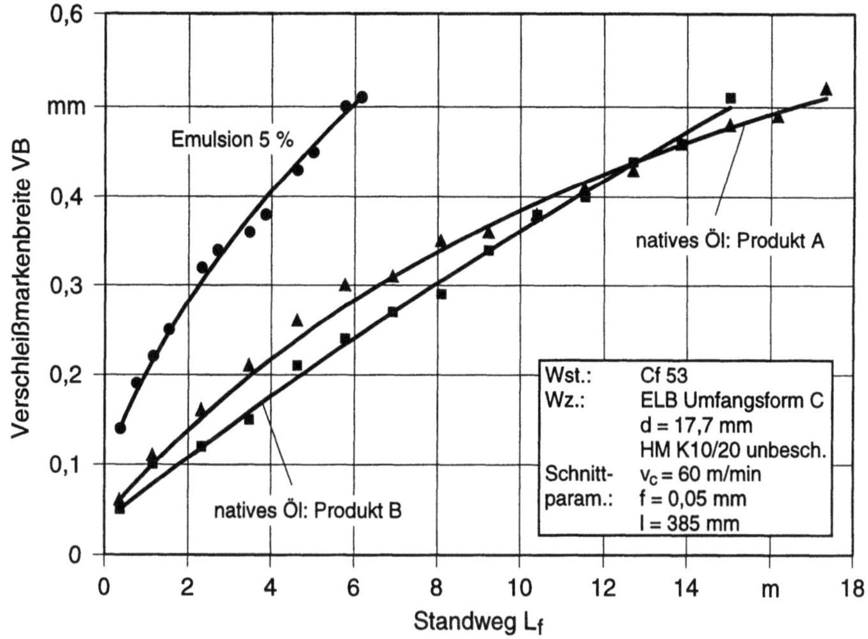

Abb. 4.62. Verschleißverhalten von Einlippenbohrern beim Einsatz von Öl oder Emulsion [4]

Abb. 4.62 zeigt, daß bei Einsatz von Emulsion aufgrund der geringeren Schmierwirkung bei gleichem Verschleißkriterium (VB = 0,5 mm) nur 30 bis 40 % des bei Einsatz von Öl erreichten Standweges erzielt werden. Die Aufgabe des Kühlschmierstoffes beim Einlippenbohren ist daher neben dem Spanabtransport aus der Bohrung insbesondere in der Schmierung der Wirkzonen – Schneide, Rundschliffase, Führungsleisten – zwischen Werkzeug und Bohrungswand zu sehen.

4.6.2 Trockenbearbeitung

Eine reine Trockenbearbeitung kann aufgrund des fehlenden Spantransportes beim Tiefbohren nicht realisiert werden. Für die Untersuchungen zur Trockenbearbeitung bzw. zur Minimalmengenkühlschmierung wurde eine Einlippentiefbohrmaschine mit einer Kompressoranlage ausgerüstet, um die Späne mittels Druckluft aus der Bohrung herauszutransportieren. Der Spanabtransport wird zusätzlich durch eine Absauganlage unterstützt, die auch für die Filterung der – ggf. mit Minimalmengenkühlschmierstoff geimpften – Druckluft sorgt. Für die Minimalmengenkühlschmierung wurde ein Einspritzöler installiert, der Tröpfchen eines Schmierstoffes in den Druckluftstrom abgibt. Der Umbau der Einlippentiefbohrmaschine für die Trockenbearbeitung bzw. Minimalmengenkühlschmierung ist in Kap. 5.6.2 ausführlicher beschrieben.

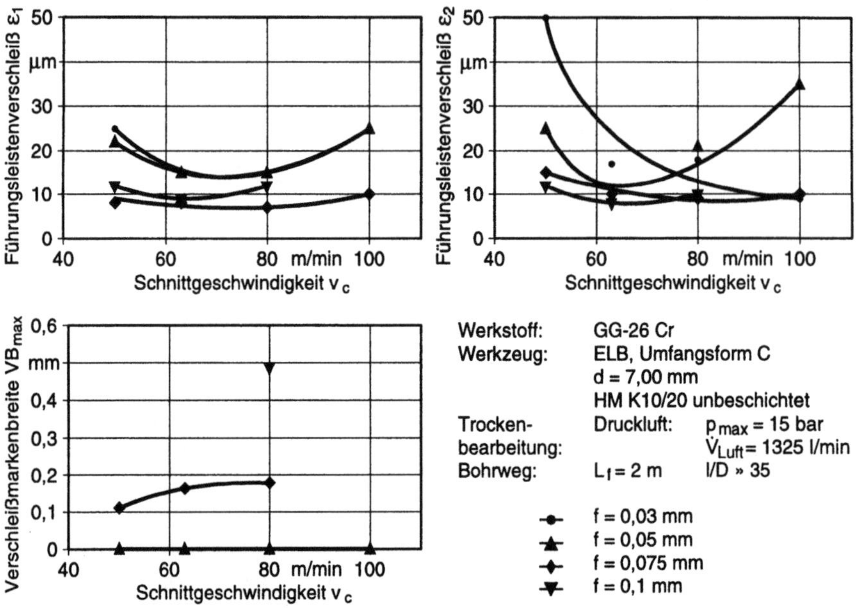

Abb. 4.63. Werkzeugverschleiß bei der Trockenbearbeitung von Grauguß [4]

Die Ergebnisse bei der Trockenbearbeitung zeigen, daß das Tiefbohren von Grauguß ohne flüssige Kühlschmierstoffe mit Druckluftunterstützung gut realisierbar ist. Während jedoch beim Einsatz der konventionellen Kühlschmierung nach einem Bohrweg von 2 m noch kein Verschleiß an den Führungsleisten gemessen werden konnte, zeigte sich bei der Trockenbearbeitung bereits ein deutlicher Verschleiß (Abb. 4.63). Es ergibt sich eine parabelförmige Abhängigkeit zwischen dem Führungsleistenverschleiß und der Schnittgeschwindigkeit, so daß sich bei Schnittgeschwindigkeiten zwischen 60 und 80 m/min ein Verschleißminimum einstellt. Dadurch ist die Bandbreite der für das Trockentiefbohren zu empfehlenden Bearbeitungsparameter eingeschränkt. Dies läßt auf zwei gegenläufige Mechanismen in Abhängigkeit von der Schnittgeschwindigkeit schließen.

Es ist bekannt, daß mit steigender Schnittgeschwindigkeit die Reibungswärme an den Wirkelementen zunimmt. Bei Temperaturen über ca. 400 °C tritt bei Grauguß ein Zerfall der im Gefüge vorhandenen Zementitphase ein: $Fe_3C \rightarrow 3\,Fe + C$. Das Volumen des freien Kohlenstoffes ist etwa dreimal so groß wie das Volumen des im Zementit gebundenen Kohlenstoffes. Beim Zerfall des Zementits vergrößert sich das Volumen der Gußteile, wodurch das Gefüge aufgelockert wird. In das Gefüge kann anschließend Sauerstoff längs der Oberfläche der Graphitlamellen eindiffundieren und verzundert bei Temperaturen oberhalb 550 °C die Eisen- und Siliziumphasen im Innern. Mit der Verzunderung ist eine Versprödung und eine weitere Volumenvergrößerung verbunden. Dieses sog. Wachsen ist für die Verringerung des Werkzeugverschleißes verantwortlich. Mit steigender Schnittgeschwindigkeit und damit steigender thermischer Belastung der Wirkelemente werden die Warmverschleißfestigkeitseigenschaften des Hartmetalls durch die

Legierungsbestandteile des Werkstoffes zunehmend gefordert und verursachen eine Zunahme des Führungsleistenverschleißes.

Der Vorschub zeigt nur einen relativ geringen Einfluß auf den Führungsleistenverschleiß. Vorschübe f zwischen 0,03 und 0,05 mm erweisen sich dabei als günstig, da mit weiter steigendem Vorschub ein überproportionaler Freiflächenverschleiß entsteht und die Neigung zu Abplatzungen an der Nebenschneide steigt. Allerdings sind die unter Trockenbearbeitung erzielten Durchmesserabweichungen um eine Toleranzklasse schlechter als beim konventionellen Einlippenbohren mit Öl. Für die Oberflächenqualität ergeben sich bei Trockenbearbeitung um den Faktor 2–3 schlechtere Rauhtiefen (Abb. 4.64).

Standwegversuche haben gezeigt, daß mit optimalen Parametern eine wirtschaftliche Bearbeitung von Grauguß möglich ist (Abb. 4.65) [4].

Während Grauguß aufgrund seines Graphitanteils gut trockengebohrt werden kann, ist die Trockenbearbeitung von Stahl aufgrund der zu hohen thermischen und mechanischen Belastungen für Werkzeug und Werkzeugmaschine nur unter Einsatz der Minimalmengenkühlschmierung durchführbar. Das Trockentiefbohren von Aluminium ist aufgrund der Materialablagerungen am Werkzeug und in der Bohrbuchse ebenfalls nicht prozeßsicher möglich.

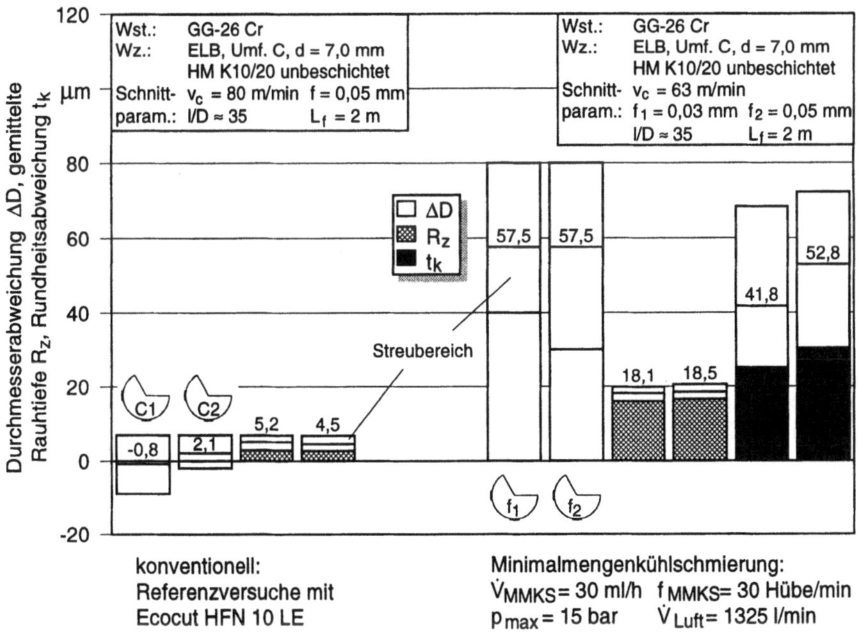

Abb. 4.64. Vergleich der Bohrungsqualität beim Einlippenbohren von Grauguß mit unterschiedlichen KSS-Konzepten

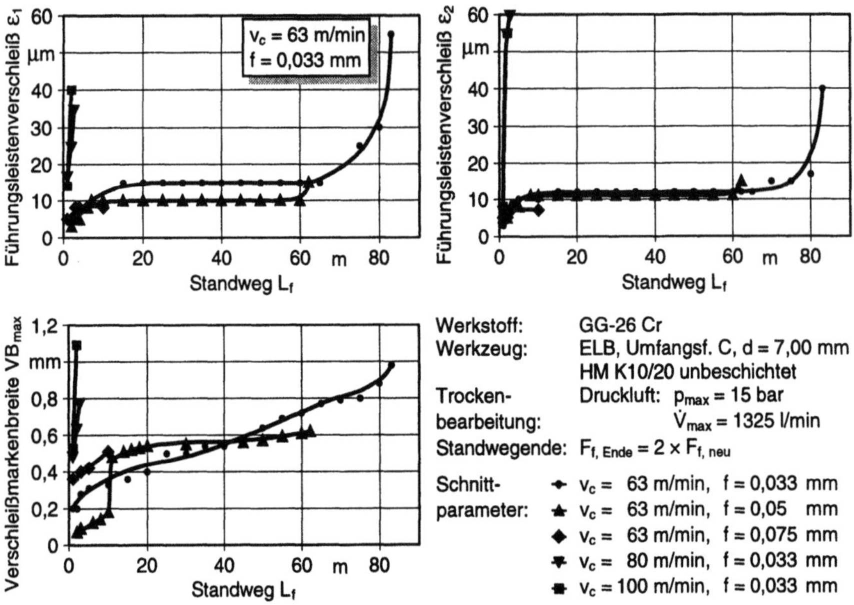

Abb. 4.65. Standweguntersuchungen zum Trockentiefbohren von Grauguß

4.6.3
Minimalmengenkühlschmierung

Durch die Minimalmengenkühlschmierung wird der Werkzeugverschleiß beim Einlippentiefbohren reduziert. Abb. 4.66 zeigt für die Graugußbearbeitung am Beispiel der Führungsleiste 1, daß prinzipiell der Verschleißverlauf über der Schnittgeschwindigkeit erhalten bleibt, die Verläufe jedoch zu geringerem Verschleiß verschoben sind. Neben reinem Mineralöl wurde auch naturbelassenes Rüböl eingesetzt. Dieses verharzt jedoch in der Maschine und bildet zusammen mit den Graugußstäuben hartnäckige Verkrustungen an den Maschinenteilen.

Bei der Stahlbearbeitung zeigt sich – wie schon bei der Graugußbearbeitung – eine starke Einschränkung des Schnittparameterbereiches, in dem die Trockenbearbeitung möglich ist. Lediglich bei einer Schnittgeschwindigkeit von $v_c = 80$ m/min und einem Vorschub von $f = 0{,}03$ mm wird der geforderte Bohrweg erreicht (Abb. 4.67). Hier treten auch die geringsten Vorschubkräfte auf. Bei den übrigen Schnittparametern kam es entweder zum Werkzeugbruch, oder die Versuche wurden abgebrochen, weil die maximale Vorschubkraft überschritten worden war.

Abb. 4.68 zeigt die mit diesen Versuchsparametern erreichte Bohrungsqualität im Vergleich zur konventionellen Bearbeitung unter Einsatz eines nativen Tiefbohröls. Diese Referenzversuche wurden allerdings nur mit Werkzeugen der Umfangsform C durchgeführt. Es fällt auf, daß bei Minimalmengenkühlschmierung ähnlich gute Ergebnisse wie beim konventionellen Einlippenbohren unter Einsatz von Öl erreichbar sind. Mit arbeitsscharfen Werkzeugen werden sogar bessere Bohrungsqualitäten erzielt; mit zunehmendem Bohrweg und damit zunehmendem Werkzeugverschleiß nimmt die Bohrungsqualität jedoch stark ab, was sich auch im großen Streubereich niederschlägt.

Bei der Aluminium-Bearbeitung steht nicht die Verringerung des Werkzeugverschleißes sondern das Vermeiden von Materialaufrieb an den Wirkelementen des Werkzeuges im Vordergrund. Durch den Einsatz der Minimalmengenkühlschmierung werden Adhäsionsvorgänge unterdrückt und die Materialablagerungen am Werkzeug vermieden. Darüber hinaus kann eine Weichbeschichtung auf MoS_2-Basis gerade den Spanabtransport bei der Aluminium-Bearbeitung wirksam unterstützen (s. Kap. 4.6.4). Damit können dann Bohrungsqualitäten erzielt werden, die in etwa die gleichen Meßwerte wie beim Einsatz von flüssigen Kühlschmierstoffen aufweisen (Abb. 4.69). Es lassen sich auch die Aufschweißungen in den Bohrbuchsen verhindern, was zu einer Verbesserung der Prozeßsicherheit gegenüber der reinen Trockenbearbeitung führt [4].

Die Minimalmengenkühlschmierung wirkt sich nicht nur auf den Werkzeugverschleiß und die Adhäsionsneigung positiv aus, sondern auch auf die Bohrungsqualität und die auftretenden Kräfte und Momente. Abb. 4.70 zeigt beispielhaft die während einer Versuchsreihe von 8 Bohrungen aufgenommene Oberflächenqualität beim Tiefbohren von Aluminium. Während die R_z-Werte bei Trockenbearbeitung deutlich schlechter sind und stärker streuen, liegen die Werte bei Minimalmengenkühlschmierung nur geringfügig über den Werten, die bei konventioneller Bearbeitung erzielt werden.

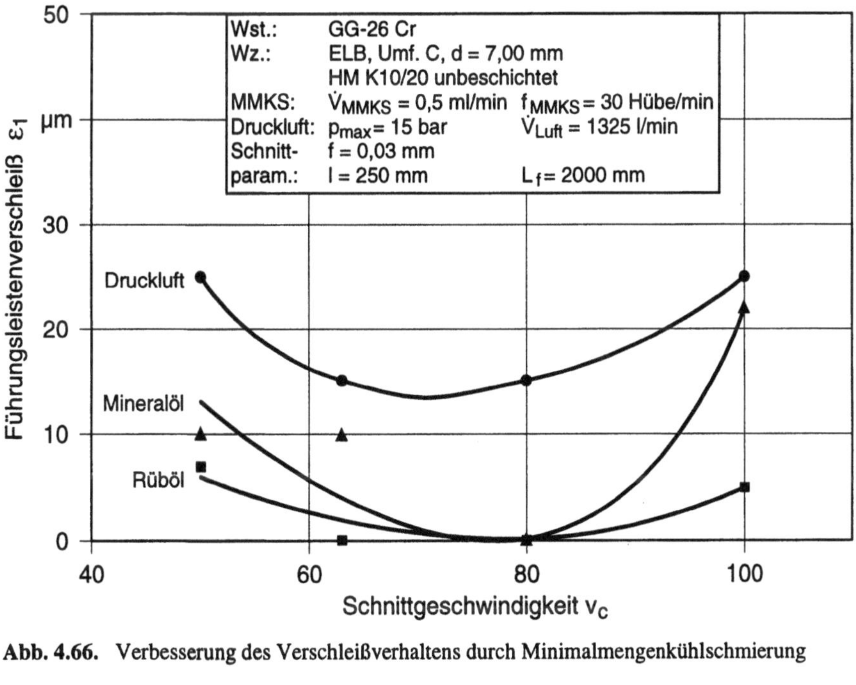

Abb. 4.66. Verbesserung des Verschleißverhaltens durch Minimalmengenkühlschmierung

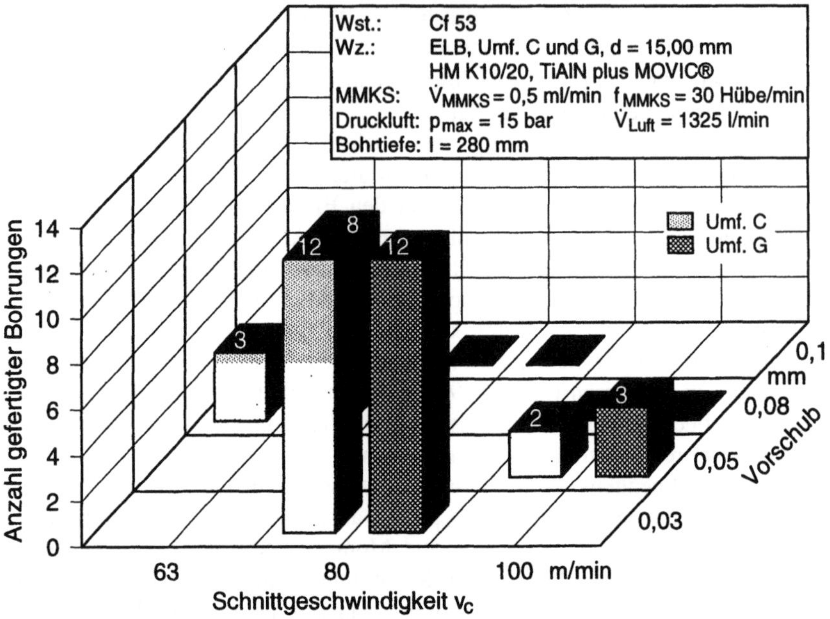

Abb. 4.67. Anzahl der gefertigten Bohrungen beim Einlippenbohren von Stahl Cf 53 mit Minimalmengenkühlschmierung [15]

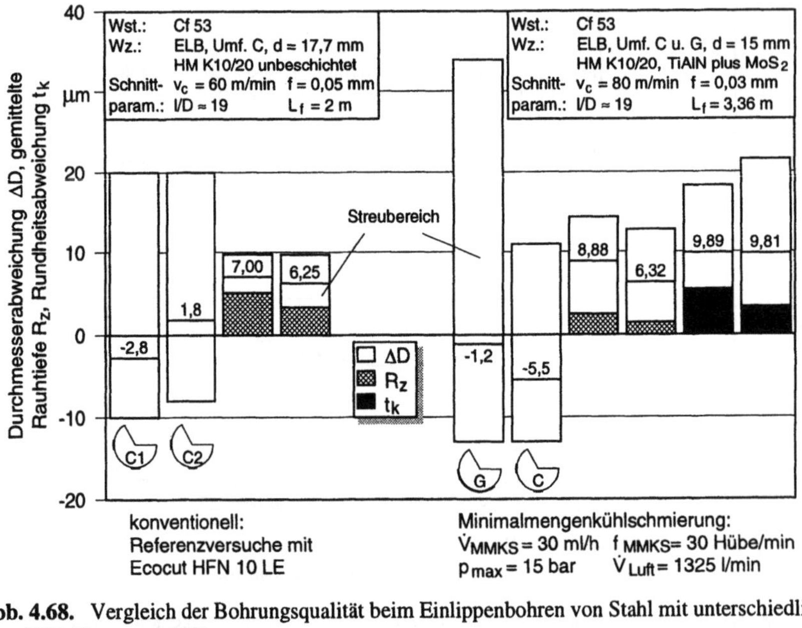

Abb. 4.68. Vergleich der Bohrungsqualität beim Einlippenbohren von Stahl mit unterschiedlichen KSS-Konzepten [15]

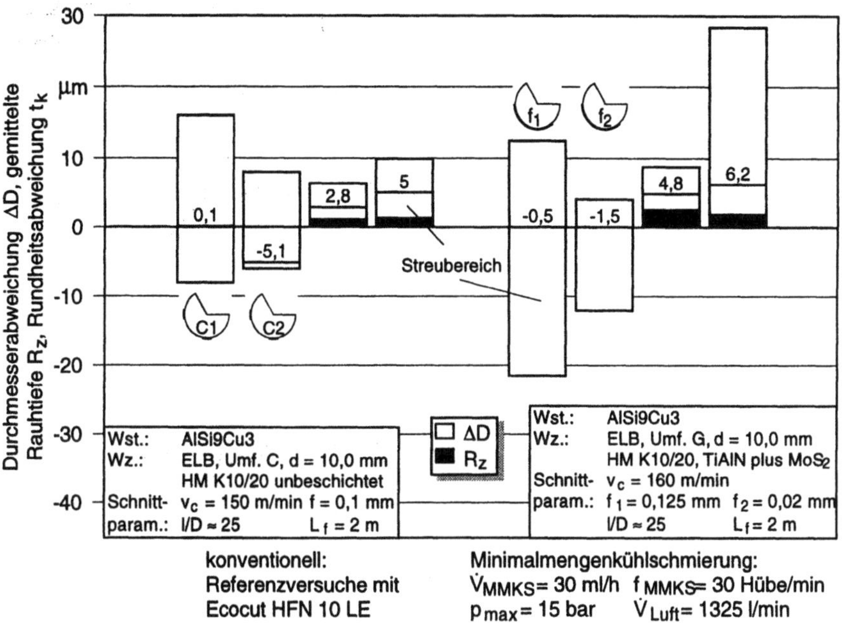

Abb. 4.69. Vergleich der Bohrungsqualität beim Einlippenbohren von Aluminium mit unterschiedlichen KSS-Konzepten

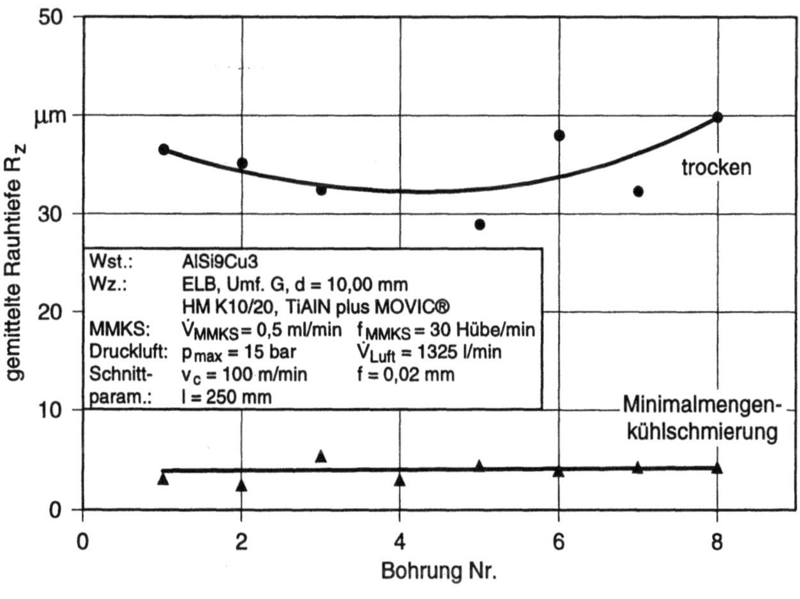

Abb. 4.70. Oberflächenqualität über den Bohrweg bei Trockenbearbeitung und Minimalmengenkühlschmierung

In Abb. 4.71 sind Meßschriebe der Axialkraftverläufe für das Tiefbohren von Aluminium mit Minimalmengenkühlschmierung und trocken mit Druckluftunterstützung dargestellt. Durch das Impfen der Druckluft mit Schmierstoff kann hier die Belastung des Werkzeuges um nahezu 50 % reduziert werden.

Bei der Minimalmengenkühlschmierung mit Druckluftunterstützung, wie sie bei Einlippentiefbohrmaschinen zum Einsatz kommt, hat sich gezeigt, daß einerseits hohe Luftdrücke die Spanförderung aus der Tiefbohrung gut unterstützen, andererseits muß die Druckluft als Transportmedium für den Minimalmengenkühlschmierstoff den sicheren Transport des Schmierstoffes an die Wirkstelle gewährleisten. Ein zu hoch eingestellter Prozeßdruck führt zum Abreißen des Schmierstoffilms an den Führungsleisten und damit zu Materialaufschweißungen am Werkzeug, zur Verschlechterung der Bohrungsqualität sowie zu Standzeitverlusten.

Eine Variation des Prozeßdruckes bei der Minimalmengenbearbeitung von Aluminium zeigt, daß durch die Reduzierung des Druckes eine Verbesserung der Bohrungskennwerte erreicht wird (Abb. 4.72). Das Optimum für den Werkzeugdurchmesser d = 7 mm stellt sich bei p = 10 bar ein, das weitere Absenken auf p = 6 bar bringt jedoch keine signifikante Verschlechterung, zumal die Schnittgeschwindigkeit auf v_c = 180 m/min angehoben werden konnte.

Die Optimierung des Prozeßdruckes ist nicht nur für das Erreichen optimaler Oberflächenkennwerte und Werkzeugstandzeiten verantwortlich, sondern spiegelt sich stark in den Prozeßkosten wider. So steigen mit zunehmendem Druck die Druckluftkosten proportional an [71, 102].

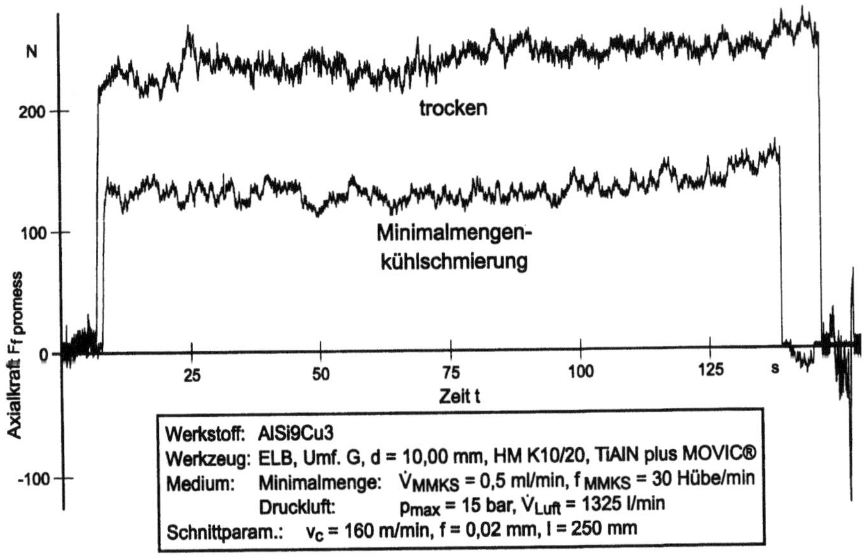

Abb. 4.71. Vergleich der Axialkräfte bei Trockenbearbeitung und Minimalmengenkühlschmierung

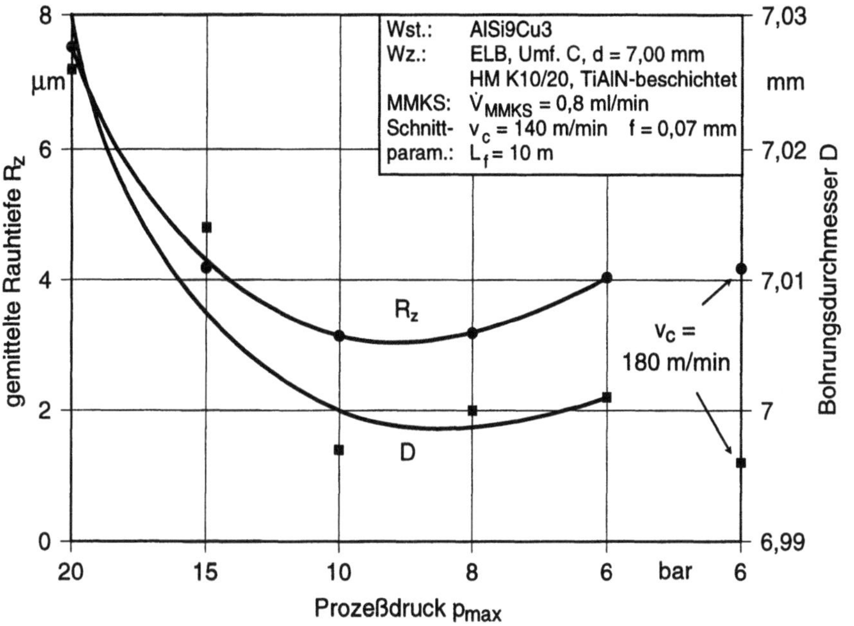

Abb. 4.72. Einfluß des Prozeßdruckes auf die Bohrungsqualität [71]

4.6.4 Werkzeuggestaltung

Ausgehend von unbeschichteten Standard-Einlippenbohrern bieten sich verschiedene Möglichkeiten, das Werkzeug optimal auf die geänderte Prozeßführung ohne den konventionellen Kühlschmierstoff einzustellen.

Umfangsfase

Durch Optimierung der Werkzeuggeometrie kann das Verschleißverhalten der Einlippenbohrer positiv beeinflußt werden. Der Führungsleistenverschleiß wird durch Verrunden sowie durch Verrunden und Polieren der Umfangsfase, d. h. des Übergangs von der Stirnseite des Werkzeuges zur tragenden Fläche der Führungsleisten reduziert (Abb. 4.73). Bei optimalen Schnittparametern wurde ein Standard-Werkzeug mit den zwei Optimierungsstufen verglichen. Das Verrunden bewirkt eine Verschleißreduzierung an Führungsleiste 1. Gerade an dieser Führungsleiste konzentriert sich der Verschleißangriff auf den vorderen Bereich (s. S. 160). Wird die Umfangsfase verrundet und poliert, ist nach einem Bohrweg von $L_f = 2$ m kein Verschleiß an den Führungsleisten meßbar.

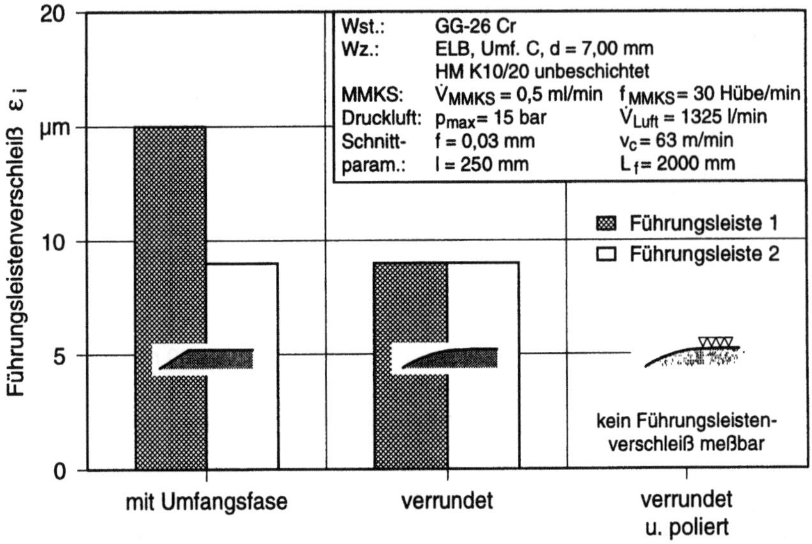

Abb. 4.73. Verbesserung des Verschleißverhaltens durch Optimierung der Umfangsfasengeometrie [4]

Schneidstoffe und Beschichtungen

Eine wesentliche Voraussetzung für die Realisierung einer Trockenbearbeitung sind geeignete Schneidstoffe. Gute Voraussetzungen bieten aufgrund ihrer hohen Warmhärte und Verschleißfestigkeit Hartmetalle, Cermets, Keramik sowie Schneidstoffe auf Basis von CBN und PKD. Es hat sich zusätzlich gezeigt, daß auch der Werkzeugbeschichtung eine zentrale Bedeutung zukommt. Durch Hartstoff-Beschichtungen werden aufgrund günstiger Reibungskoeffizienten die mechanische Belastung durch Reibungs- und Adhäsionsvorgänge und in Verbindung mit einem geringen Wärmeeindringvermögen die thermische Belastung des Substrats verringert. Eine weitere Reduzierung der Reibung wird durch das Auftragen von Weichstoffschichten erreicht. Diese auf MoS_2 basierenden Schichten fördern zudem den Spanabtransport durch die Spannuten insbesondere bei tiefen Bohrungen [10, 54, 55].

Beim Bohren mit Einlippenbohrern werden bereits standardmäßig Werkzeuge mit Hartmetall-Bohrköpfen eingesetzt. Für die Grauguß-Bearbeitung bieten daher schon unbeschichtete Standard-Werkzeuge mit Bohrköpfen der Hartmetall-Anwendungsgruppe K10/20 die nötigen Voraussetzungen für eine prozeßsichere und wirtschaftliche Trockenbearbeitung [4].

Bei der Stahlbearbeitung unterliegen die Werkzeuge einer weitaus höheren mechanischen und thermischen Belastung, so daß neben dem Einsatz einer Minimalmengenkühlschmierung auch optimierte Schneidstoffe und Beschichtungen eingesetzt werden müssen. Um die Prozeßkräfte und die entstehende Wärme gering zu halten, wird durch den Einsatz feinkörniger Hartmetalle der Anwendungsgruppe K eine scharfkantige Schneide realisiert. Die Forderung nach höherer Warmverschleißfestigkeit erfüllen vor allem Hartmetalle der Gruppe P mit erhöhtem TiC/TaC-Anteil. Ausgehend vom Standard-Schneidstoff aus der Anwendungsgruppe K10/20 wurden ein WC-Co-Hartmetall mit kleinerer Korngröße sowie ein Mehrkarbid-Hartmetall eingesetzt (Tabelle 4.7). Alle drei Substrate kamen TiAlN-beschichtet mit MoS_2-Basis-Beschichtung sowie, außer der Standard-Sorte, auch nur TiAlN-beschichtet zum Einsatz (Tabelle 4.8).

Abb. 4.74 zeigt die erreichte Bohrungsqualität. Da die Werkzeuge ein ausgeprägtes Einlaufverhalten zeigen, wurden die Bohrungskennwerte ab der zweiten Bohrung ausgewertet. Hinsichtlich der Oberflächenqualität werden mit den Hartmetallen der Anwendungsgruppe K20 und P20 gegenüber dem Standard-Hartmetall K10/20 bessere Ergebnisse erzielt. Aus den anderen Bohrungskennwerten läßt sich keine Empfehlung für den Schneidstoff oder die Beschichtung ableiten. Auch eine Beschichtung mit der Weichstoffschicht auf MoS_2-Basis bringt aufgrund des hohen abrasiven Verschleißes an den Führungsleisten keinen Vorteil.

Beim Tiefbohren von Aluminium steht der Werkzeugverschleiß nicht im Vordergrund. Hier müssen durch geeignete Schneidstoffe und insbesondere Beschichtungen die Adhäsionsneigung von Aluminium und damit die Materialablagerungen am Werkzeug verringert werden. Nach erfolglosen Stichversuchen mit unbeschichteten Werkzeugen konnte mit TiAlN- und einer Weichstoffschicht auf MoS_2-Basis-beschichteten Einlippenbohrern der geforderte Standweg erreicht werden. Dennoch reichen diese Maßnahmen nicht aus, um bei reiner Trockenbearbeitung mit Druckluftunterstützung alle Materialablagerungen am Werkzeug zu vermeiden. Auch hier wird zur Erhöhung der Prozeßsicherheit der Einsatz einer Minimalmengenkühlschmierung empfohlen.

Tabelle 4.7. Zusammensetzung der eingesetzten Hartmetalle (nach Gühring)

Anwendungsgruppe	mittlere Korngröße	Zusammensetzung WC	Co	TiC + Ta(Nb)C	Härte	Biegebruchfestigkeit
	µm	%	%	%	HV30	N/mm^2
K10/20	1,3	94	6,0		1620	2500
K20	0,7	92,5	7,5		1720	3500
P20	2,5	73	10,0	17,0	1590	2200

Tabelle 4.8. Eigenschaften der eingesetzten PVD-Schichten (nach Gühring)

Eigenschaft		TiAlN	MOVIC®
Härte	HV 0,05	3300	~ 30
Wärmeübertragung	kW/m·K	0,05	< 0,1
Beschichtungstemperatur	°C	350	150
Dicke	µm	1,5–5	0,4
Reibungskoeff. gegen Stahl		0,25	0,1

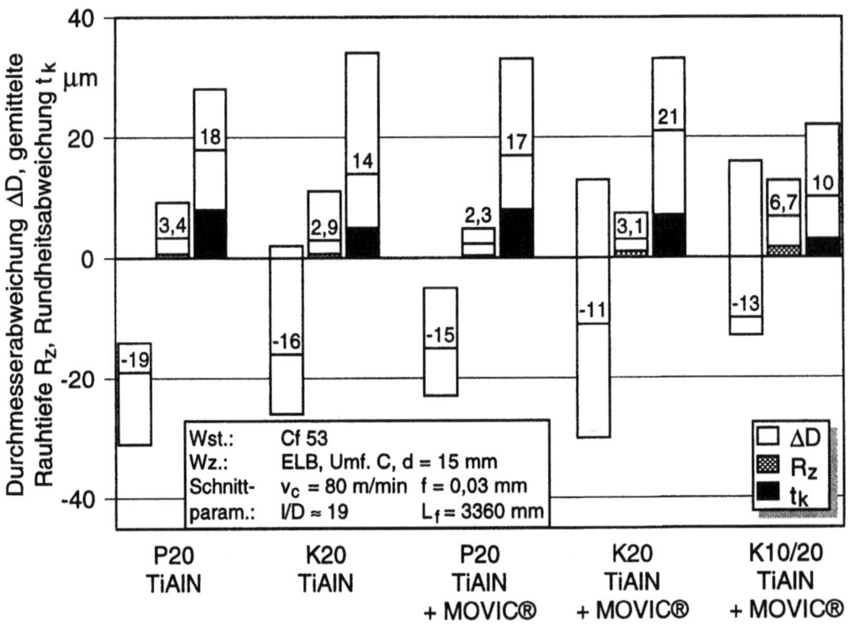

Abb. 4.74. Bohrungsqualität beim Einlippentiefbohren von Stahl mit unterschiedlichen Schneidstoffen und Beschichtungen

In seriennahen Untersuchungen konnte darüber hinaus nachgewiesen werden, daß bei Einsatz einer Minimalmengenkühlschmierung mit einer Dosierung von $\dot{V}_{MMKS} \cong 50$ ml/h eine Weichstoffbeschichtung nicht zwingend erforderlich ist [102].

Umfangsform

Für die Stahlbearbeitung können gemäß VDI-Richtlinie 3208 Einlippenbohrer mit den Umfangsformen C und G eingesetzt werden (Abb. 4.75) [84]. Wie Abb. 4.68 zeigt, ist es nicht möglich, anhand der Bohrungsqualität eine Auswahl der Umfangsform vorzunehmen.

Betrachtet man den Werkzeugverschleiß, findet man den vom konventionellen Einlippenbohren bekannten Verschleiß an den Führungsleisten, deren Zustand für die Qualität der erzeugten Bohrungen verantwortlich ist. An Führungsleiste 1 zeigt sich ein schmaler Verschleißbereich mit tiefen Furchen, während Führungsleiste 2 großflächiger verschleißt. Offensichtlich kommt es durch die Verlagerung des Bohrkopfes in der Bohrung auch immer wieder zu einem Kontakt des hinteren Führungsleistenbereiches mit der Bohrungswand (Abb. 4.76).

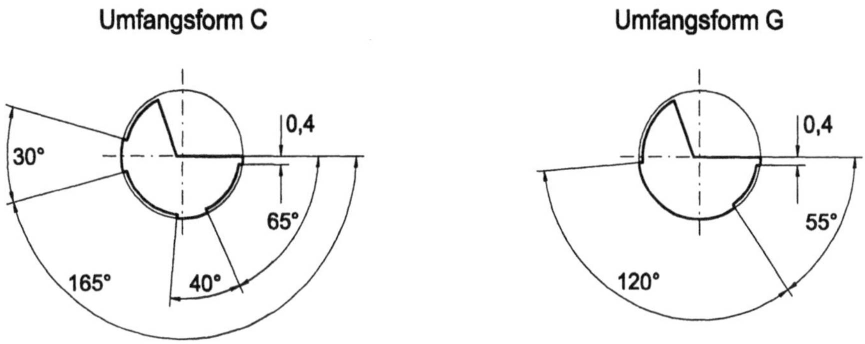

Abb. 4.75. Umfangsformen von Einlippenbohrern (nach VDI 3208 [84] und Gühring)

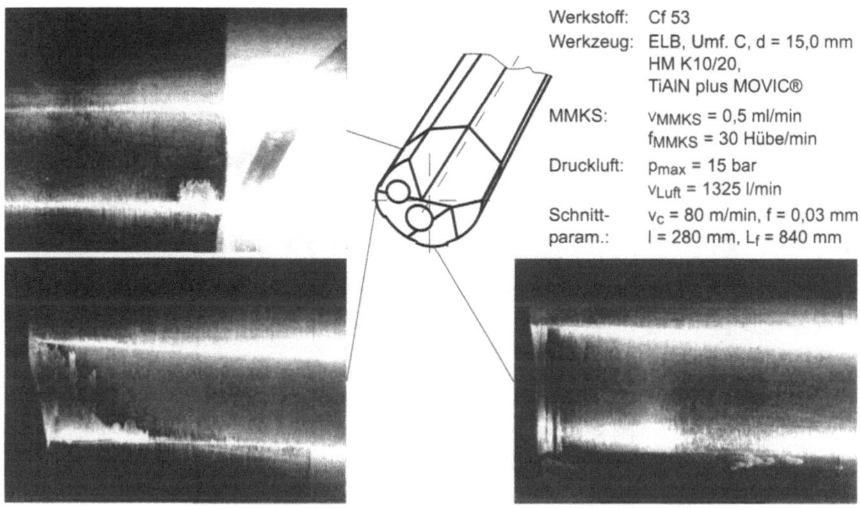

Abb. 4.76. Führungsleistenverschleiß beim Einlippenbohren von Stahl Cf 53 mit Minimalmengenkühlschmierung [15]

Abb. 4.77 zeigt Tastschnittschriebe der Führungsleisten, anhand derer der Verschleißfortschritt mit zunehmendem Bohrweg dokumentiert ist. Dabei zeigt sich, daß die Werkzeuge mit der Umfangsform G aufgrund der größeren Kontaktfläche mit der Bohrungswand weniger verschleißen als Werkzeuge mit Umfangsform C. Auffällig ist, daß bei Umfangsform G nach der 6. Bohrung der Verschleiß der Führungsleiste nur noch unwesentlich ansteigt. Das Werkzeug weist also ein sogenanntes Einlaufverhalten auf, was sich ebenfalls in den gemessenen Rauhtiefenkennwerten widerspiegelt.

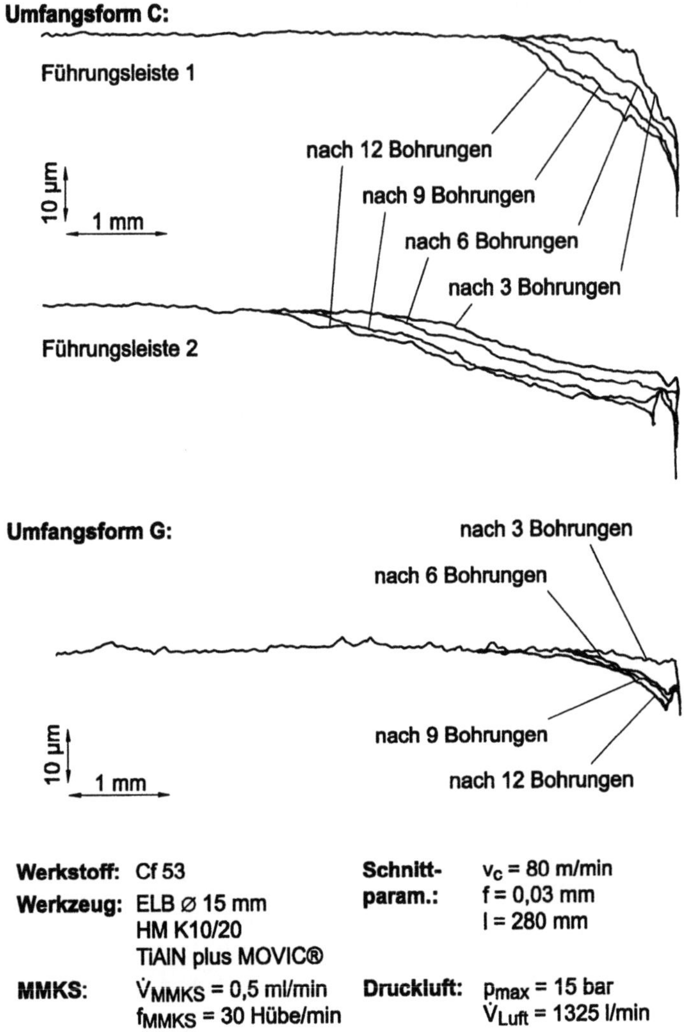

Abb. 4.77. Vergleich des Führungsleistenverschleißes beim Einlippenbohren von Stahl Cf 53 mit Minimalmengenkühlschmierung [15]

Die Beeinflussung der Oberflächenrandzone während der Bearbeitung ist u. U. ebenso von Bedeutung für die spätere Funktion der Bohrung wie die Bohrungsqualität. Deshalb wurden Mikrohärtemessungen vorgenommen.

Alle Bohrungen, die mit Werkzeugen mit Umfangsform C gefertigt wurden, zeigen eine Verfestigung in der Oberflächenrandzone. Die Aufhärtung nimmt dabei mit zunehmendem Werkzeugverschleiß zu (Abb. 4.78). Bohrungen, die mit Werkzeugen mit Umfangsform G gebohrt wurden, zeigen nur bei hohen Schnittgeschwindigkeiten von v_c = 100 m/min eine Beeinflussung der Oberflächenrandzone [15, 102].

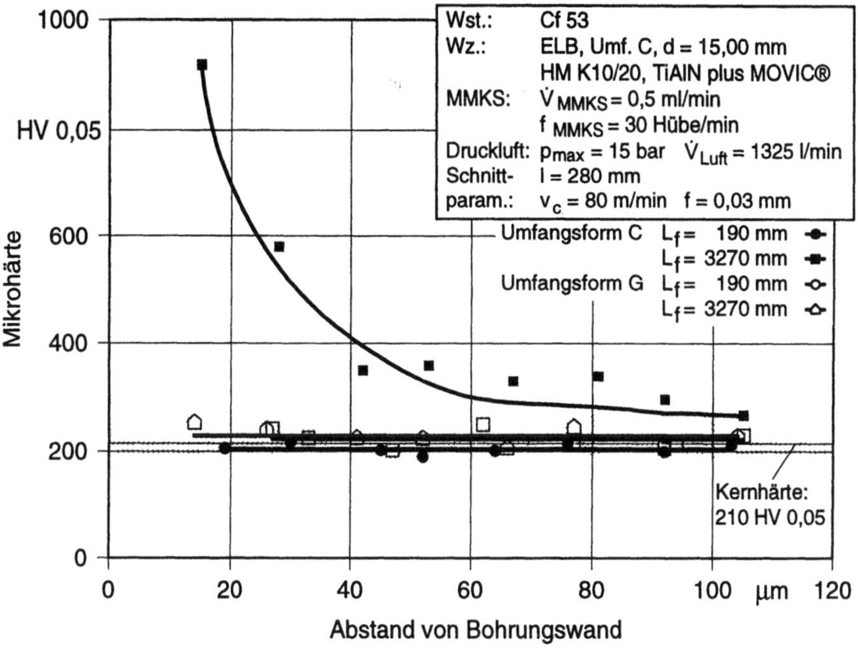

Abb. 4.78. Mikrohärtemessungen beim Einlippenbohren von Stahl mit Minimalmengenkühlschmierung [15]

Bei einer Betrachtung des Werkzeugverschleißes und der Beeinflussung der Bohrungsrandzone erweisen sich Einlippenbohrer mit der Umfangsform G als vorteilhaft gegenüber den Einlippenbohrern mit Umfangsform C.

Optimierung der Kühlkanäle

Bei der Gestaltung der Einlippenbohrer zur Zerspanung mit Minimalmengenkühlschmierung müssen die folgenden Hauptziele verfolgt werden:

- möglichst freie Zuführung des Schmierstoffs zur Wirkstelle der Zerspanung und
- Reduzierung der Reibung zwischen Werkzeug und Werkstück sowie Spänen.

Druckluft hat die Aufgabe, die sehr feinen Ölpartikel zur Schneide bzw. zu den Flächen des Werkzeugs, die mit der Werkstückoberfläche in Kontakt kommen, zu transportieren, um dort die Reibung zu reduzieren. Damit ein möglichst hoher Anteil des Luft/Ölgemisches die Wirkstelle erreicht, soll es durch die Spindel, den Werkzeughalter und das Werkzeug eine möglichst behinderungsfreie Bahn haben. Die konventionellen Einlippenbohrer (Abb. 4.79 links) weisen viele Toträume auf, die für minimalmengengeschmierte Werkzeuge unbedingt zu vermeiden sind. Deshalb wird der Übergang vom rohrförmigen Werkzeugschaft in den Hartmetall-Bohrkopf trichterförmig ausgebildet (Abb. 4.79 Mitte). Neben Aufbauschneiden bilden sich bei minimalmengengeschmierten Tiefbohrern oft auch Materialablagerungen an den Führungsleisten. Die Öffnungen des einen Schmierkanals zwischen Rundschliffase und Führungsleiste 1 sowie zwischen Führungsleisten 1 und 2 (Abb. 4.79 rechts) ermöglichen die optimale Schmierung der Führungsleisten und verhindern die Materialablagerungen, so daß eine Verlängerung der Standzeiten zu erwarten ist [15, 102].

Während bei der Aluminium-Bearbeitung Materialablagerungen am Werkzeug durch die zwischen den Führungsleisten zugeführte Minimalmenge wirksamer verringert werden können [14], ergeben sich bei der Stahl-Bearbeitung keine Verbesserungen durch die zusätzlichen Kühlkanalaustritte (Abb. 4.80). Der hohe Werkzeugverschleiß überdeckt hier mögliche Verbesserungen. Da die Austritte zwischen den Führungsleisten einerseits die Herstellkosten erhöhen und andererseits die Anzahl der möglichen Nachschliffe der Einlippenbohrer drastisch einschränken, sollte aus wirtschaftlichen Gründen auf diese Werkzeugoptimierung bei der Stahlbearbeitung verzichtet werden, solange nicht verschleißfestere Schneidstoffe zur Verfügung stehen.

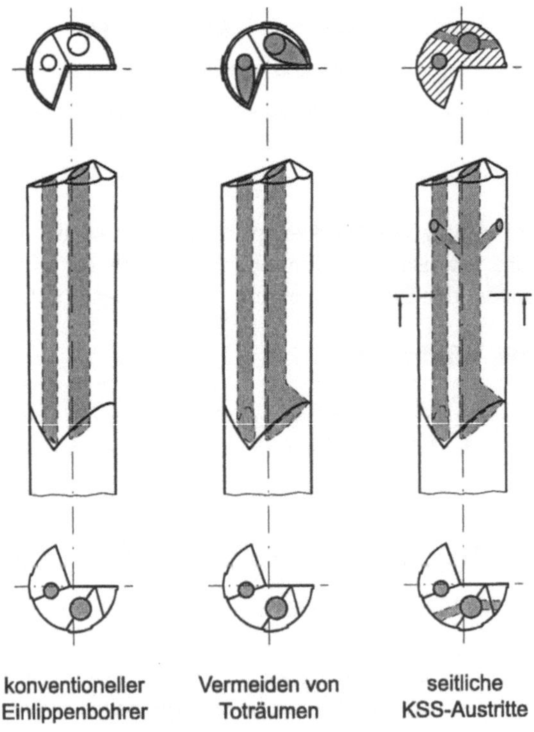

Abb. 4.79. Optimierung der Werkzeuggeometrie (nach Gühring) [15]

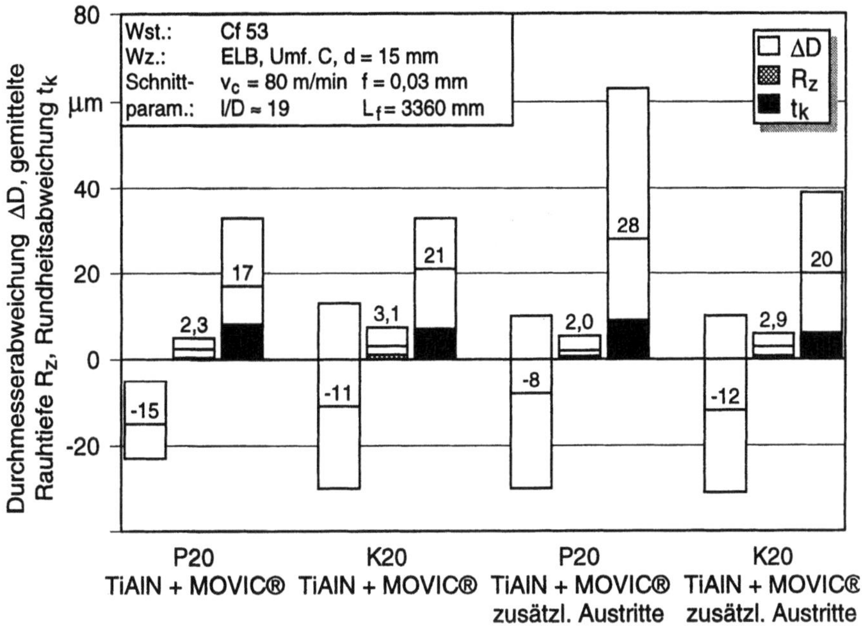

Abb. 4.80. Bohrungsqualität beim Einsatz von Einlippenbohrern mit zusätzlichen Kühlkanalaustritten

4.7 Literatur zu Kapitel 4

[1] Abel, R.: Kostensenkung und Leistungssteigerung mit neuen Schneidstoffen. dima 47 (1993) 8/9, S. 52–55

[2] Adams, F.-J.; Schulte, K.: Bohren von Stahl mit unterschiedlichen Kühlschmierstoffkonzepten. In: Weinert, K. (Hrsg.): Spanende Fertigung. 2. Ausg. Essen: Vulkan-Verlag 1997, S. 98-109.

[3] Autorenkollektiv: Reduzierung und Ersatz von Fertigungshilfsstoffen beim Bohren. 4. Zwischenbericht an die Europäische Kommission zum EU-Forschungsprojekt „Umweltgerechte Bohrungsbearbeitung", Februar 1996

[4] Autorenkollektiv: Tieflochbohren in Aluminium-Gußlegierungen, Stahl und Grauguß ohne Kühlschmiermittel – Abschlußbericht zur Definitionsphase. In: Bartl, R. (Hrsg.): Wiss. Bericht FZKA-PFT 177 „Trockenbearbeitung prismatischer Bauteile", Karlsruhe: Forschungszentrum Karlsruhe, Technik und Umwelt, Januar 1996

[5] Bahmann, W.: Schleifen oder Hart-Feindrehen – Vorgabe der Werkstückgeometrie. Werkstatt und Betrieb 130 (1997) 1–2, S. 19–22

[6] Bähre, D.; Plapper, V.: Thermoelastische Werkstückverformung beim Trockendrehen kompensieren. Maschinenmarkt 102 (1996) 15, S. 40–45

[7] Bartl, R.: Trockenbearbeitung prismatischer Teile – Stand des Verbundprojektes und nächste Schritte für einen Serieneinsatz. In: VDI-Bericht 1339 „Umweltfreundlich Zerspanen". Aachen, 23–24. Juni 1997, Düsseldorf: VDI-Verlag 1997, S. 51–71

[8] Bethlehem, W. F.: Schneidentemperaturen am Gewindebohrer gefährden nicht die Standzeit. Maschinenmarkt 88 (1982) 42, S. 824–827

[9] Biermann, D; Opalla, D.; Schroer, M.: Bohrungsfeinbearbeitung mit Einschneiden-Reibahlen – Einsatzmöglichkeiten der Minimalmengenkühlschmierung beim Reiben von Stahl. Technica 46 (1997) 12, S. 19–25

[10] Bohrmeister Gühring, 30. Jg., Ausgabe 42/97, Albstadt: Gottlieb Gühring KG 1997, S. 19

[11] Christoffel, K.: Fräser mögen's lieber trocken. mav special (1996) 4, S. 42–43

[12] Christoffel, K.: Fräswerkzeuge für den Formen- und Gesenkbau, insbesondere für die HSC- und Hartbearbeitung. Fachgespräch „Innovative Techniken im Werkzeug-, Formen- und Modellbau", Dortmund, 13.–14. September 1996, S. 65–74

[13] Cselle, T.: New directions in drilling. Manufacturing Engineering 115 (1995) 2, S. 77–80

[14] Cselle, T.; Eichler, R.; Zielasko, W.: Trockentiefbohren in Aluminiumgußlegierungen, Stahl und Grauguß. In: VDI-Bericht 1375 „Trockenbearbeitung prismatischer Teile". Aachen, 30.–31. März 1998, Düsseldorf: Springer-VDI-Verlag 1998, S. 283–300

[15] Cselle, T.; Eichler, R.; Zielasko, W.; Thamke, D.: Reduzierung des Kühlschmierstoffeinsatzes beim Tiefbohren mit Einlippenbohrern. In: Weinert, K. (Hrsg.): Spanende Fertigung. 2. Ausg. Essen: Vulkan-Verlag 1997, S. 141–154

[16] Cselle, T; Schwenck, M.; Kühn, H.: Bohren in Stahl und Aluminium - Trocken oder mit Minimalmenge?. In: VDI-Bericht 1375 „Trockenbearbeitung prismatischer Teile". Aachen, 30.–31. März 1998, Düsseldorf: Springer-VDI-Verlag 1998, S. 175–193

[17] DIN 8589 Teil 1: Fertigungsverfahren Spanen; Drehen; Einordnung, Unterteilung, Begriffe. Berlin: Beuth-Verlag, August 1982

[18] DIN 8589 Teil 2: Fertigungsverfahren Spanen; Bohren, Senken, Reiben; Einordnung, Unterteilung, Begriffe. Berlin: Beuth-Verlag, August 1982

[19] DIN 8589 Teil 3: Fertigungsverfahren Spanen; Fräsen; Einordnung, Unterteilung, Begriffe. Berlin: Beuth Verlag, August 1982

[20] Döpper, W.; Fabry, J.; Kammermeier, D.: Umweltverträgliche Zerspanung aus Sicht eines Werkzeugherstellers. In: VDI-Bericht 1240 „Auf dem Weg zur Trockenbearbeitung – Herausforderung an die Fertigungstechnik". Düsseldorf, 13. Februar 1996, Düsseldorf: VDI-Verlag 1996, S. 67–91

[21] Dörfel, O.: Trockenfräsen mit konventioneller Technologie. Vortrag und interner Bericht beim Abschluß-Meeting zum BMBF-Projekt „Trockenzerspanung von Alu-Knetlegierungen–Teilprojekte Fräsen, Bohren und Reiben", Daimler-Benz Forschungszentrum Ulm, 16.–17. Juni 1997, S. 24–34

[22] Enderle, K.-D.; Just, W.; Schulte, K.; Thamke, D.: Leistungsfähige Wendeschneidplatten-Bohrer auch in der Trockenbearbeitung. In: Weinert, K. (Hrsg.): Spanende Fertigung. 2. Ausg. Essen: Vulkan-Verlag 1997, S. 110-119.

[23] Enselmann, A.: HSC-Hartfräsen von Formen und Gesenken – Technologie, Wirtschaftlichkeit, Optimierung. Dissertation, Universität Dortmund, 1998

[24] Erinski, D.: Untersuchungen über den Einfluß des Werkstoffgefüges auf das Zerspanverhalten von Al-Si-Gußlegierungen. Dissertation RWTH-Aachen, 1990

[25] Foshag, D.: Kinematik und Technologie des Gewindefräsbohrens. Dissertation, Technische Hochschule Darmstadt 1994

[26] Fritsch, A.; Papajewski, J.: Neue Ansätze für Wendeplatten-Vollbohrer. Werkstatt und Betrieb, 129 (1996) 6, S. 578–582

[27] Gießler, J.; Rudolph, W.: Schrittweise zum trockenen Fräsen und Gewindebohren. Werkstatt und Betrieb, 128 (1995) 3, S. 186–187

[28] Gsänger, D.; Krenzer, U.: Leistungsfähigkeit von Bohrwerkzeugen mit Wendeschneidplatten. VDI-Seminar „Wirtschaftliche spanende Fertigung mit neuen Werkzeugen und Verfahren – HSC und Leichtmetallbearbeitung". Dortmund, 12.–13. November 1997, Düsseldorf: VDI-Bildungswerk GmbH 1997

[29] Heisel, U.; Lutz, M.: Probleme der umwelt- und humanverträglichen Fertigung am Beispiel der Kühlschmierstoffe. dima 47 (1993) 10, S. 35–40

[30] Heisel, U.; Lutz, M.; Spath, D.; Wassmer R.; Walter, U.: Application of Minimum Quantity Cooling Lubrication Technology in Cutting Processes. Annals of the German Academic Society for Production Engineering Vol. II/1 (1994), S. 49–54

[31] Hockauf, W.: Trockenbearbeitung und Mindermengenschmierung beim Bohren und Gewinden von Aluminiumlegierungen und hochlegierten Stählen. In: Neue Möglichkeiten umweltgerechter Fertigung, Hannover 1996, S. 14-1–14-17

[32] Hoffmann, R.: Gewindeherstellung in Aluminiumwerkstoffen. Aluminium 72 (1996) 7/8, S. 478–481

[33] Johne, P.: Handbuch der Aluminiumzerspanung. Düsseldorf: Aluminium 1984

[34] Jungblut, F.: Beschichtete Hochleistungswerkzeuge für extreme Anforderungen – Hartbearbeitung und Trockenzerspanung als neue Herausforderung. Stahl, S. 54–55

[35] Kammermeier, D.; Amon, H.: Werkzeuge für die Trockenbearbeitung. In: Weinert, K. (Hrsg.): Spanende Fertigung. 2. Ausg. Essen: Vulkan-Verlag 1997, S. 200–220

[36] Kammermeier, D.; Borschert, B.; Kauper, H.: Werkzeuglösungen zum Trockenbohren. In: VDI-Bericht 1339 „Umweltfreundlich Zerspanen". Aachen, 23–24. Juni 1997, Düsseldorf: VDI-Verlag 1997, S. 73–85

[37] Karpuschewski, B.; Asche, J.; Blawit, C.: Neue Entwicklungstendenzen in der Zerspanungstechnologie. In: Trends in der Zerspanungstechnik – Anwendungen des Zerspanungsprozesses, Schneidstoffe und Beschichtungen, Schmierstoffe und Recycling. Bern: Hallwag 1996, S. 10–19

[38] Kawalec, M.; Barbacki, A.: Randzonenbeeinflussung beim Hartdrehen. Werkstatt und Betrieb 129 (1996) 3, S. 134–136

[39] Klocke, F.; Gerschwiler, K.: Trockenbearbeitung – Grundlagen, Grenzen, Perspektiven. In: VDI-Bericht 1339 „Umweltfreundlich Zerspanen". Aachen, 23–24. Juni 1997, Düsseldorf: VDI-Verlag 1997, S. 1–50

[40] Klocke, F.; Gerschwiler, K.: Trockenbearbeitung – Grundlagen, Grenzen, Perspektiven. In: VDI-Bericht 1240 „Auf dem Weg zur Trockenbearbeitung – Herausforderung an die Fertigungstechnik". Düsseldorf, 13. Februar 1996, Düsseldorf: VDI-Verlag 1996, S. 1–43

[41] Klocke, F.; Lung, D.; Eisenblätter, G.: Einsatzmöglichkeiten der Minimalmengenkühlschmierung. In: VDI-Bericht 1339 „Umweltfreundlich Zerspanen". Aachen, 23–24. Juni 1997, Düsseldorf: VDI-Verlag 1997, S. 137–157

[42] Klocke, F.; Lung, D.; Eisenblätter, G.: Minimalmengenkühlschmierung. mav – maschinen, anlagen, verfahren 50 (1996) 4, S. 46–47

[43] Klocke, F.; Schulz, A.; Gerschwiler, K.: Umweltverträgliche Fertigungstechnologien. dima 50 (1996) 6, S. 74–84

[44] Koepfer, C.: Soft Turning is Key to Hard Turning. Modern Machine Shop (1996) 4, S. 54–60

[45] Kölker, W.: Trocken mit HSS-Werkzeugen fräsen. Werkstatt und Betrieb, 127. (1994) 11, S. 864–866

[46] König, W.: Fertigungsverfahren. Band 1: Drehen, Fräsen, Bohren. Düsseldorf: VDI-Verlag 1990

[47] König, W.; Berktold, A.; Wienands, N.: Hartdrehen – eine Technologie eröffnet neue Perspektiven. Stahl (1993) 3, S. 33–38

[48] König, W.; Erinski, D.: Spanungseigenschaften von Aluminium-Gußwerkstoffen mit unterschiedlichem Siliziumgehalt. Aluminium 57 (1981) 11, S. 719–721

[49] Kress, D.: Polykristalliner Diamant zum Feinbearbeiten von Bohrungen in Aluminium. Werkstatt und Betrieb 118 (1985) 5, S. 253–256

[50] Leyendecker, T.; Esser, S.; Lemmer, O.; Erkens, G.; Wenke, R.; Fuß, H.-G.; Frank, M.: Beschichtungen für die Trockenzerspanung. In: Weinert, K. (Hrsg.): Spanende Fertigung. 2. Ausg. Essen: Vulkan-Verlag 1997, S. 221–230

[51] Linß, M.: Einsparpotentiale bei der Innengewindebearbeitung. VDI-Seminar „Wirtschaftliche spanende Fertigung mit neuen Werkzeugen und Verfahren – HSC und Leichtmetallbearbeitung". Dortmund, 12.–13. November 1997, Düsseldorf: VDI-Bildungswerk GmbH 1997

[52] Maier, D.: Trocken gewindebohren. Werkstatt und Betrieb 128 (1995) 3, S. 193–194

[53] Meffert, W.: Gleich ins Volle. Maschinenmarkt 94 (1988) 46, S. 54–59

[54] MoST – Die neue Gleitschicht von Eifeler. Firmenschrift der Fa. Eifeler Werkzeuge GmbH, Düsseldorf, 1997

[55] MOVIC-Beschichtung rationalisiert Trockenbearbeitung. Firmenschrift 9514-IV-03, Albstadt: Gottlieb Gühring KG, 1995

[56] Müller, P.: HM-Bohrer für die Trockenbearbeitung. In: VDI-Bericht 1339 „Umweltfreundlich Zerspanen". Aachen, 23–24. Juni 1997, Düsseldorf: VDI-Verlag 1997, S. 87–97

[57] Müller, P.: Trocken oder minimal geschmiert. Bohren und Gewindebohren ohne Kühlschmiermittel. Schweizer Maschinenmarkt (1997) 8, S. 22–25

[58] Müller, P.: Weniger ist manchmal mehr. Bohren und Gewindebohren ohne Kühlschmiermittel. Fertigung 24 (1996) 7–8, S. 21–24

[59] Müller-Hummel, P.; Lahres, M.: Trockenfräsen von Al-Knetlegierungen im Flugzeugbau – Beispiele des Serieneinsatzes bei der DASA. Vortrag und Manuskriptdruck zur Tagung „Schmalkaldener Werkzeugtagung", Fachhochschule Schmalkalden November 1996

[60] N. N.: Stärker, genauer, universeller. Sonderdruck maschine + werkzeug, Fertigungstechnik (1992) 21

[61] N.N.: Entwicklungstrends bei Zerspanwerkzeugen. VDI-Z 137 (1995) 3–4, S. 58–61

[62] N.N.: Untersuchungen zum Bohren und Gewindebohren in Al-Gußlegierungen und hochlegierten Stählen im Trockenschnitt bzw. mit Mindermengenschmierung, Trockenbearbeitung prismatischer Teile, Teilprojekt 2, Forschungsberichte KfK-PFT, Förderungsprogramm Fertigungstechnik des BMFT, 1996, S. 101–136

[63] N.N.: Verbesserung der Drehbearbeitung ohne Kühlschmierstoffzufuhr. Welt der Fertigungstechnik (1995) 2, S. 8–11

[64] Nedeß, C.; Günther, U.: Bohren mit Hartmetallwendeplatten-Werkzeugen. VDI-Z, 134. (1992) 2, S. 49–58

[65] Papajewski, J.; Schulte, K.; Steibl, J.: Reiben von Aluminiumguß mit reduziertem KSS-Einsatz. Vortrag und Manuskriptdruck zum VDI-Seminar „Trockenbearbeitung prismatischer Teile", Aachen, 30. und 31. März 1998. VDI Bericht 1375. VDI-Springer-Verlag 1998

[66] Rechberger, J.; Dubach, R.: Soft Coatings. Mat. Wiss. u. Werkstofftechnik 24 (1993)

[67] Rinker, U.: Quasi-Trockenbearbeitung von Aluminiumbauteilen. Maschinenmarkt, 102 (1996), S. 26–28.

[68] Rinker, U.; Christoffel, K. : Trockenbearbeitung entlastet die Umwelt. Werkstatt und Betrieb 129 (1996) 6, S. 574–576

[69] Rotierende ABS-Werkzeuge für Bearbeitungszentren, Transferstraßen und Sondermaschinen. Firmenschrift der Fa. Komet Robert Breuning GmbH, Besigheim

[70] Sahm, D.; Schneider, Th.: Geht es auch ohne? Trockenbearbeitung in der Diskussion. Werkstatt und Betrieb, 128. (1995) 1–2, S. 17–24

[71] Schirsch, R.; Thamke, D.: Ist die Trockenbearbeitung wirtschaftlich? In „Trockenbearbeitung prismatischer Teile – Teilprojekt Trockentiefbohren“, 04. und 05. November 1997, Stuttgart: Daimler-Benz AG, Mercedes-Benz Verfahrensentwicklung Zerspanen

[72] Schneider, J.: Gußeisenwerkstoffe – schnell, sicher und trocken bearbeiten mit Siliziumnitridkeramik. dima 9/94, S. 53–58

[73] Schnier, M.: Fertigungskonzepte zur Magnesiumbearbeitung. In: Bohren und Fräsen im modernen Produktionsprozeß, Fachgespräch zwischen Industrie und Hochschule, 21./22. Mai 1997, Institut für Spanende Fertigung, Universität Dortmund

[74] Schulte, K. ; Thamke, D.: Bohren von Stahl mit reduziertem Kühlschmierstoffeinsatz. VDI-Seminar „Wirtschaftliche spanende Fertigung mit neuen Werkzeugen und Verfahren – HSC und Leichtmetallbearbeitung“. Dortmund, 12.–13. November 1997, Düsseldorf: VDI-Bildungswerk GmbH 1997

[75] Schulte, K.; Thamke, D.: Bohren von Stahl unter Einsatz unterschiedlicher Kühlschmierstoffkonzepte. In: Bartz, W. J. (Hrsg.): „11th International Colloquium Industrial and Automotive Lubrication“, 13.–15. Januar 1998, Ostfildern: Technische Akademie Esslingen, 1998, Band I, S. 109 – 123

[76] Sheehy, T.: Taking the Hard Out of Hard Turning. Manufacturing Engineering 119 (1997) 3, S. 100–106

[77] Specht, H.: Minimalmengenschmierung – eine abfallarme und kostengünstige Alternative zum Kühlschmierstoff. In: VDI-Berichte 1339: Umweltfreundlich Zerpanen. Düsseldorf: VDI Verlag 1997, S. 241–256

[78] Spur, G.; Stöferle, T.: Handbuch der Fertigungstechnik, Band 3/2 Spanen. München: Carl Hanser Verlag 1980

[79] Szczesniak, H. T.: Bearbeitung optimieren. Industrieanzeiger 117 (1995) 6, S. 63–65

[80] Tikal, F.; Linß, M.: Renaissance für das Gewindebohren. Gewindebohren von Durchgangsgewinden mit Schnittgeschwindigkeiten bis 100 m/min. wt – Produktion und Management 83 (1993) 9, S. 100–104

[81] Tikal, F.; Linß, M.; Gutmann, T.: Trockengewindebohren in Stahl. mav – maschinen, anlagen, verfahren (1996) 5, S. 44–45

[82] Tönshoff, H. K.; Brandt, D.; Schmidt, J.: Einflüsse auf das Arbeitsergebnis beim Hartdrehen – Teil1. ZWF 91 (1996) 6, S. 288–291

[83] VDI-Richtlinie 3220: Gliederung und Begriffsbestimmungen der Fertigungsverfahren. Berlin: Beuth-Verlag, 1960

[84] VDI-Richtlinie VDI 3208: Richtwerte für das Tiefbohren mit Einlippenbohrern. Berlin: Beuth-Verlag, März 1996

[85] VDI-Richtlinie VDI 3210: Tiefbohrverfahren. Berlin: Beuth-Verlag, Juni 1974

[86] Wagner, R.: Hohe Fertigungssicherheit bei niedrigeren Kosten. Umstellen auf Gewindefräsen verringert Rüst- und Bearbeitungszeiten. wt – Produktion und Management 82 (1992) 1, S. 46–48

[87] Wassmer, R.: Minimalmengenkühlschmiersysteme (MKS) – Untersuchungen beim Fräsen und Räumen. Vortrag und Manuskriptdruck zum Seminar „Zerspanungstechnik“, ALESA 20.–21. Januar 1994, Seengen 1994

[88] Weinert, K.: Wirkmechanismen beim Zerspanprozeß. In: Weinert, K. (Hrsg.): Spanende Fertigung. 2. Ausg. Essen: Vulkan-Verlag 1997, S. 29–45

[89] Weinert, K.; Appelt, H.; Schneider, M.: Gedreht oder geschliffen – gehupft wie gesprungen?. Technica 47 (1998) 5, S. 18–21

[90] Weinert, K.; Biermann, D.; Schroer, M.; Schulte, K.: Bohrungsfeinbearbeitung von Aluminium-Gußlegierungen – Einsatzmöglichkeiten und Grenzen neuer Kühlschmierstoffkonzepte. VDI-Z 139 (1997) 1/2, S. 42–47

[91] Weinert, K.; Biermann, D.; Schroer, M.; Schulte, K.: Die Emulsion ist ersetzbar – Neue Kühlschmierstoffkonzepte zur Bohrungsfeinbearbeitung von Aluminium-Gußlegierungen. Aluminium Kurier News (1997) 4, S. 10

[92] Weinert, K.; Biermann, D.; Schroer, M.; Schulte, K.: Wo weniger mehr sein kann – Neue Kühlschmierstoffkonzepte zur Bohrungsfeinbearbeitung von Aluminium-Gußlegierungen. Aluminium Kurier News (1997) 3, S. 6

[93] Weinert, K.; Schulte, K.; Thamke, D.: Bohren von Stahl mit Wendeschneidplatten-Bohrern – Neue Kühlschmierstoffkonzepte für die umweltverträgliche Stahlbearbeitung. wt – Werkstattstechnik 87 (1997), S. 475–478

[94] Weinert, K.; Schulte, K.; Thamke, D.: Grenzen der Trockenbearbeitung. mav - maschinen anlagen verfahren (1997) 4, S. 108–109

[95] Weinert, K.; Thamke, D.: Kühlschmierstoffkonzepte für die Bohrungsbearbeitung. In: VDI-Bericht 1240 „Auf dem Weg zur Trockenbearbeitung – Herausforderung an die Fertigungstechnik“. Düsseldorf, 13. Februar 1996, Düsseldorf: VDI-Verlag 1996, S. 111–124

[96] Weisser, H.: In Großserien hartdrehen statt schleifen. Werkstatt und Betrieb 127 (1994) 5, S. 320–322

[97] Wienands, N.: Hartdrehen aus der Umformwärme gehärteter Wälzlagerringe. Berichte aus der Produktionstechnik 20/96, Aachen: Shaker 1996

[98] Wobker, H.-G.; Brandt, D.; Schmidt, J.: Komplett-Hartbearbeitung. dima 49 (1995) 3, S. 80–84

[99] Wobker, H.-G.; Spintig, W.; Brandt, D.: Randzonenveränderungen bei der Zerspanung gehärteter Stahlwerkzeuge. HTM 50 (1995) 5, S. 276–281

[100] Zielasko, W.: Systematische Schneidstoff- und Werkzeugauswahl. In: Weinert, K. (Hrsg.): Spanende Fertigung. 2. Ausg. Essen: Vulkan-Verlag 1997, S. 243–258

[101] Zielasko, W.: Trockenzerspanung in der Großserienfertigung. In: VDI-Bericht 1240 „Auf dem Weg zur Trockenbearbeitung – Herausforderung an die Fertigungstechnik“. Düsseldorf, 13. Februar 1996, Düsseldorf: VDI-Verlag 1996, S. 93–110

[102] Zielasko, W.; Krümmling, T.; Thamke, D.: Trockentiefbohren in Aluminiumgußlegierungen, Stahl und Grauguß. In: VDI-Bericht 1375 „Trockenbearbeitung prismatischer Teile“. Aachen, 30.–31. März 1998, Düsseldorf: Springer-VDI-Verlag 1998, S. 255–282

5 Maschine und Umfeld

Die Trockenbearbeitung erfordert nicht nur eine technologisch bedingte Anpassung der Prozeßführung an die geänderten Randbedingungen – vielmehr ergeben sich auch neue Anforderungen an Werkzeugmaschine und Maschinenumfeld. Der Wegfall der Funktionen Schmieren, Kühlen, Temperieren, Spülen, Transportieren, Reinigen und Konservieren durch den fehlenden Kühlschmierstoff bei der Trokkenbearbeitung und zum Teil auch bei der Minimalmengenkühlschmierung erfordert Alternativlösungen, die nur durch eine entsprechende Gestaltung von Maschine und Umfeld erreicht werden können. Für jeden spanenden Fertigungsprozeß ist es wichtig, die Späne von der Wirkstelle und aus dem Arbeitsraum abzutransportieren. Ebenso sind Wärmekonzentrationen an Werkstück, Vorrichtung und Maschine zu vermeiden. Im Fall der Trockenbearbeitung oder Minimalmengenkühlschmierung sind das aber besondere Problemfelder. Darum läßt sich die Grundanforderung ableiten, daß Anhäufungen von Spänen (Spänenester) im Arbeitsraum der Maschine zu vermeiden sind. Durch entsprechende Gestaltung von Maschine und Vorrichtung kann ein freier Spänefall erreicht werden. Ebenso ist eine Kapselung und Absaugung des Arbeitsraumes notwendig, die aber dem Stand der Technik entsprechen, so daß hier nicht näher darauf eingegangen werden muß.

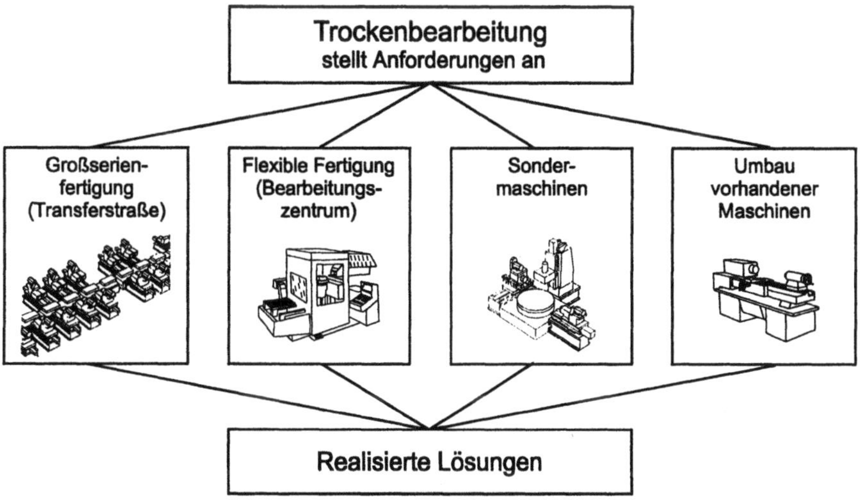

Abb. 5.1. Anforderungen der Trockenbearbeitung an unterschiedliche Fertigungsstrukturen

Die Ableitung von Gestaltungsanforderungen für trockenbearbeitungsfähige Fertigungssysteme ist geschlossen nicht sinnvoll. Zu vielfältig sind die Randbedingungen der in der Praxis bestehenden Fertigungsstrukturen. Es empfiehlt sich eine getrennte Betrachtung für Transfermaschinen (Großserie), Bearbeitungszentren (flexible Fertigung) und Sondermaschinen. Neben den Anforderungen an neue Maschinenkonzepte sind auch Lösungen für vorhandene Maschinen zur Umstellung auf Trockenbearbeitung von Bedeutung (Abb. 5.1).

5.1 Anforderungen an Maschinen für die Großserienfertigung

Die Anforderungen an eine trockenbearbeitungsgerechte Werkzeugmaschine für die Großserie können in die Blöcke Spänehandhabung, Werkstückbehandlung und Maschinen- und Peripheriegestaltung (Tabelle 5.1) eingeteilt werden [8, 9]:

Tabelle 5.1. Wichtige Anforderungen an Werkzeugmaschinen für die Trockenbearbeitung in der Großserie

Spänehandhabung:
Späne dürfen ihre kinetische und thermische Energie nicht an Werkstück, Werkzeugaufnahme oder tragende Maschinenelemente abgeben. Die Späne sollen deshalb kontinuierlich, vollständig und kontrolliert aus der Wirkzone entfernt werden.
Arbeitsraum ist z. B. durch Abdeckbleche und geneigte Flächen so zu gestalten, daß Spänenester nicht entstehen können. Auch auf Vorrichtungen, Spannmitteln und Transporteinrichtungen dürfen Späne nicht liegen bleiben. Sind waagerechte Flächen konstruktiv nicht vermeidbar, müssen hier die Spänenester z. B. durch Rütteln, Blasen, Saugen oder Abstreifen entfernt werden.
Manuelles Entfernen von Spänen aus dem Arbeitsraum ist nicht vorgesehen.
Für das Recycling sollen die Späne im entsorgungstechnischen Sinn trocken sein.
Spanform und Spangröße sind so einzustellen, daß eine sichere und kontrollierte Handhabung möglich wird. Spanform und Spangröße sollen das Absaugen ermöglichen. Zur Auslegung und Dimensionierung der Spanabfuhr ist die Kenntnis des Zerspanvolumens, der in den Prozeß eingebrachten Mengen an Fertigungshilfsstoff sowie Temperatur und Wärmekapazität der Späne erforderlich.
Für den Spänetransport wird ein mit Saugluft betriebenes Rohrsystem oberhalb der Arbeitsebene angestrebt. An den Rohrstößen, -verbindungen, -einmündungen, -erweiterungen darf es keine Störkonturen wie Schrauben- oder Nietköpfe, Schweißraupen o. ä. geben, die die Spanabfuhr behindern.
Bereiche des Rohrsystems, die aufgrund der abrasiven Wirkung der Späne einem erhöhten Verschleiß unterliegen, z. B. Krümmer, müssen schnell und unkompliziert austauschbar sein.
Nach längeren Stillstandszeiten soll das Spantransport-Rohrsystem innen getrocknet werden können.
Für den Weitertransport zum Recycling sollen die Späne zentral paketiert werden.

Späne sollen nicht in Hohlräume der Bauteile gelangen und dort liegenbleiben. Es sind deshalb glatte Abdeckungen, hängende Werkstücke, die Bearbeitung von schräg-unten, o. ä. vorzusehen.

Werkstückbehandlung:
Werkstückerwärmungen durch einzelne Fertigungsvorgänge, insbesondere bei Anwendung von MMKS oder der Trockenbearbeitung, muß bekannt sein. Nicht tolerierbare Wärmedehnungen müssen kompensiert werden.
Maschineninterne Kühlsysteme sollen außerhalb der Eingriffszeit für die Werkstücktemperierung und Werkzeugkühlung mitgenutzt werden können.
Für das Entgraten der Werkstücke sind „trockene" Verfahren anzuwenden. Zumindest für die Vorreinigung sind solche Verfahren vorzusehen (z. B. Saugblasen, Schleudern, Ausschwenken, Bürsten).

Maschinen- und Peripheriegestaltung:
Arbeitsräume sind zu kapseln. Prozeßemissionen, wie z. B. Staub, KSS-Aerosole oder Rauch sind abzuscheiden, die gereinigte Abluft wird in die Hallenatmosphäre entlassen.
Filter- und Abscheideeinrichtungen sollen ausschließlich mit voll regenerierbaren Hilfsstoffen betrieben werden.
Die von den peripheren Anlagenteilen ausgehende Geräuschbelastung darf keinesfalls über dem Maschinengeräuschpegel liegen, d. h. eine Geräuschbelastung von mehr als 75 dB (A) ist zu vermeiden.
Schaltschränke und die Maschinensteuerung sollen direkt an der Maschine angeordnet werden, wobei die Geräte nicht durch Umgebungseinflüsse wie Maschinenabwärme, Abwärme von Spänebehältern usw. zusätzlich erwärmt werden sollen.
Ver- und Entsorgung von Maschinen erfolgt grundsätzlich überflur. Insbesondere werden die Späne überflur transportiert, es existieren keine Kanäle, Rinnen oder Rohre im Hallenboden.
MMKS wird zentral zugeführt. Wenn möglich wird innere MMKS-Zufuhr angewendet. Die Füllmengen im Vorratsbehälter werden überwacht. Bei äußerer MMKS-Zufuhr darf keine Kollision zwischen den Zufuhrdüsen und Handhabungseinrichtungen etc. stattfinden.

5.2 Anforderungen an Bearbeitungszentren

In ähnlicher Weise wie die Anforderungen an eine trockenbearbeitungsgerechte Werkzeugmaschine für die Großserie können diese auch für ein Bearbeitungszentrum formuliert werden [6]. Die wichtigsten Punkte, die über die Grundanforderungen an eine Werkzeugmaschine hinausgehen, sind dabei:

- Innere MMKS-Zufuhr
- Schnelles Ansprechen wegen kurzer Eingriffszeiten und häufigem Werkzeugwechsel
- Vermeiden von Spänenestern im Arbeitsraum, Werkstück, Vorrichtung und Werkzeug
- Gekapselter, absaugbarer Arbeitsraum
- Temperaturkompensation
- Vermeiden einer ungleichmäßigen Wärmeeinleitung in die Maschinenstruktur
- Keine Haupt- und Nebenzeitverlängerung gegenüber der konventionellen Bearbeitung

Der thermosymmetrische Aufbau einer Werkzeugmaschine ist eine Grundanforderung [14, 17], die unter dem Aspekt der Trockenbearbeitung zusätzliche Bedeutung erlangt.

5.3 Trockenbearbeitungsgerechte Sondermaschine am Beispiel Einlippentiefbohrmaschine

Die Anforderungen an Sondermaschinen, die über die Anforderungen an Großserienmaschinen und Bearbeitungszentren hinausgehen oder sich von diesen unterscheiden, lassen sich nicht allgemeingültig formulieren und werden hier deshalb am Beispiel der Einlippentiefbohrmaschine dargestellt. Dabei kann für die Einlippentiefbohrmaschine ein Lastenheft aufgestellt werden, bei dem folgende Punkte im Vordergrund stehen [4, 5]:

- Dimensionierung der Druckluft- und Absauganlage in Abhängigkeit vom Bearbeitungsfall
- Auslegung der Öldosiereinrichtung in Abhängigkeit vom Bearbeitungsfall
- Optimierung der Drehdurchführung
- Verbesserte Bohrbuchsenträgerabdichtung mit Späneprallplatte
- Optimierung des Bohrbuchsenträgerraumes zur Vermeidung von Spänenestern
- Aerodynamische Gestaltung des Spänekastens ohne Störkonturen
- Implementierung einer geeigneten Prozeßüberwachung

Durch die besondere Problematik des Tiefbohrens (s. Kap. 4.6) besteht eine weitere Anforderung in einer modularen Bauweise der Maschinenkomponenten, um die Maschine zwischen Ölbetrieb und Trockenbearbeitung mit geringem Umrüstaufwand umstellen zu können.

5.4 Anforderungen an den Brand- und Explosionsschutz

Die Substitution der Vollstrahlkühlschmierung durch die MMKS erfordert maschinenseitig besondere Sicherheitsmaßnahmen. Bei der spanenden Bearbeitung von Leichtmetallen entstehen neben den normalen Spänen auch kleinste Späne und Stäube. Unter Verwendung einer Vollstrahlkühlschmierung mit Öl oder Emulsion wird der Staub größtenteils gebunden und über den Kühlschmierstoff abtransportiert. Demgegenüber kommt es bei der Bearbeitung unter Einsatz von MMKS oder der Trockenbearbeitung zur Ablagerung von kleinsten Spänen und Stäuben im Arbeitsraum der Maschine, da diese nicht über den eingesetzten Kühlschmierstoff gebunden und abtransportiert werden können.

Bei der Magnesiumbearbeitung unter Verwendung von Öl als Kühlschmierstoff ist der Einsatz eines Schutzkonzeptes Stand der Technik. Das Schutzkonzept, welches im Detail maschinenabhängig ist, besteht aus aktiven und passiven Schutzmaßnahmen. Passiver Schutz wird durch Maßnahmen, die eine Ansammlung von Spänen verhindern, wie z. B. abgeschottete, glattflächige Arbeitsräume, erreicht (s. Tabelle 5.1). Aufgrund der Explosionsgefahr ist es notwendig, daß der gekapselte Arbeitsraum dem bei einer möglichen Explosion auftretendem Überdruck standhält. Zur Druckentlastung werden Druckentlastungsklappen in den Arbeitsraum integriert. Aktiv wird die Maschine durch eine geeignete Feuerlöschanlage geschützt. Optische und thermische Sensoren überwachen den Fertigungsprozeß. Erkennt einer der Sensoren einen Brand, so wird der Löschvorgang automatisch ausgelöst. Gleichzeitig muß ein Alarm an der betreffenden Maschine dem Bedienpersonal oder einer übergeordneten Stelle den Brand melden.

Die beim MMKS-Einsatz benötigte passive und aktive Sicherheitstechnik sollte auf dem Schutzkonzept, welches bei der Ölbearbeitung Stand der Technik ist, basieren. Die fehlende Spülwirkung der MMKS führt dazu, daß sich vermehrt Späne am Werkstück und im Arbeitsraum ansammeln können und daß kleinste Späne und Partikel nicht gebunden werden, wodurch die Brandlast sowie die Explosionsgefahr zunimmt. Dem kann durch eine sinnvolle Anordnung von Werkstück und Werkzeug sowie durch eine Absaugung der Späne und Partikel begegnet werden. Bei einer Absaugung bzw. dem Transport der Späne und Partikel muß allerdings berücksichtigt werden, daß es auch im peripheren Umfeld zur Entzündung kommen kann, da weder die Späne noch die Partikel in einem Medium, wie z. B. bei der Ölbearbeitung, gebunden sind. Die Absaugung muß ebenfalls durch die Feuerlöschanlage geschützt werden und mit Druckentlastungsklappen versehen sein, da es auch in diesem Bereich zur Entzündung kommen kann.

Zudem ist das Entstehen eines zündfähigen Gemisches bei der Bearbeitung unter Verwendung der MMKS eher möglich als unter Verwendung von Öl als Kühlschmierstoff, da die Prozeßtemperaturen deutlich höher sind und somit eine Zündquelle vorhanden ist.

5.5 Umrüstung vorhandener Maschinen

Die in Kap. 5.1 und 5.2 genannten Anforderungen lassen sich für vorhandene Maschinen z. T. nur mit erheblichem konstruktiven und finanziellen Aufwand erfüllen. Deshalb bezieht sich die Umrüstung vorhandener Maschinen vornehmlich auf die Aspekte der Zufuhr der MMKS, was bereits in Kap. 3.2 beschrieben wurde, und des Absaugens der Späne und Prozeßemissionen aus dem Arbeitsraum. In Abhängigkeit von den Fertigungsrandbedingungen muß im Einzelfall über eine Umrüstung zur trockenbearbeitungsgerechten Maschine entschieden werden. Maschinen, die in der Kleinserienfertigung oder in einer flexiblen Fertigung eingesetzt werden, stehen bei einer Umrüstung zur Trockenbearbeitung im Vordergrund.

5.5.1 Absaugung im Arbeitsraum

Die konsequente Anwendung der Minimalmengenkühlschmiertechnik erfordert über die MMKS-Zufuhr hinaus Maßnahmen zur Abfuhr der Späne und der Prozeßemissionen aus dem Bearbeitungsraum, da insbesondere der Spantransport durch den KSS-Volumenstrom nicht mehr gegeben ist. Abb. 5.2 zeigt beispielsweise verschieden Möglichkeiten zum Absaugen von Spänen und Prozeßemissionen beim Fräsen von geometrisch einfachen Bauteilen.

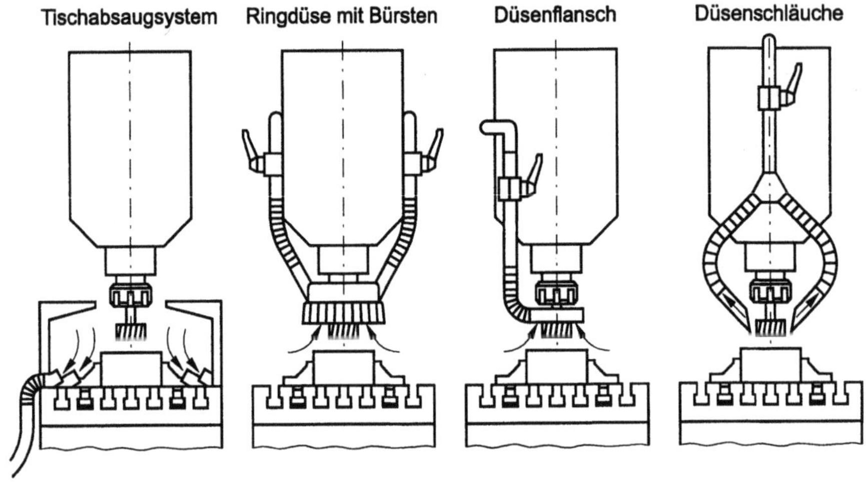

Abb. 5.2. Verschiedene Möglichkeiten zur Absaugung der Späne aus dem Arbeitsraum beim Fräsen (nach RINGLER)

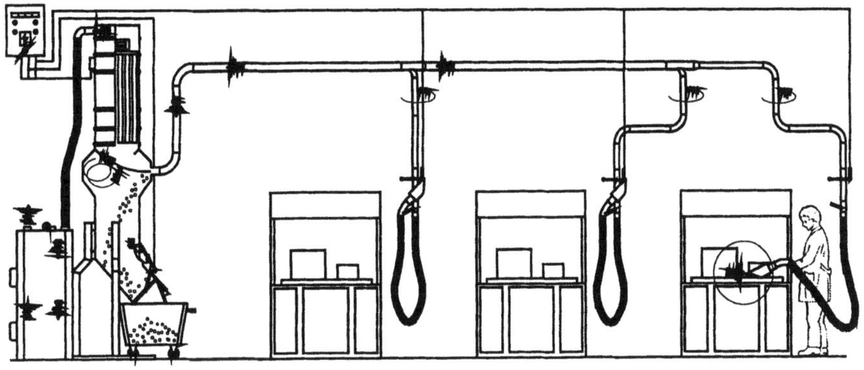

Abb. 5.3. Manuell geführte Absaugeinrichtung (nach RINGLER)

Während bei großen Losgrößen und Einzweckmaschinen eine speziell angepaßte Absaugvorrichtung wirtschaftlich sinnvoll ist, sollte bei kleinen Losgrößen, komplizierten Werkstücken und häufigen Werkzeugwechseln die Absaugung der Späne vom Maschinenbediener übernommen werden. Hierzu werden Lösungen angeboten, die den Maschinenbediener, z. B. durch eine Schwenkarmkonstruktion, beim manuellen Führen der Absaugdüse unterstützen und die abgesaugten Späne in den Spänekasten fördern.

In jedem Fall sollte das Abblasen der Späne durch den Maschinenbediener vermieden werden, um eine gesundheitliche Beeinträchtigung durch das Verstäuben von Spanpartikel und Schmierstoffresten zu vermeiden. Zudem können Partikel unter die Führungsbahnabdeckungen geblasen werden und so zu höherem Verschleiß führen.

5.6 Realisierte Lösungen

5.6.1 Trockenbearbeitungsgerechtes BAZ

Ein Großteil der gestellten Anforderungen ist bereits technisch gelöst. So hat z. B. die Fa. Hüller Hille ein trockenbearbeitungsgerechtes Bearbeitungszentrum entwickelt.

Spindeleinheit

Bei der Spindeleinheit handelt es sich um eine Motorspindel mit innerer MMKS-Zufuhr. Zur Realisierung kurzer Ansprechzeiten und um das Nachtropfen zu verhindern, erfolgt das Vermischen von Schmierstoff und Druckluft in der Spindel direkt vor der Werkzeugaufnahme. Das entwickelte Dosiersystem ist im vorderen Bereich der HSC-Spindel ($n_{max.} = 16.000 \text{ min}^{-1}$) in den Spannbolzen des HSK-

Spannsystems integriert (Abb. 5.4). Es besteht im wesentlichen aus einem Dosierventil mit vorgeschaltetem Sintermetallfilter. Diesem Sintermetallfilter werden getrennt voneinander Druckluft und Minimalmengenkühlschmierstoff zugeführt. Auf dem Weg durch das Sintermetall reichert sich dann die Druckluft mit Schmierstoff an, bevor sie durch das Werkzeug hindurch an die Werkzeugschneiden geführt wird. [7]. Die Bearbeitungseinheit kann für die konventionelle Bearbeitung auch mit Vollstrahl-Umlaufkühlschmierung betrieben werden. Die Spindeleinheit eignet sich über den Einsatz in BAZ hinaus auch für Taktstraßen. Nach dem MMKS-Zufuhrprinzip der Motorspindel werden auch Getriebespindeln entwickelt.

Gestell für Bearbeitungszentren

Das Hüller Hille-Bearbeitungszentrum verfügt über einen stationären Oberständer mit aufgesetztem Kreuzschlitten. Aus dem Rahmen des Y-Schlittens fährt ein horizontaler Schlitten als Pinole (z-Achse) heraus, der die Motorspindel trägt. Oberständer und Achsschlitten sind aus Rechteckrohrprofilen gefertigt, die durch einen großen Fugenanteil eine hohe Eigendämpfung ermöglichen. Der Achsaufbau wird durch den Einsatz von Linearführungen mit Zylinderrollen, Kugelrollspindeln mit optimierter Steigung und Kugelumlenkung, digitalen Antrieben sowie einer angepaßten Führungsbahnverkleidung unterstützt. Diese Führungsbahnverkleidung trennt die Bearbeitungseinheit vollständig vom Arbeitsraum, trotzdem sind alle Antriebselemente ohne den Abbau der Führungsbahnverkleidung erreichbar. Alle mechanischen Antriebselemente, also Kugelrollspindel, Spindellagerung und die Linearwälzführungen, werden nicht mehr durch Öl-Verlustschmierung versorgt, sondern sind auf Fettschmierung umgestellt. Ein in die Maschine integriertes Lasermeßsystem ermöglicht sowohl die Werkzeugprüfung als auch die Achskompensation, die infolge des Wärmeeinflusses und der Reaktionskräfte erforderlich werden kann [7].

Die Trockenbearbeitung erfordert aber auch Änderungen im Detail. So muß z. B. bei Führungsbahnabstreifern von Kunststoffabstreifern auf doppelte Kupferabstreifer übergegangen werden. Diese Ausführungen befinden sich bereits erfolgreich im industriellen Trockenbearbeitungseinsatz beim Zerspanen von Grauguß [12].

Spanabfuhr

Die Spanabfuhr des oben abgebildeten BAZ (Abb. 5.5) erfolgt mit Hilfe eines in das Maschinenbett integrierten Späneförderers (Kratzer), über den durch Unterdruck gleichzeitig die Prozeßemissionen aus dem Arbeitsraum abgesaugt werden. Das Maschinenbett ist zur besseren Spanabfuhr offen gestaltet. Durch korrosionsbeständige Edelstahlbleche, die in einem Winkel > 65° angeordnet sind, können die Späne aus dem Arbeitsraum ungehindert auf den Späneförderer fallen und so aus dem Arbeitsraum entfernt werden [10].

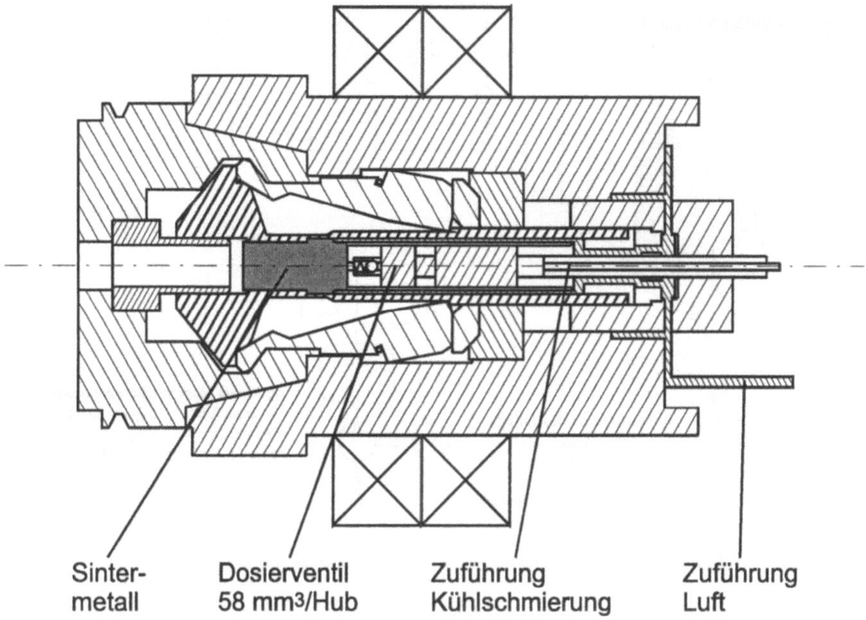

Abb. 5.4. Minimalmengendosiereinrichtung zur Integration in die Maschinenspindel (Hüller Hille) [10]

Abb. 5.5. Hochgeschwindigkeitsbearbeitungszentrum Specht 530/600T (Hüller Hille) [10]

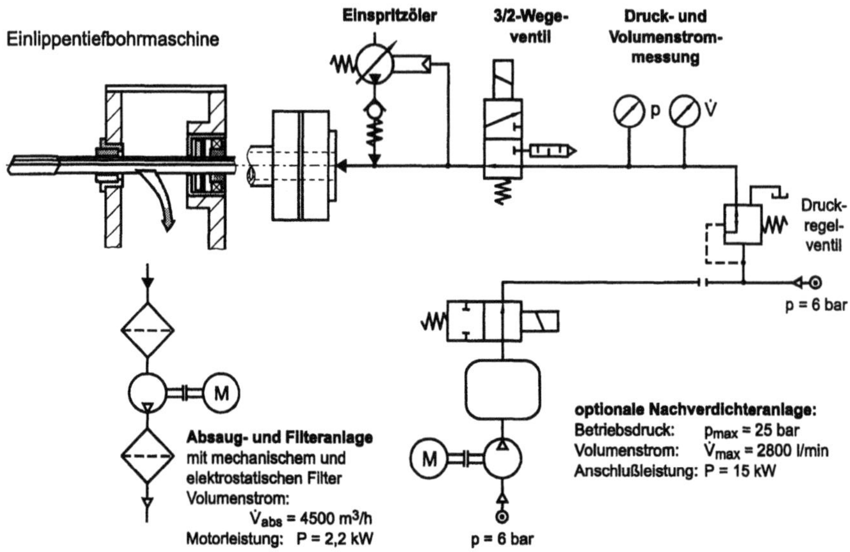

Abb. 5.6. Tiefbohranlage für den Einsatz der Minimalmengenschmierung [5]

5.6.2 Trockenbearbeitungsgerechte Sondermaschine

Entsprechend den Kap. 5.3 gestellten Anforderungen wurden bei der Daimler-Benz AG im Werk Untertürkheim und am ISF Tiefbohrmaschinen für die Trokkenbearbeitung umgebaut [4]. Die Dimensionierung der Druckluftanlage erfolgte anhand von Versuchen, bei denen Druck und Volumenstrom für unterschiedliche Tiefbohrwerkzeuge experimentell ermittelt wurden. Aufgrund der Zielsetzung, mit dieser Anlage bei Daimler-Benz eine Versuchsplattform zur Verfügung zu haben, mit der ein großer Bereich an Versuchsparametern, Volumenstrom und Druck realisiert werden kann, ist ein Betriebsdruck von 5–25 bar und ein Luftvolumenstrom bis zu 2.800 l/min festgelegt worden. Angesichts der günstigeren Anschlußleistung kommt für die Druckerzeugung ein Nachverdichter zum Einsatz, der mit 6 bar aus dem Betriebsnetz gespeist wird. Die Absauganlage ist für einen 1,2fachen Volumenstrom ausgelegt (Abb. 5.6).

5.6.3 Umbau eines BAZ

Am Institut für Spanende Fertigung (ISF) der Universität Dortmund wurde ein horizontal BAZ zur Trockenbearbeitung umgebaut. Hierbei wurde die MMKS-Zufuhr mit Hilfe einer druckbeaufschlagten Dosiereinrichtung mit Aerosolerzeugung außerhalb der Maschine (s. Kap. 3.2) und der Spantransport mit Hilfe einer Absaugvorrichtung realisiert. Diese Absaugvorrichtung ermöglicht es, sowohl die anfallenden Späne abzuführen als auch die entstehenden Prozeßemissionen bei der Bohrungsbearbeitung abzusaugen und abzuscheiden (Abb. 5.7) [1].

Die Absaugvorrichtung besteht aus einer am Spindelstock des Bearbeitungszentrums angebrachten Saugglocke, die durch eine Absaugdüse mit Unterdruck beaufschlagt wird. Über die Absaugdüse und den Unterdruckschlauch werden sowohl die Späne als auch die Prozeßemissionen aus der Saugglocke und dem Bearbeitungsraum entfernt. Die Späne werden in einem Spänebehälter aufgefangen. Der Spänebehälter wird zur Unterstützung der Absaugdüse von einer Filterzentrifuge mit Unterdruck beaufschlagt. Gleichzeitig ermöglicht es die Filterzentrifuge, die Prozeßemissionen (Stäube und Aerosole) aus dem Spänebehälter zu entfernen und in einem Feinstfilter abzuscheiden.

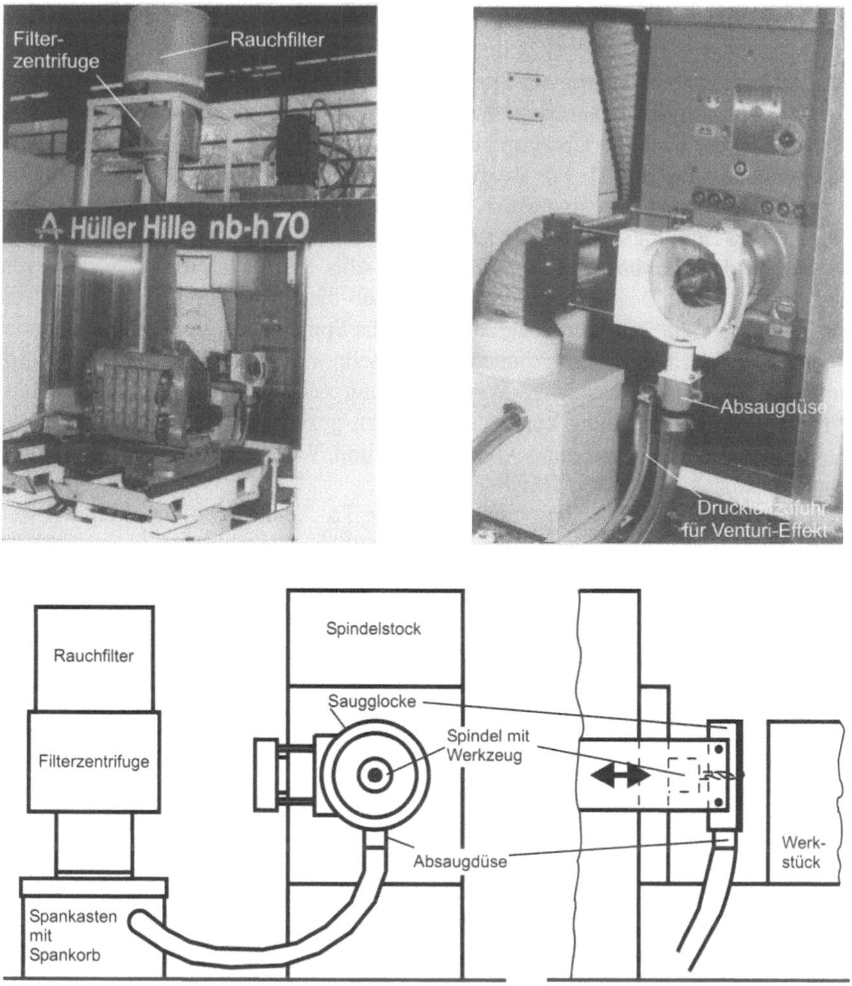

Abb. 5.7. Absaugvorrichtung für Bohrungsbearbeitung auf Bearbeitungszentren [1]

Die Saugglocke wird zur Bearbeitung über eine Kragarmkonstruktion manuell auf die Werkzeuglänge voreingestellt. Durch die Befestigung am Spindelstock fährt die Saugglocke mit dem Werkzeug vor das Werkstück. Während der Bearbeitung wird die Saugglocke mit ihrer Dichtfläche auf die Werkstückoberfläche gepreßt. Die nun notwendige Relativbewegung zwischen Spindelstock und Saugglocke wird über eine Linearführung und Druckfedern vorgenommen.

Absaugvorrichtungen stellen aufgrund der geringen Flexibilität und der notwendigen Voreinstellung auf die Werkzeuglänge allerdings nur eine wirtschaftliche Möglichkeit zur Spanabfuhr auf Transfermaschinen und Sondermaschinen dar, wo das Werkzeugspektrum stark eingeschränkt ist.

5.7 Ausblick: weitere Lösungsansätze, neue Konzepte

Da bei Trockenbearbeitung der Spantransport von der Wirkstelle nicht unterstützt wird, sollte, um den Spantransport zu verbessern, die Gravitation ausgenutzt werden. So ist die auch die Überkopfbearbeitung oder die vertikale Aufspannung der Werkstücke sinnvoll [2]. Für Bearbeitungszentren und ggf. auch für Sondermaschinen ist die Schrägbettbauweise, die von Drehmaschinen schon länger bekannt ist, auf ihre Eignung zur Trockenbearbeitung zu prüfen.

Bei der Bearbeitung von „schräg-unten“ (Abb. 5.8) [3] ergibt sich, im Gegensatz zur Überkopfbearbeitung, der Vorteil, daß die Späne durch die schräge Anordnung nicht auf den Werkzeughalter oder die Spindelnase, sondern direkt in den Späneförderer fallen. Somit können sie nur sehr wenig Wärme an diese Bauteile abgeben, wodurch übermäßige Wärmedehnung verhindert wird. Durch die integrierte Absaugvorrichtung können Emissionen gezielt aus dem Arbeitsraum entfernt werden. Die Gestaltung von Spindel und Werkzeugaufnahme ermöglicht darüber hinaus die innere MMKS-Zufuhr.

Ein Konzept, dessen Eignung hinsichtlich der Trockenbearbeitung überprüft werden muß, sind Maschinen, die auf räumlichen Stabkinematiken basieren (Abb. 5.9). Diese Architektur zeichnet sich durch folgende Vorzüge aus [2, 13, 15, 16]:

- Hohe Steifigkeit durch parallele Anordnung der Arme, daraus resultierend eine hohe Genauigkeit
- Arme werden nur auf Zug/Druck beansprucht, keine Torsions- und Biegemomente
- Geringe zu beschleunigende Massen
- Hohe Geschwindigkeiten und Beschleunigungen
- Einfache Montage, da Position der ortsfesten Gelenkpunkte nach der Montage mit Probekörper eingemessen und in der Steuerung gespeichert werden
- Gestell als einfache Schweißkonstruktion ausführbar
- Identische Bauteile von Antrieb und Gestell, Wiederholteile
- Einfache Signal und Energieübertragung
- Einfache Fundamentierung

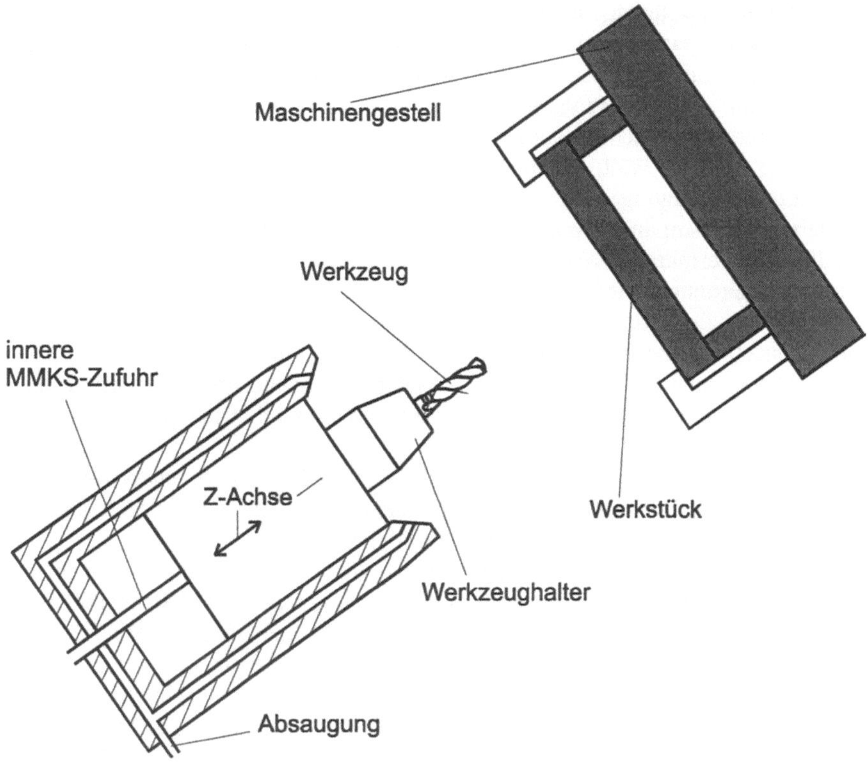

Abb. 5.8. Bearbeitung von „schräg-unten“ (nach Gühring)

Dem stehen folgende Nachteile gegenüber

- 6-Achsen-Steuerung erforderlich
- Singularitäten, d. h. Stellungen, in denen Freiheitsgrade nicht kontrollierbar sind
- Kollisionsmöglichkeiten der Arme erfordern zusätzliche Arbeitsraumüberwachung
- Eingeschränkte Schwenkwinkel der Plattform begrenzen die 5-Achsfähigkeit
- Ungünstiges Verhältnis von Arbeitsraum zu Maschinenvolumen
- Abhängigkeit der Steifigkeit von der Position im Arbeitsraum
- Große thermische Wirklängen der Arme

Insbesondere der letztgenannte Punkt erfordert bei der Trockenbearbeitung die Implementierung einer geeigneten Sensorik zur Temperaturkompensation, da aufgrund der Stabkinematik ein thermosymmetrischer Aufbau nur eingeschränkt möglich ist. Auch ist die Spananbfuhr aus dem verhältnismäßig großen Arbeitsraum zu optimieren. Hier können Spanleitbleche (vgl. [7, 10]) den Fall der Späne in einen noch zu integrierenden Späneförderer unterstützen und eine unkontrollierte Wärmeeinbringung in die Maschinenstruktur vermeiden. Darüber hinaus zeigt sich schon jetzt, daß sich in den Faltenbälgen zum Schutz der Achsen Späne verhaken, die auf Dauer zur Beschädigung der Faltenbälge und somit auch zur Beschädigung der Achsen führen.

Das Werkzeugmaschinenkonzept DYNA-M mit ebener Parallelkinematik (Abb. 5.10), das am WZL (Aachen) entwickelt wurde, verwendet zur Positionierung des Werkzeugträgers in der X-Y-Ebene zwei lineare Direktantriebe, deren Primärteil zur Armlängenverstellung in den als Stellschieber ausgebildeten Sekundärteilen verfahren. Diese sind drehbar im Gestell der Maschine gelagert. Der verbleibende rotatorische Freiheitsgrad wird durch ein w-förmiges Lenkergetriebe entzogen. Die Z-Achse, welche die Hauptspindel trägt, wird ebenfalls durch einen Linearantrieb bewegt. Als Vorteile dieses Aufbaus werden die Verwendung von Standardelementen für Lagerung und Achsantrieb genannt. Problematisch gestaltet sich momentan noch die Anbindung der Lenker und Getriebe an den Hauptspindelstock [14, 15, 18].

Die Konzepte mit ebener Parallelkinematik ermöglichen eine relativ freie Zugänglichkeit zum Werkstück und eröffnen dadurch Freiräume für die Gestaltung von Hilfseinrichtungen, die die Spanabfuhr erleichtern.

Zusammenfassend kann festgestellt werden, daß für ein trockenbearbeitungsgerechtes Bearbeitungszentrum erste Lösungen existieren. Da die dabei verwendeten Spindeleinheiten sowohl in Bearbeitungszentren als auch in Transfermaschinen integriert werden können, ist eine wesentliche Voraussetzung auch für Werkzeugmaschinen der Großserienfertigung bereits erfüllt. Aber auch die Bearbeitungszentren an sich können sowohl als „stand-alone"-Ausführung als auch flexibel verkettet betrieben werden – somit ergeben sich im zweiten Fall auch für die Großserienfertigung Realisierungsmöglichkeiten.Die trockenbearbeitungsgerechte Tiefbohrmaschine, als ein Beispiel für realisierte Sondermaschinen-Lösungen, hat durch den Laboreinsatz am ISF und in der Vorserienfertigung im Daimler-Benz Werk Untertürkheim ihr Einsatzpotential nachgewiesen. Die Erkenntnisse aus der Umrüstung und dem Betrieb dieser Tiefbohrmaschinen sind in Serienmaschinen der Fa. Nagel eingeflossen, so daß trockenbearbeitungsgerechte Tiefbohrmaschinen bereits ebenfalls erhältlich sind.

In allen Fällen wird die Wirtschaftlichkeit ausschlaggebend für die Anwendung der Trockenbearbeitung sein. Hier muß in Abhängigkeit von der Fertigungssituation und den dabei herrschenden Randbedingungen in jedem Einzelfall entschieden werden. Eine Checkliste zur Erfassung der mit dem KSS-Einsatz verbundenen Kosten wird in Kap. 6 vorgestellt. Sie stellt ein Hilfsmittel zur Abschätzung des Rationalisierungspotentials dar. Insgesamt kann festgestellt werden, daß bei Beachtung der maschinenseitigen Anforderungen und bei Berücksichtigung der technologischen Notwendigkeiten eine Anwendung der umweltschonenden Prozeßführung in weiten Bereichen der Metallverarbeitung möglich ist.

Abb. 5.9. Bearbeitungszentrum "Octahedral-Hexapod" der Firma Ingersoll [11]

Maschinendaten: W-Konzept

Arbeitsraum:
500 x 500 x 500 mm³

max. Vorschubgeschw.:
100 m/min (x- / y-Achse)

max. Achsbeschleunigung:
2g (in allen Achsen)

Hauptspindeldrehzahl:
30.000 1/min

Hauptspindelleistung:
25 kW

statische Steifigkeit im Bearbeitungspunkt (ohne Berücksichtigung der Spindelsteifigkeit):
x-Rtg.: 56 N/µm
y-Rtg.: 83 N/µm
z-Rtg.: 190 N/µm

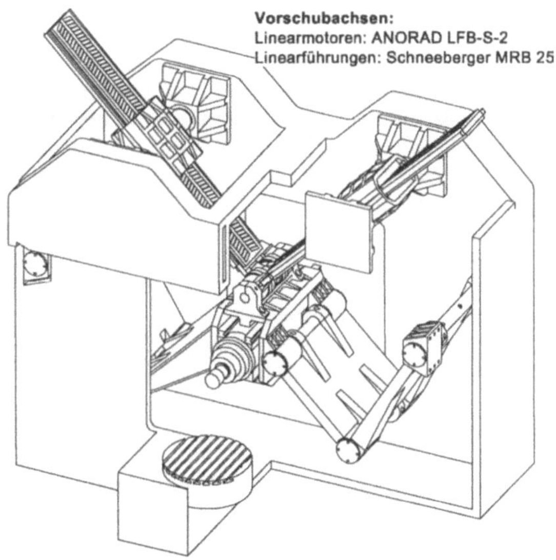

Abb. 5.10. W-Konzept mit ebener Parallelkinematik [15]

5.8
Literatur zu Kapitel 5

[1] Adams, F.-J.; Schulte, K.: Bohren von Stahl mit unterschiedlichen Kühlschmierstoffkonzepten. In: Weinert, K. (Hrsg.): Spanende Fertigung. 2. Ausg. Essen: Vulkan-Verlag 1997, S. 98–109

[2] Autorenkollektiv: Produktion im 21. Jahrhundert – Neue Maschinenkonzepte. Wettbewerbsfaktor Produktion: Aachener Werkzeugmaschinen-Kolloquium '96. Düsseldorf: VDI-Verlag 1996

[3] Cselle, T.: Die 10 Gebote der Trockenbearbeitung. Vortrag und Manuskript zur Abschlußpräsentation des BMBF-Vorhabens „Trockenbearbeitung prismatischer Teile" bei der Daimler-Benz AG. 4.–5. November 1997, Stuttgart 1997

[4] Cselle, T.; Eichler, R.; Zielasko, W.; Thamke, D.: Reduzierung des Kühlschmierstoffeinsatzes beim Tiefbohren mit Einlippenbohrern. In: Weinert, K. (Hrsg.): Spanende Fertigung. 2. Ausg. Essen: Vulkan-Verlag 1997, S. 141–154

[5] Eichler, R.: Die Trockentiefbohrmaschine. Vortrag und Manuskript zur Abschlußpräsentation des BMBF-Vorhabens „Trockenbearbeitung prismatischer Teile" bei der Daimler-Benz AG. 4.–5. November 1997, Stuttgart 1997

[6] Hockauf, W.; Schillo, E.; Zielasko, W.: Anforderungen an die trockenbearbeitungsgerechte Werkzeugmaschine aus Sicht der Großserienfertigung. Vortrag und Tischvorlage zum Fachtag „Trockenbearbeitungsgerechte Werkzeugmaschine", 6. März 1997, FZ Karlsruhe

[7] Horn, W.: Hochleistungs-Trockenbearbeitung in der Großserienfertigung. In: Weinert, K. (Hrsg.): Spanende Fertigung. 2. Ausg. Essen: Vulkan-Verlag 1997, S. 432–441

[8] Johannsen, P.: Anforderungen an die Werkzeugmaschine für Trockenbearbeitung. Vortrag und Manuskript zur Abschlußpräsentation des BMBF-Vorhabens „Trockenbearbeitung prismatischer Teile" bei der Daimler-Benz AG. 4.–5. November 1997, Stuttgart 1997

[9] Johannsen, P.; Schulte, K.: Anforderungen an die trockenbearbeitungsgerechte Werkzeugmaschine. In: VDI-Bericht 1375 „Trockenbearbeitung prismatischer Teile". Aachen, 30.–31. März 1998, Düsseldorf: Springer-VDI-Verlag 1998, S. 399–408

[10] CNC Hochgeschwindigkeits-Bearbeitungszentrum Specht 500 T und Specht 630 T für die Trockenbearbeitung. Informationsschrift Nr. 122 d der Hüller Hille GmbH, 1997

[11] Die nächste Generation der 5-Achsen Bearbeitungstechnologie. Informationsschrift der Fa. INGERSOLL M-258-9/97-5.0M/HMS-JP

[12] Podiumsdiskussion anläßlich des VDI-Seminars „Trockenbearbeitung prismatischer Teile". Aachen, 30.–31. März 1998

[13] Pritschow, G.; Wurst, K.-H.: Zur Gestaltungs- und Konstruktionskinematik von Maschinen mit Stabkinematiken. wt – Produktion und Management 87 (1997), S. 46–51

[14] Weck, M.: Probleme auf dem Weg zur ölfreien Werkzeugmaschine. In: VDI-Bericht 1240 „Auf dem Weg zur Trockenbearbeitung – Herausforderung an die Fertigungstechnik". Düsseldorf, 13. Februar 1996, Düsseldorf: VDI-Verlag 1996, S. 209 – 234

[15] Weck, M.; Hennes, N.: Neue Maschinenkonzepte für die spanende Bearbeitung. Fachgespräch „Bohren und Fräsen im modernen Produktionsprozeß", Dortmund 21.–22. Mai 1997, S. 111–127

[16] Weck, M.; Hennes, N.: Produktion im 21. Jahrhundert – neue Maschinenkonzepte. dima 50 (1996) 6, S. 112–128

[17] Weck, M.; Steinert, T.: Entwicklungstrends im Werkzeugmaschinenbau. In: Weinert, K. (Hrsg.): Spanende Fertigung. 1. Ausg. Essen: Vulkan-Verlag 1994, S. 434 – 446

[18] Wurst, K.-H.; Wagner, R.: Neue Maschinenkonzepte für die Hochgeschwindigkeitsbearbeitung. wt – Produktion und Management 85 (1996), S. 167–172

6 Wirtschaftlichkeitsbetrachtungen

Die entscheidende Frage für die Einführung eines neuen KSS-Konzeptes in die Fertigung ist die Frage nach dem Einsparungspotential gegenüber dem derzeitigen Stand. Aus naheliegenden Gründen entspricht die erreichbare Einsparung nicht gleich den durch das Weglassen des Kühlschmierstoffes eingesparten Bereitstellungs- und Entsorgungskosten.

In vielen Fällen sind die tatsächlichen Kosten für den KSS-Einsatz aber nicht bekannt. Kühlschmierstoffe werden pauschal als Fertigungshilfsstoffe betrachtet und gehen damit in den Maschinenstundensätzen unter. Diese Betrachtungsweise wird den Kühlschmierstoffen jedoch heute nicht gerecht und ermöglicht erst recht keinen Vergleich von verschiedenen KSS-Konzepten oder die Bestimmung der möglichen Einsparungen.

Um einen objektiven Vergleich zwischen KSS-Konzepten und damit auch eine Abschätzung des Kosteneinsparungspotentials der neuen KSS-Techniken zu ermöglichen, müssen möglichst alle im Zusammenhang mit dem KSS-Einsatz stehenden Kosten erfaßt und gegenübergestellt werden. Davon ausgehend können dann wieder für eine Vergleichsrechnung zwischen den Konzepten Vereinfachungen eingeführt werden, indem beispielsweise für alle Konzepte geltende Kostenverursacher bei einem Vergleich unberücksichtigt bleiben.

Im folgenden wird ein Kostenbewertungsmodell für den Einsatz unterschiedlicher KSS-Konzepte vorgestellt (Abb. 6.1). Es werden Gesichtspunkte für die Erfassung der mit dem KSS-Einsatz im Zusammenhang stehenden Kosten aufgezeigt, wobei nicht der Anspruch auf Vollständigkeit erhoben wird. Vielmehr ist es erforderlich, die verschiedenen Gesichtspunkte kritisch an die betrachtete Produktionsstätte anzupassen und gegebenenfalls zu erweitern. Darüber hinaus müssen Randbedingungen formuliert werden, die den Umfang der Vergleichsrechnung weiter reduzieren können. Ganz entscheidend dabei ist, ob es sich um eine Neukonzeption einer Produktionsanlage handelt oder ob eine vorhandene Anlage umgerüstet werden soll. Hierbei ist insbesondere der Einfluß der technologischen Randbedingungen zu beachten.

Die Erfassung der für den KSS-Einsatz anzusetzenden Kosten erfolgt sinnvollerweise anhand einer Checkliste, wie sie beispielsweise bei Thamke [14] zu finden ist. Anhand dieser Liste soll ein objektiver Vergleich zwischen den konventionellen KSS-Konzepten mit Emulsion oder Öl und den neuen KSS-Konzepten Minimalmengenkühlschmierung, Druckluftunterstützung und reine Trockenbearbeitung ermöglicht werden (s. Kap. 3 und 5). Dabei soll diese allgemeingültige Liste für die Universalmaschine bis zur flexiblen Transferstraße, entsprechend von Losgröße 1 bis zur Großserie die Erfassung der KSS-Kosten ermöglichen.

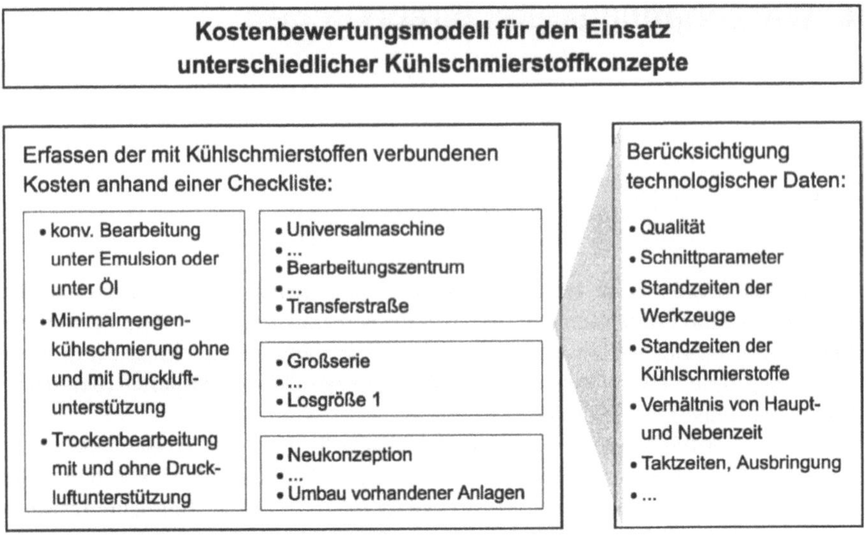

Abb. 6.1. Bewertung von Kühlschmierstoffkosten

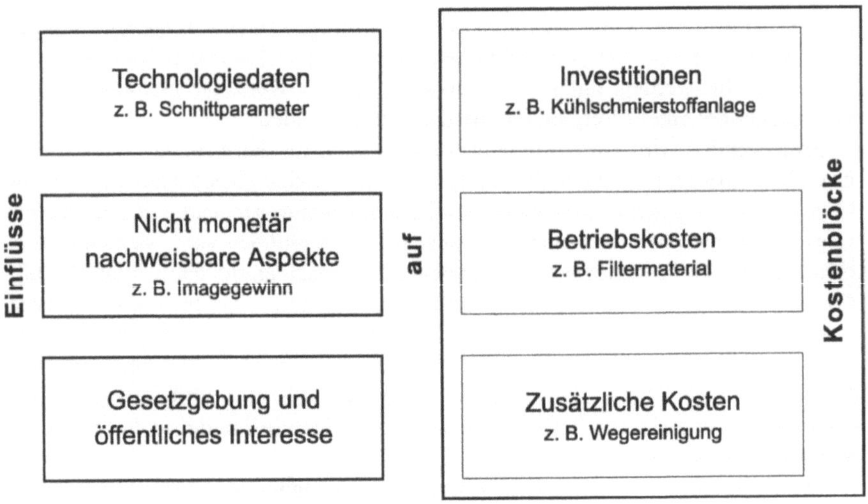

Abb. 6.2. Kostenbewertungsmodell für den Einsatz von Kühlschmierstoffen

6.1 Kostenbewertungsmodell für den Einsatz von Kühlschmierstoffen

Die durch Kühlschmierstoffe verursachten Kosten lassen sich grob in drei Kostenblöcke unterteilen, auf die drei unterschiedliche Einflüsse wirken (Abb. 6.2). In den nächsten Abschnitten werden die Kostenblöcke und die Einflüsse ausführlicher aufgeschlüsselt.

6.1.1 Investitionskosten

Die Investitionskosten können ihrerseits in drei Blöcke unterteilt werden (Abb. 6.3): Unabhängig vom KSS-Konzept muß die Produktionsanlage beschafft werden. Hier sollen nur einige wichtige Gesichtspunkte aus Sicht der KSS-Versorgung genannt werden. Losgelöst von der eigentlichen Maschinenbeschaffung sind für einen späteren Kostenvergleich die Investitionen für die KSS-Versorgung und die Zusatzeinrichtungen zu betrachten.

Grundsätzlich muß in die Produktionsanlage investiert werden. Mit der Frage nach dem Fertigungssystem lassen sich zumeist auch die erforderlichen Handhabungseinrichtungen bestimmen. Entsprechend können die Gebäude- und Installationskosten berechnet werden.

Für den Vergleich von KSS-Konzepten sind jedoch die Anforderungen an die Werkzeugmaschinen von entscheidender Bedeutung, die in direktem Zusammenhang mit dem KSS-Einsatz stehen. Bei einer Neukonzeption einer Fertigungsanlage spielen insbesondere die technologischen Randbedingungen eine entscheidende Rolle. Hier kann ohne Einschränkungen durch die Möglichkeiten der vorhandenen Fertigungsanlagen hinsichtlich Taktzeiten, Drehzahlen usw. die nach dem Stand der Technik beste Variante ausgewählt werden.

Neben der Zahl und Lage der (NC-) Achsen sind hier Spindeldrehzahl und Drehmoment zu nennen. Der Arbeitsraum der Maschine muß den zu bearbeitenden Werkstücken genügen, sollte jedoch auch hinsichtlich einer Absaugung von Ölnebel und/oder Spänen ausgelegt werden. Für die Bohrungsbearbeitung ist die innere KSS-Zuführung aus den in Kap. 3.2 genannten Gründen vorteilhaft, Soll darüber hinaus mit Minimalmengenkühlschmierung und Druckluftunterstützung gearbeitet werden, ist eine trockenlaufgeeignete Drehzuführung vorzusehen. Um der ggf. höheren thermischen Belastung gerecht zu werden, sollte die Maschine über eine geeignete Temperaturkompensation verfügen. Zur Prozeßüberwachung und Diagnose sind geeignete Sensoren und Meßsysteme zu installieren, da u. U. eine konventionelle Prozeßüberwachung des KSS-Druckes bzw. eine Prozeßüberwachung mit Hilfe des Kühlschmierstoffes (z. B. Acoustic Emission) entfällt.

Beim Einsatz einer äußeren Minimalmengenkühlschmierung ist eine genaue Positionierung der Sprühdüsen, insbesondere bei langen Werkzeugen, notwendig, was durch eine weitere NC-Achse und eine entsprechend aufwendigere Steuerung realisiert werden kann.

Produktionsanlage	KSS-Versorgung	Zusatzeinrichtungen
• Fertigungssystem • Handhabungs-einrichtungen • Gebäude- und Installationskosten • Anforderungen an Werkzeugmaschine(n): • Erfüllen der Umweltauflagen • ...	• Kühlschmierstoffanlage • Auslegung der Kühlschmierstoffanlage • evtl. Erstbefüllung • Steuerung, Prozeßführung und -überwachung, Diagnose • Gebäude- und Installationskosten • Erfüllen der Umweltauflagen • ...	• Werkstückreinigung • Spänehandling und -recycling • zusätzliche Absauganlagen • Entsorgung von Kühlschmierstoffen • Gebäude- und Installationskosten • Erfüllen der Umweltauflagen • ...

Abb. 6.3. Investitionen

Werden bei Trockenbearbeitung oder Minimalmengenkühlschmierung geringere Werkzeugstandzeiten erwartet, müssen größere Werkzeugmagazine an den Maschinen bereitgestellt und ein entsprechend größerer Werkzeugbestand vorgehalten werden. Die Vergrößerung des Werkzeugbestandes läßt sich aber mit dem Einsatz der für die Trockenbearbeitung optimierten Werkzeuge, Schneidstoffe und Beschichtungen wieder einschränken.

Getrennt von der eigentlichen Produktionsanlage mit ihren Handhabungseinrichtungen sollten die Investitionen für die KSS-Versorgung aufgeschlüsselt werden. Zentrale Frage ist, ob die Fertigungseinrichtung mit einer Einzelversorgung ausgerüstet werden soll oder aus einer Zentralanlage versorgt wird. Entsprechend ist das Anlagenvolumen mit der zugehörigen Tank-, Pumpen- und Filteranlage auszulegen. Bei Zentralanlagen kommen erhebliche Kosten für Leitungen, Gruben und Kratzer sowie Spanförderer hinzu. Die gesamte KSS-Versorgung muß gesteuert und überwacht werden. Da die KSS-Versorgung z. T. über und unter Flur installiert wird, dürfen auch in diesem Investitionsblock die Gebäude- und Installationskosten nicht unberücksichtigt bleiben.

Bei Minimalmengenkühlschmierung geht der Kühlschmierstoff im Prozeß verloren, so daß hier kein Kreislauf, d. h. keine Rückführung und Aufbereitung erforderlich ist. Für den Anlauf der Produktionseinrichtung ist eine Befüllung der KSS-Anlage mit dem Kühlschmierstoff erforderlich. Gerade beim Einsatz von Öl mit Standzeiten von mehreren Jahren kann es wirtschaftlich sinnvoller sein, die Erstbefüllung nicht wie üblich den Betriebskosten zuzurechnen, sondern als Investition schon mit in die Abschreibung einzubeziehen.

Als Zusatzeinrichtungen sollen diejenigen Einrichtungen verstanden werden, die nicht unmittelbar zur spanenden Bearbeitung der Werkstück erforderlich sind. Sofern für die Werkzeugmaschine keine eigene Absaugeinrichtung vorgesehen ist, sind hier die Kosten für die Absaugung evtl. auftretender Metallstäube oder Ölnebel einzusetzen. Während und nach der Bearbeitung müssen die Späne von Werkstück und Vorrichtungen entfernt werden. Bei konventioneller Kühlschmierung übernimmt der Kühlschmierstoff den Abtransport der Späne, bei Trockenbearbeitung sind entsprechende Vorrichtungen notwendig, die den Spanabtransport unterstützen, sofern nicht schon bei der Konstruktion der Werkzeugmaschine diese Anforderung berücksichtigt werden konnte.

Zur Reduzierung der Verschleppung von Kühlschmierstoff – 15 bis 40 % des Kühlschmierstoffes bleibt an den Spänen haften – werden die Späne getrocknet. Das kontinuierliche Zentrifugieren der emulsions- oder ölbehafteten Späne ist hierbei eine einfache und wirkungsvolle Methode. Da bei thermischen Verfahren, d. h. dem Verbrennen der an den Spänen haftenden Schmutzstoffe bzw. Kühlschmierstoffe die Bildung von Schadstoffen wie Dioxinen und Furanen nicht auszuschließen ist und die TA Luft die Höchstgrenze für den Schadstoffausstoß weiter reduziert [13], gewinnt die naßtechnische Entölung der Metallspäne zunehmend an Bedeutung.

Wie die Späne müssen auch die Werkstücke vom Kühlschmierstoff gereinigt werden. Dies kann in Waschmaschinen mit entsprechenden, in Abhängigkeit vom verwendeten Kühlschmierstoff eingestellten Waschlösungen geschehen. Bei Trockenbearbeitung oder Minimalmengenkühlschmierung ist aber u. U. auch das Auftragen eines Korrosionsschutzmittels notwendig.

Bei Standzeitende der Kühlschmierstoffe müssen diese umweltgerecht entsorgt werden. Für klein- und mittelständische Unternehmen fallen zumeist keine Kosten für Investitionen an, da die Entsorgung der Kühlschmierstoffe und Filterrückstände von einem Entsorgungsunternehmen oder dem KSS-Hersteller übernommen werden. Erst bei den in größeren Unternehmen anfallenden Mengen verbrauchter Kühlschmierstoffe lohnt sich eine eigene Aufbereitung, z. B. das Spalten der Altemulsion mit Hilfe einer Ultrafiltrationsanlage. Auf Basis heutiger Entsorgungspreise (110–600 DM/t) sind innerbetriebliche Emulsionsspaltanlagen meist erst bei einem Aufkommen ab 50 bis 100 m^3/a wirtschaftlich einsetzbar [5]. Die Investitionskosten lassen sich jedoch nur schwer auf die einzelnen Produktionsanlagen herunterrechnen.

Allen drei Investitionskostenblöcken sind die jeweiligen Kosten für das Erfüllen der Umweltauflagen zuzuschlagen. Die Umweltauflagen sind in erster Linie abhängig vom Bundesland, jedoch kann auch der konkrete Standort der Produktionsstätte besondere Auflagen hinsichtlich des Umweltschutzes stellen (z. B. Produktionsstätten in Grundwassergebieten).

Für den Fall, daß eine vorhandene Fertigungseinrichtung auf ein neues KSS-Konzept umgerüstet werden soll, entfallen die Investitionskosten für die Maschine, während die KSS-Versorgung und die Zusatzeinrichtungen i. d. R. angepaßt werden müssen.

6.1.2 Betriebskosten

Die Betriebskosten werden entsprechend in drei Kostenblöcke für die Produktionsanlage, die KSS-Versorgung und die Zusatzeinrichtungen aufgeschlüsselt

(Abb. 6.4). Für die drei Betriebskostenblöcke sind Personal-, Energie- und Wartungskosten sowie Abschreibungen anzusetzen. Darüber hinaus können Gebäude- und Heizkosten, Beleuchtung sowie Versicherungen, z. B. bei Umweltschäden etc., eingerechnet werden.

Als weitere Betriebskosten für die Produktionsanlage sind die eingesetzten Werkzeuge und die Entsorgung der Späne zu nennen. Die Späne fallen unabhängig vom KSS-Konzept an und sollten daher der Maschine zugerechnet werden.

Die Erhaltung der Gebrauchseigenschaften des Kühlschmierstoffes verursacht im wesentlichen die weiteren Betriebskosten der KSS-Versorgung. Die Ausschleppverluste müssen ersetzt werden, zudem sind Additive sowie Konservierungsmittel zuzugeben. Bei Minimalmengenkühlschmierung und Druckluftunterstützung sind hier die Bereitstellung von Kühlschmierstoff und Druckluft anzusetzen.

Der Kühlschmierstoff, der sich im Kreislauf befindet, muß zur Einhaltung der geforderten Fertigungsqualität sowie zum Schutz der Pumpen gefiltert werden. Auch die aus dem Arbeitsraum abgesaugten Emulsions- oder Ölnebel dürfen erst nach entsprechender Filterung in die Umgebung freigesetzt werden. Es fallen daher Kosten für das Filtermaterial sowie dessen sachgerechte Entsorgung an.

Auch das Abtrennen von Fremdölen aus Hydraulik und Maschinenschmierung der Werkzeugmaschine sind kostenintensiv, trotzdem führt es insgesamt zur Kostenreduzierung bei der Pflege und Standzeitverlängerung wassermischbarer Systeme.

Bei den Zusatzeinrichtungen fallen Betriebskosten für Korrosionsschutzmittel oder Waschmittellösungen und deren Entsorgung an. Bei zusätzlich eingerichteten Absauganlagen sind hier noch Filtermaterial und -entsorgung einzurechnen.

Abb. 6.4. Betriebskosten

6.1.3 Zusätzliche Kosten für den KSS-Einsatz

Durch den KSS-Einsatz werden weitere Kosten verursacht, die jedoch u. U. nur schwer einer einzelnen Fertigungsanlage oder einem Bauteil zuzurechnen sind. Diese Kosten können ihrerseits in zwei Kostenblöcke unterteilt werden (Abb. 6.5).

Während des Betriebes der Anlage fallen Kosten für die Reinigung der Wege und des Gebäudes an. Dabei ist nicht nur das unmittelbare Umfeld der Maschine betroffen. Kühlschmierstoff, der die Böden von Produktionsstätten und Lagerbereichen verschmutzt, ist nicht nur unansehnlich, sondern auch eine Gefahrenquelle für die Mitarbeiter.

Im Umfeld einer Maschine müssen rutschfeste Treppen und Fußböden vorhanden sein, um eine Unfallgefahr, z. B. durch Ausrutschen, zu vermeiden. Werden Leckagen und deren Ursachen zudem nicht schnell genug beseitigt, sorgen Transportfahrzeuge dafür, daß aus einer kleinen Lache ein ausgedehnter schmieriger Film entsteht.

Direkt an der Maschine werden Ölbindemittel und Putzlappen verbraucht, die zentral verrechnet werden. Die Bevorratung von Kühlschmierstoffen, Additiven und weiteren Zusätzen geschieht i. d. R. ebenfalls zentral für das gesamte Unternehmen.

Weitere Kosten können durch Produktionsausfälle entstehen, die durch den KSS-Einsatz verursacht werden. Gerade bei zentral versorgten Maschinen kann eine Zuordnung dieser Kosten nur nach der Wirkung, keinesfalls nach dem Verursacher erfolgen. Die beispielsweise durch den Kühlschmierstoff verursachten Schaltschrankbrände entstehen durch die Niederschläge aller in der Produktionshalle befindlichen Maschinen.

Maschinenumfeld

- rutschfeste Böden und Treppen
- Ölbindemittel
- Putzlappen
- Bevorratung von Kühlschmierstoffen, Additiven und weiteren Zusätzen
- Wegereinigung
- Gebäudereinigung
- Ausfälle durch Kühlschmierstoffe
- Kosten für Schadensbehebung
- ...

Personal

- Zulagen
- Hautpflegemittel
- persönliche Schutzmaßnahmen
- durch Kühlschmierstoffe verursachte Krankheits- und Folgekosten
- ...

Abb. 6.5. Zusätzliche Kosten für den Kühlschmierstoffeinsatz

Zusätzliche Kosten durch den KSS-Einsatz entstehen auch durch das Personal. Es werden entsprechende Zulagen an die Maschinenbediener gezahlt, für die zusätzlich persönliche Schutzmaßnahmen, z. B. Hautpflegemittel, bereitzustellen sind. Dennoch kann es zu Erkrankungen der Mitarbeiter durch Kühlschmierstoffe kommen, die eine innerbetriebliche Umsetzung der betroffenen Mitarbeiter zur Folge haben.

6.1.4 Einflüsse auf die KSS-Kostenblöcke

Die oben vorgestellten Kostenblöcke für den Einsatz von Kühlschmierstoff bei der spanenden Fertigung unterliegen Einflüssen, die einerseits durch den Stand der Technik, andererseits durch die Unternehmenspolitik bestimmt werden (Abb. 6.2). Zudem muß der sich verschärfenden (Umweltschutz-) Gesetzgebung Rechnung getragen werden.

Einflüsse der technologischen Randbedingungen

Die technologischen Randbedingungen haben einen nicht unerheblichen Anteil bei dem Vergleich verschiedener KSS-Konzepte. Jedoch sind die Einflüsse bei einer Neukonzeption einer Fertigungsanlage ungleich wichtiger als bei der Vergleichsrechnung für eine bestehende Produktion, da hier häufig Einschränkungen vorliegen. In der Regel sind für bestehende Anlagen aufwendige Umbaumaßnahmen ausgeschlossen, zudem darf die Ausbringung, d. h. die Taktzeit, nicht reduziert werden. Die Schnittparameter, insbesondere die Drehzahlen, sind durch die Maschinen vorgegeben, eine innere KSS-Zufuhr durch Spindel und Werkzeug ist häufig nicht vorhanden.

Forderung: Einhaltung der geforderten Qualität bei ausreichender Prozeßsicherheit !

Einfluß	Auswirkungen: primär	Auswirkungen: sekundär
• Schnittparameter	⇨ Taktzeiten und Ausbringung	⇨ Anforderungen an Werkzeugmaschine und Anzahl der Bearbeitungsstationen
• Standzeiten	⇨ Nebenzeiten und Werkzeugbedarf	⇨ Werkzeugbestand und Ausbringung
• optimierte Werkzeuge, Schneidstoffe und Beschichtungen	⇨ Standzeiten und Qualität	⇨ Prozeßsicherheit Prozeßkette(nverkürzung)
• KSS-Zufuhr	⇨ Standzeiten und Qualität	⇨ Hauptspindel und Dosiereinrichtungen
• Minimalmengenkühlschmierstoffe	⇨ speziell konfektionierte Schmierstoffe Verlustschmierung KSS-Nebel und Stäube	⇨ Standzeiten und Qualität KSS-Anlage und Spänerecycling Kapselung und Absaugung
• Spänetransport	⇨ Spänenester / partielle Temperatureinbringung	⇨ Maschinenkonstruktion und Hilfsvorrichtungen
• Vorrichtungen	⇨ Spänenester / partielle Temperatureinbringung	⇨ Maschinen- und Vorrichtungskonstruktion
• Temperatureinflüsse	⇨ Bauteilqualität und Handhabung	⇨ Maschinenkonstruktion und Temperaturkompensation

Abb. 6.6. Einflüsse der technologischen Randbedingungen

Im folgenden werden einige technologische Randbedingungen und deren Auswirkungen auf die Fertigungsanlage aufgezeigt (Abb. 6.6). Jede Veränderung der bestehenden Fertigungsanlage, aber auch die Neukonzeption, unterliegt dabei der Forderung, daß die geforderte Werkstückqualität bei ausreichender Prozeßsicherheit eingehalten werden muß.

Der Einsatz eines alternativen KSS-Konzeptes erfordert u. U. die Anpassung der Schnittparameter an die neuen Randbedingungen. Höhere Schnittgeschwindigkeiten können dabei nur mit entsprechend hohen Spindeldrehzahlen erreicht werden, was die Investitionskosten durch den Kauf einer Hochfrequenzspindel erhöht. Damit lassen sich aber die Hauptzeiten verkürzen, was zu einer höheren Ausbringung führt. Geringe Schnittgeschwindigkeiten und Vorschübe erhöhen hingegen die Hauptzeiten, d. h. die geforderten Taktzeiten werden nicht mehr eingehalten. Bei einer Neukonzeption müssen an dieser Stelle zusätzliche parallele Bearbeitungseinheiten vorgesehen werden.

Ohne entsprechende Anpassungen und Optimierung ist zunächst eine Reduzierung der Werkzeugstandzeiten zu erwarten. Dadurch erhöht sich der Werkzeugbedarf an der Maschine ebenso wie im gesamten Unternehmen. Es müssen größere Werkzeugmagazine installiert und die Werkzeugbevorratung vergrößert werden. Zudem führen geringere Standzeiten zu häufigeren Werkzeugwechseln, die die Stillstandszeiten und damit die Nebenzeiten erhöhen.

Für das ausgewählte KSS-Konzept optimierte Werkzeuge, Schneidstoffe und Beschichtungen können die Standzeitverluste wieder reduzieren. Durch die bisher erreichten Optimierungen scheint darüber hinaus auch die Verkürzung der Prozeßkette durch Einsparen einzelner Bearbeitungsschritte möglich. Dadurch kann der Werkzeugbestand und die Anzahl der Bearbeitungsstationen verringert werden.

Die neuen KSS-Konzepte erfordern eine spezielle Zuführung der Kühlschmierstoffe. Insbesondere bei der Bohrungsbearbeitung hat sich für Bohrungsdurchmesser $D \geq 5$ mm die innere Zuführung durch Spindel und Werkzeug als vorteilhaft erwiesen. Die Bearbeitungseinheit sollte daher über eine innere Zufuhr mit einer trockenlaufgeeigneten Drehzuführung ausgerüstet sein. Bei äußerer Minimalmengenkühlschmierung ist ein exaktes Ausrichten der Sprühdüsen im Arbeitsraum der Maschine notwendig. Dies kann durch weitere NC-Achsen vorgenommen werden, was jedoch eine geeignete Steuerung voraussetzt und den Programmieraufwand in der Arbeitsvorbereitung erhöht.

Der Minimalmengenkühlschmierstoff wird für die Bearbeitung in so geringen Mengen dosiert, daß er sich „verbraucht". Es handelt sich bei diesen KSS-Konzepten daher um eine Verlustschmierung, bei der die aufwendige Pflege und Filterung des Kühlschmierstoffes entfällt. Da die Späne zudem als trocken gelten, können sie ohne Aufbereitung dem Recycling zugeführt werden.

Inzwischen können Minimalmengenkühlschmierstoffe für jede Bearbeitungsaufgabe konfektioniert werden. Bei den eingesetzten geringen Mengen ist dadurch ein Austausch des Kühlschmiermediums, z. B. für einen anderen Werkstoff, durchaus sinnvoll, um durch die optimierten Kühlschmierstoffe eine Erhöhung der Qualität und der Werkzeugstandzeiten zu erreichen.

Da bei den alternativen KSS-Konzepten der Kühlschmierstoff nicht mehr die Aufgabe des Spanabtransportes übernehmen kann, müssen geeignete Maßnahmen ergriffen werden, um die Vorrichtungen und den Arbeitsraum der Maschine von Spänen zu reinigen und um Spannfehler beim nächsten Werkstück zu vermeiden. Nach der Bearbeitung kann der Maschinenbediener z. B. die Vorrichtungen mit einem Handfeger oder Staubsauger säubern, was jedoch die Stillstandszeiten erhöht und damit zu einem schlechteren Verhältnis von Haupt- zu Nebenzeit führt. Bei einigen Werkzeugmaschinen, insbesondere auf Transferstraßen, kann man ggf. die Verfahrbewegungen der Achsen zum Abstreifen von Spanansammlungen nutzen. Die Konstruktion trockenbearbeitungsgerechter Vorrichtungen ist aus technischer Sicht am sinnvollsten, jedoch können die vorhandenen Spannmittel i. d. R. nicht weiter benutzt werden. Unter Umständen sind dann auch weitere Umspannvorgänge erforderlich, die wiederum die Nebenzeiten erhöhen und zusätzliche Positionierungsfehler nach sich ziehen.

Bei einer Neukonstruktion einer Fertigungseinrichtung kann dies durch die angepaßte Gestaltung der Maschinen, insbesondere der Gestelle berücksichtigt werden. Eine Überkopfaufspannung der Werkstücke nutzt die Schwerkraft für den Spantransport aus dem Bearbeitungsraum. In jedem Fall aber sind Ansammlungen von heißen Spänen und die damit verbundene partielle Erwärmung von Maschinenteilen zu vermeiden.

Mit dem Wegfall der konventionellen Kühlschmierung entfällt auch die Kühlung und Temperierung der Werkzeugmaschine und insbesondere der Spindel. Hier muß durch eine geeignete Temperaturkompensation Sorge getragen werden, daß die geforderte Qualität von der Bearbeitungseinheit erbracht wird. Geschlossene Kühlkreisläufe, die sogar die Werkzeugaufnahme mit einschließen können, dienen zum Abtransport der während der Bearbeitung erzeugten Wärme (s. Kap. 5).

Nicht monetär nachweisbare Aspekte des KSS-Einsatzes

Mit dem Einsatz der verschiedenen KSS-Konzepte sind einige Aspekte verbunden, die sich nicht monetär nachweisen lassen (Abb. 6.7). Es ist Aufgabe der Unternehmensführung und insbesondere des Marketings, diese Gesichtspunkte entsprechend herauszustellen und werbewirksam einzusetzen.

Die neue KSS-Technologie kann für sich die Schonung von Ressourcen sowie den Umwelt-, Gesundheits- und Arbeitsschutz in Anspruch nehmen. Daraus resultieren ein Imagegewinn und eine Vorbildfunktion in der Öffentlichkeit, die gerade im Bereich des Umweltschutzes äußerst sensibel reagiert. Der Einsatz der neuen Technologie führt zu einem Technologievorsprung gegenüber den Mitbewerbern.

Mit dem Wegfall der mit der konventionellen Kühlschmierung einhergehenden Verschmutzung der gesamten Fertigungshalle werden die Fertigungsanlagen sauberer, was zu einer Erhöhung der Mitarbeitermotivation führt. Bei der Gußbearbeitung entfällt allerdings das Abbinden der Stäube, so daß hier entsprechende Absaugungen vorzusehen sind, um eine neue Belastung auszuschließen.

Unternehmen

- Imagegewinn
- Vorbildfunktion
- Schonung der Ressourcen, Umweltschutz
- Technologievorsprung
- Marketing
- z. T. sauberere Fertigungsanlagen
- saubere, d. h. trockene, rost- und fleckfreie Werkstücke
- Korrosionsschutz
- Montageerleichterung
- Auseinandersetzung mit dem Ist-Zustand der Fertigung
- Erhöhung der Mitarbeitermotivation
- ...

Personal

- Gesundheits- und Umweltschutz
- weniger Krankheitsfälle
- weniger innerbetriebliche Umsetzungen erkrankter Mitarbeiter
- Erhöhung der Mitarbeitermotivation
- ...

Abb. 6.7. Nicht monetär nachweisbare Aspekte des Kühlschmierstoffeinsatzes

Rost- und fleckfreie Werkstücke, die gezielt mit Korrosionsschutzmitteln behandelt werden können, werten das Produkt auf, dienen der Montageerleichterung und lassen sich ohne weitere Maßnahmen gegen das Abtropfen von anhaftendem Kühlschmierstoff für den Transport vorbereiten.

Der erzielbare Arbeits-, Gesundheits- und Umweltschutz erhöht die Mitarbeiterzufriedenheit und kann so zu höherer Ausbringung und besserer Qualität führen.

Es werden weniger Krankheitsfälle auftreten und innerbetriebliche Umsetzungen der an den Folgen des KSS-Einsatzes erkrankten Mitarbeiter reduziert.

Gesetzliche Regelungen und Empfehlungen beim Umgang mit Kühlschmierstoffen

In einer Reihe von staatlichen und berufsgenossenschaftlichen Regeln, technischen Anleitungen, Richtlinien, Normen und Empfehlungen wird der Rahmen für den betrieblichen Umgang mit Kühlschmierstoffen sowie für den Transport, die Lagerung und die Entsorgung von Kühlschmierstoffen abgesteckt. Die in Deutschland dem Gesetzgeber zuarbeitenden Organisationen sind z. B. wissenschaftlich (MAK-Kommission der Deutschen Forschungsgemeinschaft, Berufsgenossenschaftliches Institut für Arbeitssicherheit (BIA)) oder vor Ort praxisorientiert tätig (Berufsgenossenschaften (BG), stattliche Gewerbeärzte, Gewerbeaufsichtsämter). Der nationalen Regelung stehen darüber hinaus noch die europäischen Regelungen zur Seite. EU-Richtlinien müssen grundsätzlich in nationales Recht überführt werden.

Die Betroffenen werden daher gerade im Bereich des Arbeits- und Umweltschutzes mit einer ständig steigenden Flut neuer Vorschriften und Regelungen konfrontiert. Es ist nur noch für den Fachmann durchschaubar, mit Gesetzen,

Regelwerken und Verordnungen im Detail umzugehen. Hier soll daher nur versucht werden, den derzeitigen Stand der gesetzlichen Regelungen beim Umgang mit Kühlschmierstoffen für die Bundesrepublik Deutschland wiederzugeben. Ein Anspruch auf Vollständigkeit wird nicht erhoben.
Für die verschiedenen Vorschriften und Regelungen läßt sich in folgende Rangfolge angeben:

- Grundgesetz
- EU-Richtlinien und -Vorschriften, Gesetze des Bundes und der Länder
- Rechtsverordnungen, Verwaltungsvorschriften
- Technische Regeln, Grenzwerte, technische Anleitungen, Normen und andere Richtlinien

In Deutschland soll es bereits etwa 10.000 Gesetze, Verordnungen und andere Vorschriften auf dem Gebiet des Umwelt- und Arbeitsschutzes geben. Inzwischen sind etwa 60 Technische Regeln für Gefahrstoffe (TRGS) bzw. Technische Regeln für gefährliche Arbeitsstoffe (TRgA) zu beachten, davon manche mit über 50 verschiedenen Unterregelungen. Die Anzahl der MAK-Werte (Maximale Arbeitsplatz-Konzentrationen) hat etwa 350 erreicht. Hinzu kommen etwa 70 TRK-Werte (Technische Richtkonzentrationen) [2].

- EU-Richtlinien (ECC Guide-Lines)
- Chemikaliengesetz (ChemG) (als Rahmengesetz)
- Gefahrstoffverordnung (GefStoffV)
- Technische Regeln für Gefahrstoffe (TRGS) sind für die praxisgerechte Umsetzung der Gefahrstoff-verordnung als untergesetzliche Regelwerke erstellt; für Kühlschmierstoffe gelten:
  TRGS 611 (Vermeidung der N-Nitrosamin-Bildung)
  TRGS 900/901 (Luftgrenzwert bzw. Begründungspapier)
  TRGS 440 TRGS 552
  TRGS 531 TRGS 540
  TRGS 907
- EU-Biozid-Richtlinie (in Vorbereitung ist auch eine deutsche Biozidverordnung)
- BG-Richtlinie ZH1/248: Regeln für Sicherheit und Gesundheitsschutz beim Umgang mit Kühlschmierstoffen
- Wasserhaushaltsgesetz (WHG)
- Verordnungen und Vorschriften der Länder über das Lagern, Abfüllen und Umschlagen (LAU-Anlagen) sowie Herstellen, Behandeln, Verwenden (HBV-Anlagen)
- Verwaltungsvorschrift wassergefährdende Stoffe
- Abwasserherkunfts-Verordnung
- Trinkwasserverordnung
- Abwasserabgabengesetz
- Wasch- und Reinigungsmittelgesetz
- Rahmen-Abwasser-Verwaltungsvorschrift (hier: Anhang 40)
- Indirekteinleiter-Verordnungen der Länder und Gemeindesatzungen
- Bundesimmissionsschutzgesetz und zugehörige Verordnungen, TA Luft
- Kreislaufwirtschaft- und Abfallgesetz
- Altölverordnung
- Reststoffbestimmungsverordnung
- Abfallbestimmungsverordnung
- Europäischer Abfallkatalog
- TA Abfall
- Gesetze über die Beförderung gefährlicher Güter und andere transportrechtliche Bestimmungen

Abb. 6.8. Übersicht über Gesetze, Verordnungen und Regelungen beim Einsatz von Kühlschmierstoffen (nach [2, 9] et al.)

Abb. 6.8 gibt eine Übersicht über eine Reihe von Gesetzen, Verordnungen und anderen Regelungen, die in Deutschland beim Einsatz von Kühlschmierstoffen zu beachten sind. Die Gesetze und Regelungen werden z. T. sehr kontrovers diskutiert. Einerseits scheinen sich einige Regelungen nur schlecht auf Kühlschmierstoffe anwenden zu lassen. Andererseits sind die aufgestellten Anforderungen nur mit großem Aufwand und daher nicht mehr wirtschaftlich sinnvoll zu erfüllen. Andere Regelungen können beispielsweise auch dazu führen, daß eine größere Abfallmenge erzeugt wird als es technisch notwendig wäre, was dann dem Kreislaufwirtschafts- und Abfallgesetz widerspricht. Einigkeit auf Hersteller- wie auf Anwenderseite herrscht aber dahingehend, daß „der Paragraphenwust kaum noch beherrschbar" ist [2].

6.2 Unterschiede zwischen Groß-, Mittel- und Kleinserienfertigung

Der Anteil der Kühlschmierstoffkosten an den Gesamtherstellkosten ist abhängig von

- der Größe des Unternehmens,
- der Fertigungsstruktur,
- der Werkstückgeometrie und
- der Art der Kühlschmierstoffversorgung.

Bei Zentralanlagen zur Versorgung von Transferstraßen, wie sie häufig in der Automobilindustrie eingesetzt werden, kann der Anteil der Kühlschmierstoffe bis zu 17 % der Gesamtherstellkosten ausmachen [15]. Damit betragen die KSS-Kosten ein Mehrfaches der Werkzeugkosten. Vergleichende Untersuchungen aus der Automobilindustrie bestätigen diese Angaben (Abb. 6.9).

Der Anteil der Aufwendungen für die Kühlschmierstoffe ist ebenfalls abhängig vom Werkstückspektrum. Die in Abb. 6.9 aufgeführten Beispiele beziehen sich auf komplexe prismatische Bauteile wie Zylinderkopf, Kurbel- oder Getriebegehäuse. Der Prozentsatz der für Kühlschmierstoffe bei der Bearbeitung von rotationssymmetrischen Bauteilen aufgewendet werden muß, kann um ein mehrfaches geringer sein (Abb. 6.10).

Der Vergleich der KSS-Versorgung erfolgte bei der Daimler-Benz AG an einem mit 150 m^3 Emulsion befüllten Zentralsystem bzw. einer 5 m^3 einzelversorgten Maschine [3]. Die Untersuchungen setzten sich zusammen aus Daten für den Ansatz, die Ergänzung und die Pflege des Kühlschmierstoffes, die Entsorgung und optional für Investitionskosten sowie Energieverbrauch. Durch eine exakte Analytik des Kühlschmierstoffes und daraus notwendig werdenden Pflegemaßnahmen wie Konzentrationsnachschärfung, Leckölentfernung, Biozidzugabe oder der Einsatz von vollentsalztem Wasser lassen sich die Kosten pro Jahr für den Betrieb der Zentralanlage auf 53 % und für die Einzelmaschine auf 60 % reduzieren. Die Verteilung der aufgewendeten Kosten ist in Abb. 6.11 dargestellt.

Aus dem Beispiel ist ersichtlich, daß die KSS-Kosten inklusive der Pflegemaßnahmen in Zentralsystemen 1.108 DM/(m^3 Jahr) und in Einzelmaschinen 9.835 DM/(m^3 Jahr) betragen. Beim Einsatz von größeren Zentralsystemen entstehen nur ca. 10 % der KSS-Kosten im Vergleich zu einzelversorgten Maschinen [3].

Die für die Automobilindustrie, d. h. für die Großserienfertigung, ermittelten Zahlenwerte können allerdings nur sehr bedingt auf klein- und mittelständische Unternehmen übertragen werden. Nicht nur die absolute Höhe der anfallenden KSS-Kosten, sondern auch der Anteil an den Fertigungskosten setzen sich unterschiedlich zusammen (Abb. 6.12). In kleinen Betrieben mit einzeln versorgten Maschinen und teuren Sonderwerkzeugen sind die KSS-Kosten daher mit nur 1–5 % fast vernachlässigbar gering, während hier die Werkzeugkosten einen erheblichen Anteil der Bauteilkosten ausmachen [6].

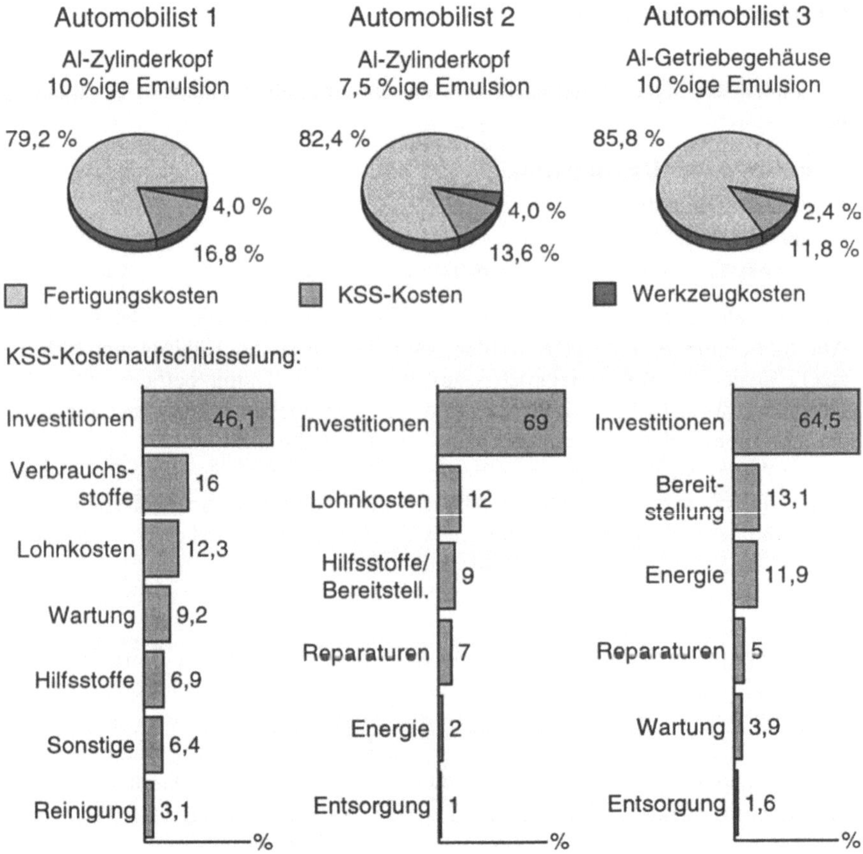

Abb. 6.9. Kühlschmierstoffanteile an der mechanischen Fertigung unterschiedlicher Automobilisten (nach Daimler-Benz AG, BMW AG, VW AG [11])

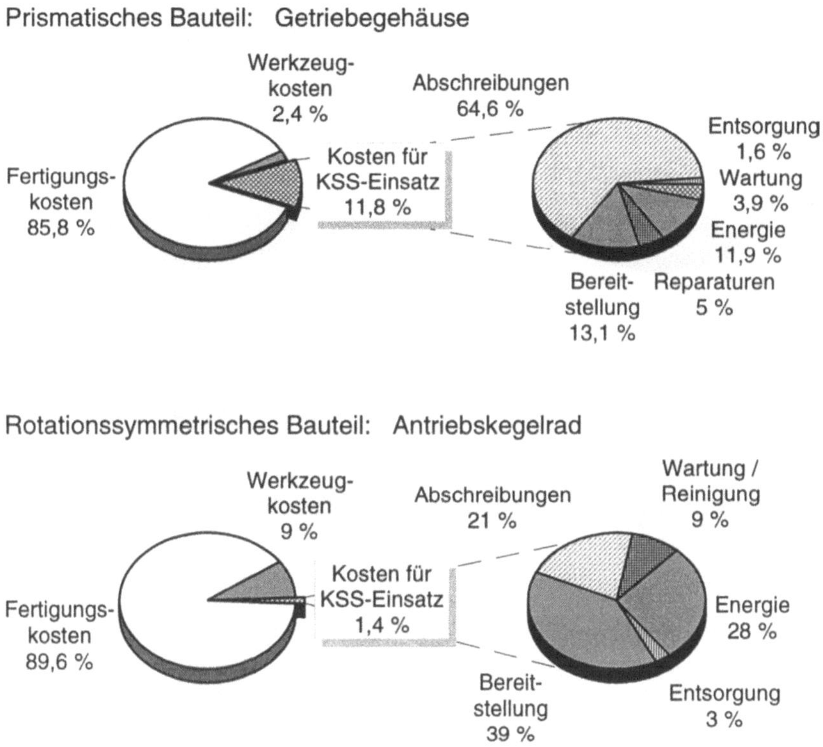

Abb. 6.10. Vergleich der Kühlschmierstoffkostenanteile bei prismatischen und rotationssymmetrischen Bauteilen (nach VW AG, Werk Kassel, und Daimler-Benz AG, Werk Kassel [7])

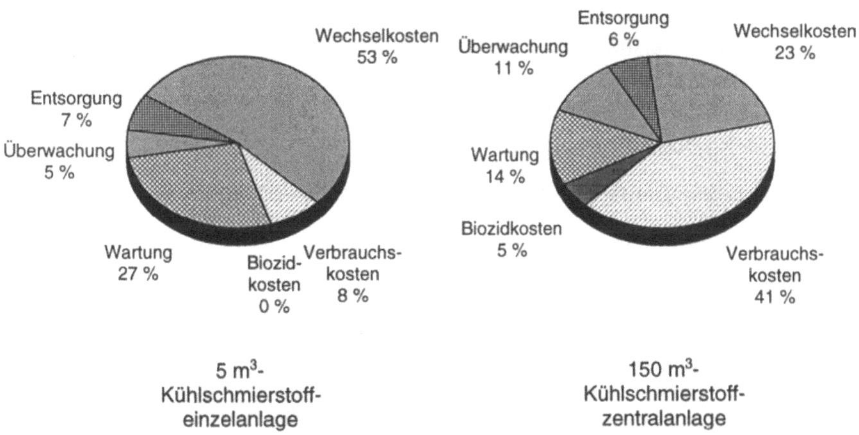

Abb. 6.11. Verteilung der KSS-Kosten bei Einzel- und Zentralsystemen (nach Daimler-Benz [3])

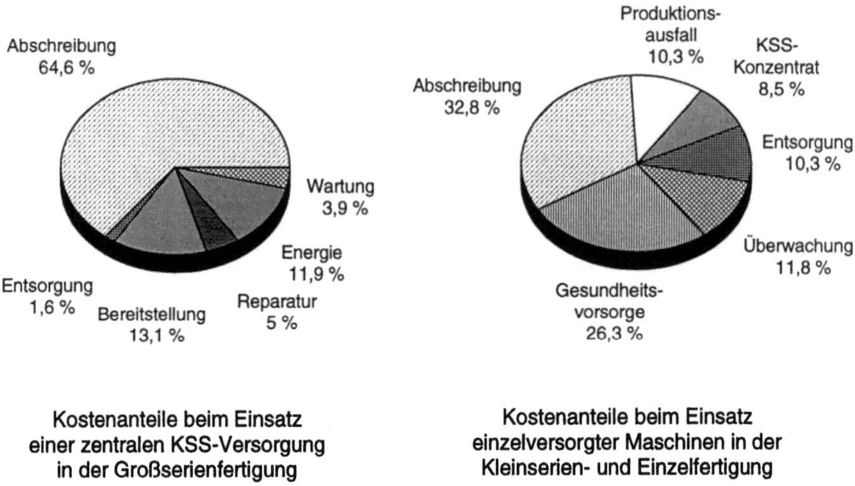

Abb. 6.12. Verteilung der KSS-Kosten in der Groß- und Kleinserienfertigung (nach Daimler-Benz und Lauscher) [10]

Die oben gezeigten Gegenüberstellungen machen deutlich, daß die Frage nach der Höhe der KSS-Kosten nicht pauschal, sondern nur anhand konkreter Einzelfälle zu beantworten ist. Auch im Rahmen des BMBF-Verbundprojektes „Trockenbearbeitung prismatischer Teile“ wurden Wirtschaftlichkeitsbetrachtungen durchgeführt [11, 16, 17]. Die dargestellten Beispiele aus unterschiedlichen Unternehmen zeigen, daß bisher weder eine einheitliche Methode zur Erfassung der notwendigen Daten noch eine einheitliche Struktur der Daten vorhanden ist. Neben der grundsätzlichen Unterscheidung in Groß- und Kleinserienfertigung können KSS-Kosten auf unterschiedlichster Basis ermittelt werden:
Die Ermittlung und Berechnung der Kostenanteile kann

- auf ein gesamtes Unternehmen bzw. eine Fabrik,
- auf eine Transferstraße oder Einzelmaschine,
- auf ein Bauteil,
- auf eine bestimmte Bearbeitungsstation oder
- auf eine spezielle Bearbeitung

bezogen werden. Darüber hinaus kann eine Kostenbewertung auch

- für einen bestimmten Werkstoff oder
- für ein spezielles Bearbeitungsverfahren

erstellt werden. Eine zusätzliche Schwierigkeit besteht darin, daß die ermittelten Zahlen nicht im Detail veröffentlicht werden dürfen und aus diesem Grund hier nur sehr pauschal dargestellt werden können. Damit wird oft nicht deutlich, worin sich die unterschiedlichen KSS-Konzepte kostenmäßig unterscheiden bzw. wie Einsparungen zustande kommen. Die Schwierigkeiten bei der Erfassung der Daten werden in Kap. 6.4 noch eingehender beschrieben.

Erst mit der Kenntnis der KSS-Kosten läßt sich das Einsparungspotential der verschiedenen Fertigungsstrukturen abschätzen, wenn alternative KSS-Konzepte wie Trockenbearbeitung oder Minimalmengenkühlschmierung zum Einsatz kommen. Größere Einsparungen sind in der Großserie, d. h. im Bereich der zentralversorgten Transferstraße erst bei einer Neuinvestition zu erwarten, wenn auf die gesamte KSS-Peripherie und den benötigten Platzbedarf verzichtet werden kann. Bei bereits installierten Produktionsanlagen mit einer komplexen KSS-Versorgung werden die Einsparungen sehr viel geringer ausfallen, da die Investitionen bereits getätigt sind. Einsparungen ergeben sich im wesentlichen durch den Wegfall von Bereitstellung und Ausgleich der Verschleppungen, Energie sowie Wartung und Reparaturen. Darüber hinaus besitzen gerade Großunternehmen aufwendige Anlagen zur KSS-Aufbereitung, die jedoch nur dann wirtschaftlich arbeiten, wenn genügend verbrauchter Kühlschmierstoff aufbereitet werden muß.

Klein- und mittelständische Unternehmen mit einzelversorgten Maschinen können hier kurzfristiger ein Einsparungspotential nutzen, wenn einzelne Maschinen umgestellt werden. Allerdings ist die Umstellung auf die alternativen KSS-Konzepte bei häufig wechselnden Werkstoffen, unterschiedlichsten Werkzeugen und Werkstücken und der damit verbundenen ständig neuen Anpassung der Randbedingungen an den jeweiligen Bearbeitungsfall ungleich höher. Dem gegenüber steht die verringerte KSS-Menge, die, z. B. durch einen externen Entsorger, entsorgt werden muß.

6.3 KSS-Kostenerfassung

Die bisherigen Untersuchungen haben gezeigt, daß in jeder Kostenanalyse viel Spielraum für Interpretation und Auslegung bleibt. Je nachdem, von welchen Voraussetzungen gerade ausgegangen wird, ändern sich die Ergebnisse zum Teil so vielschichtig, daß es auf einen Blick nicht möglich ist, die jeweiligen Auswirkungen sofort zu überschauen.

Aufbauend auf erste Kostenbetrachtungen der Fa. Fuchs Mineralölwerke zum KSS-Einsatz wurden bei der Daimler-Benz AG die Berechnungsgrundformeln weiterentwickelt und in ein EDV-Programm implementiert [4, 8]. Diese Grundlagen wurden im Hinblick auf eine Kostenbewertung der Trockenbearbeitung bzw. Minimalmengenkühlschmierung entsprechend erweitert [11, 16, 17]. Thamke bietet ein weiter detailliertes Arbeitsmittel an, das als Basis für Kostenuntersuchungen für unterschiedliche KSS-Konzepte eingesetzt werden kann [14]. Zum einen soll – ohne Anspruch auf Vollständigkeit – auf die verschiedenen Kostenfaktoren hingewiesen werden, die es bei einer kompletten Kostenanalyse und dem Vergleich von KSS-Konzepten zu beachten gilt. Zum anderen soll es aber auch die Möglichkeit bieten, mit den verschiedenen Einflüssen derart arbeiten zu können, daß man, wie bei einem Planspiel, verschiedene Ausgangsbedingungen eingibt und die jeweiligen Ergebnisse sich daraus direkt ableiten lassen. Damit wird auch ein Vergleich verschiedener KSS-Konzepte und eine Abschätzung des Kostensenkungspotentials möglich. Abb. 6.13 zeigt, wie sich die Zusammenhänge im

KSS-Kosten Formblatt darstellen. Da zur Trockenbearbeitung noch keine durchgängige realisierte Serienfertigung untersucht werden konnte, soll der Vergleich der konventionellen Kühlschmierung mit Emulsion und Öl die wichtigsten Gesichtspunkte bei der KSS-Kostenerfassung verdeutlichen.

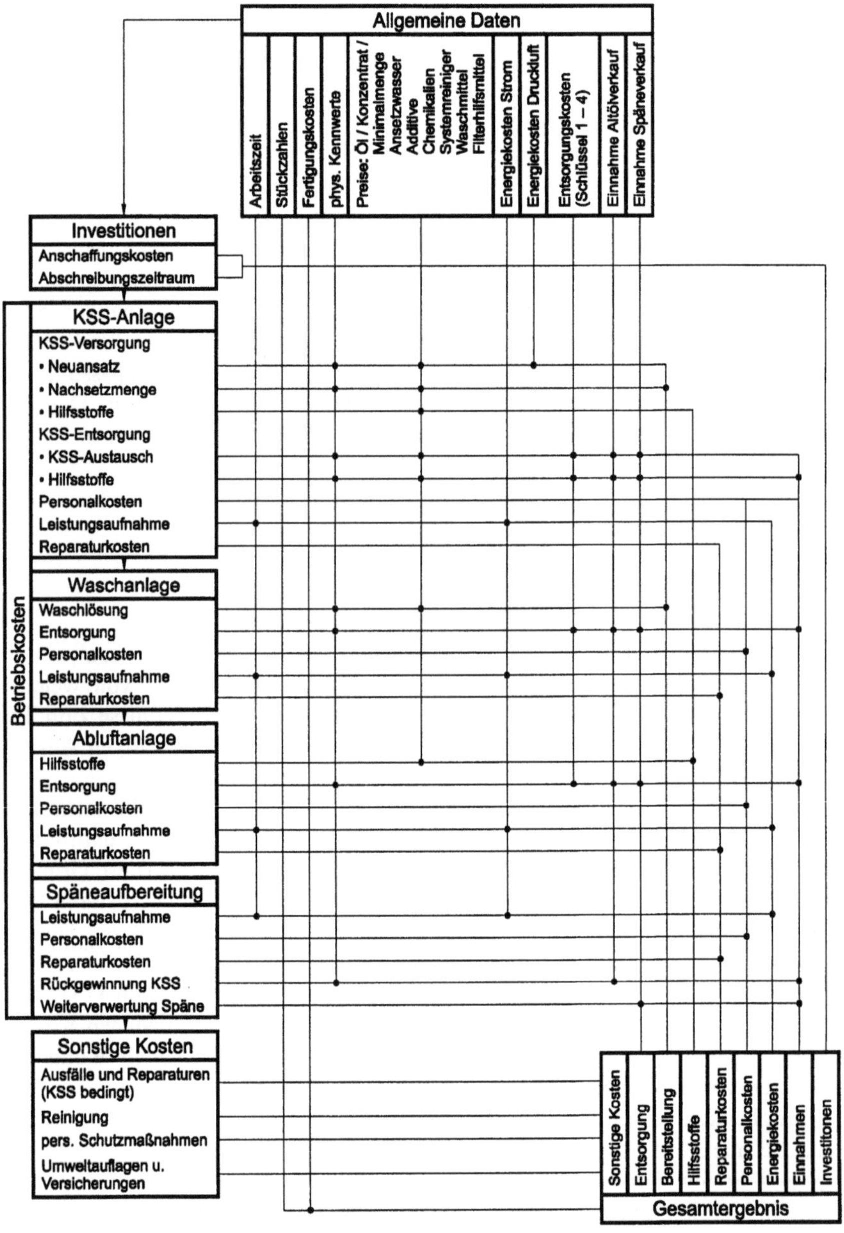

Abb. 6.13. Flußdiagramm zur Dateneingabe in das KSS-Kosten-Formblatt [14]

6.4 Erfassung und Vergleich der KSS-Kosten bei einer Getriebegehäusefertigung

In der spanenden Fertigung ist die Naßbearbeitung, wie bereits oben beschrieben, am häufigsten vorzufinden. Den größten Anteil daran beinhaltet der Einsatz von Emulsionen als Kühlschmierstoff, den zweitgrößten Anteil die Bearbeitung mit nichtwassermischbaren Kühlschmierstoffen. Im folgenden werden diese beiden KSS-Konzepte an einem konkreten Bauteil aus der Großserienfertigung analysiert. Am Beispiel einer Getriebegehäusebearbeitung werden die in Kap. 6.1 vorgestellten Kostenblöcke konkretisiert. Dabei kann nicht auf die absoluten Kosten eingegangen werden, da es sich um z. T. vertrauliches Zahlenmaterial handelt. Vielmehr sollen hier einige Kostenverursacher und die Schwierigkeiten bei der Ermittlung aufgezeigt werden. Abschließend werden die ermittelten Kosten gegenübergestellt und verglichen.

Das Getriebegehäuse wird auf zwei voneinander unabhängigen Transferstraßen – zum einen auf einer älteren Transferstraße unter Einsatz von Emulsion, zum anderen auf einer neueren Anlage unter Einsatz von Öl – gefertigt. Die Bearbeitungsfolgen und -werkzeuge sind weitgehend identisch. Bei diesem Vergleich muß jedoch berücksichtigt werden, daß es sich um zwei Transferstraßen unterschiedlicher Generation handelt. Die Emulsionsstraße war zum Zeitpunkt der Untersuchung bereits ca. 8 Jahre alt, während die Ölstraße erst seit einigen Monaten in Betrieb war.

Nach einer genauen Analyse der Transferstraßen, bei der alle Anlagenkomponenten festgestellt wurden, die direkt bzw. indirekt im Zusammenhang mit dem KSS-Einsatzes stehen, wurden die jeweiligen Kosten ermittelt. Unberücksichtigt blieben dabei die Investitions- und Betriebskosten für die Produktionsanlagen selbst.

Im folgenden wird, sowohl bei der Emulsionsanlage als auch bei der Ölanlage, einheitlich von Kühlschmierstoff bzw. Kühlschmierstoffen gesprochen, wobei dann jeweils der entsprechende Fertigungshilfsstoff gemeint ist. Unter der Bezeichnung Öl- bzw. Emulsionsanlage ist immer die jeweilige Versorgungseinheit der betreffenden Transferstraße zu verstehen.

Es war nicht immer möglich, gesicherte, d. h. protokollierte Daten zu recherchieren, statt dessen mußten Erfahrungs- bzw. Schätzwerte angenommen werden, um eine Kostenermittlung zu ermöglichen. Diese Annahmen sind in Rücksprache mit der betreffenden Abteilung im Unternehmen getroffen worden. Die meisten Daten wurden durch Personenbefragungen gesammelt. Nur einige ließen sich durch eigene Beobachtungen und Untersuchungen ermitteln bzw. überprüfen. Daher ist das Ergebnis dieser Betrachtungen direkt von der Qualität der Aussagen und Informationen abhängig.

6.4.1 Emulsionsanlage

Als Berechnungszeitraum wird ein Zeitraum von einem Jahr festgelegt. Da den einzelnen Angaben zum Teil unterschiedliche Zeitintervalle zugrunde liegen (Stunden, Tage, Wochen, Monate), wird folgender zeitlicher Rahmen festgesetzt:

- Es wird an 230 Arbeitstagen bzw. in 46 Arbeitswochen im Drei-Schichtbetrieb (24 h) gearbeitet. Dies entspricht einer jährlichen Arbeitszeit von 5.520 Stunden.
- Kosten, die hingegen immer anfallen, wie zum Beispiel die Personalkosten, oder Kosten, die in feststehenden Zeitabständen anfallen, werden mit 52 Wochen bzw. 12 Monaten gerechnet.

Investitionen für die Emulsionsanlage

Die betrachtete KSS-Versorgung gehört zu einer Transferstraße zur Gehäuse-, Flansch- und Gehäusedeckelfertigung eines Getriebegehäuses. Die Untersuchungen berücksichtigen jedoch nur die Gehäusefertigung. Dabei wird davon ausgegangen, daß Volumenströme und Kosten der Gesamtanlage zur KSS-Versorgung je zur Hälfte der Flansch- und Deckelbearbeitung sowie der Getriebegehäusefertigung zugerechnet werden können.

Der Kühlschmierstoff befindet sich in einem Vorratstank und wird mittels mehrerer Pumpen durch Rohrleitungen zu sechs Bearbeitungstrassen gefördert, von denen drei zur eigentlichen Gehäusebearbeitung gehören. Dort verzweigt er sich weiter in einen Strom, der direkt über Düsen von außen zu den Bearbeitungsstellen gelangt, und in einen Strom, der über eine kleinere Anlage nach Druckerhöhung für eine geringe Anzahl von Werkzeuge zugeführt wird (innere KSS-Zuführung). Diese kleine Anlage führt jedoch nur geringe Volumenströme und wird nicht ständig betrieben, so daß sie aus der Betrachtung herausfällt. Die Bearbeitungsstationen sind z. T. gekapselt und an eine Absauganlage angeschlossen. Als Zusatzeinrichtung ist eine Waschmaschine installiert, die für die abschließende Reinigung der Gehäuse sorgt.

Während der Bearbeitung spaltet sich der KSS-Strom in viele Teilströme auf. Ein Teil fließt an den Bearbeitungsstellen herunter, gelangt über Spülkanäle zu Kratzern, die die gröbsten Späne zurückhalten, und wird dann über Rücklaufleitungen zum Bandfilter der Anlage transportiert, wo er nach dieser weiteren Reinigung wieder in den Vorratsbehälter fließt. Der andere Teil geht durch verschiedene Ursachen verloren, z. B. Verschleppung, Leckagen, Verdampfung, Verdunstung u. ä..

Alle Investitionen außer der Waschmaschine sind bereits abgeschrieben und somit für den Ist-Zustand normalerweise irrelevant. Bei einer Neuauslegung einer solchen Anlage oder den hier beschriebenen Vergleich müssen sie jedoch berücksichtigt werden. Bei linearer Abschreibung ergeben sich jährliche Abschreibungskosten für die KSS-Anlage, die Absauganlage, Gruben, Leitungen, Spülkanäle etc. sowie die Waschmaschine. Zu beachten ist, daß die Abschreibungszeiträume teilweise gesetzlich vorgegeben sind und nicht unbedingt der tatsächlichen Einsatzdauer einer Anlage entsprechen. Für eine genaue Betrachtung müssen die genauen Nutzungszeiten bekannt sein. Diese sind jedoch schwer zu ermitteln, da sie nicht nur von der technischen Lebensdauer der Maschine, sondern auch vom Stand der Technik und gesetzlichen Auflagen etc. abhängen.

Zur besseren Vergleichbarkeit wird auf die Berechnung der kalkulatorischen Zinsen verzichtet, da diese ebenfalls nicht in den Fertigungskosten für die Gehäusebearbeitung enthalten sind.

Betriebskosten bei der Emulsionsanlage

Neben der Ermittlung der in Kap. 6.1.2 vorgestellten Betriebskosten wird in diesem Abschnitt insbesondere auf den Verbleib des Kühlschmierstoffes an der Transferstraße eingegangen. Der Verlust an Kühlschmierstoff im Einsatz macht einen erheblichen Anteil der Betriebskosten aus. Neben den Nachsetzmengen ist in diesem Zusammenhang auch die Reinigung des Maschinenumfeldes zu nennen, die sich jedoch nicht kostenmäßig eindeutig erfassen läßt.

Energiekosten

Neben Heiz- und Beleuchtungskosten fallen Energiekosten für den Betrieb der Kühlschmierstoffanlage, der Pumpenaggregate und der Absaugung sowie der Zusatzeinrichtung Waschmaschine an.

Bereitstellungskosten

Die Füllmenge der Anlage beträgt 85 m^3 10 %ige Kühlschmierstoffemulsion. Diese Menge wird alle 30 Wochen komplett ausgetauscht und die Anlage gereinigt. Der Kühlschmierstoff wird bei einem Neuansatz aus einem Konzentrat, das alle weiteren Additive wie Emulgatoren, Korrosionsschutz, EP-Zusätze etc. enthält, und der entsprechenden Trinkwassermenge gemischt. In der betriebseigenen Ultrafiltration wird die alte Emulsion aufbereitet, d. h. Wasser- und Ölanteil werden gespalten. Während die Entsorgung des Wasseranteils in der Kläranlage dabei weitere Kosten verursacht, kann der Ölanteil verkauft werden.

Der weitaus größere Teil des jährlich verbrauchten Kühlschmierstoffes fällt jedoch kontinuierlich während des Betriebes an. So werden jede Woche 40 m^3 einer 2 %igen Emulsion nachgesetzt. Die durch Verschleppung, Verdunstung usw. verlorene Jahresmenge ist also viel größer als die Füllmenge der Anlage, so daß der Versuch, den KSS-Verbleib zu untersuchen, sinnvoll erscheint.

Viermal im Jahr wird der Hauptfilter der Absauganlage erneuert. Kontinuierlich muß Filtervlies bereitgestellt werden, um Verunreinigungen aus dem Kühlschmierstoff auszufiltern. Die Waschlösung in der Waschmaschine wird einmal in der Woche gewechselt. Entsprechend ergeben sich die Bereitstellkosten aus dem Waschmittelkonzentrat und dem Ansetzwasser.

Bestimmung der Verlustmengenströme

In diesem Abschnitt wird der Verbleib des Kühlschmierstoffes an der Transferstraße untersucht. Dazu sind einige Annahmen nötig, da verschiedene Informationen nicht genau ermittelt werden konnten.

Für die nachstehende Berechnung trat die Schwierigkeit auf, daß Angaben zur gesamten Anlage auf die Gehäusebearbeitung reduziert werden mußten. In einem solchen Fall wurden die Mengen oder Kosten zur Hälfte auf das Gehäuse umgelegt. Diese Annahme wurde von der zuständigen Prozeßabteilung als realistisch eingestuft.

Bei einer Füllmenge von 85 m^3 werden jede Woche 40 m^3 einer 2 %igen Emulsion zum Ausgleich insbesondere der Wasserverluste nachgesetzt, die Hälfte der Nachsetzmenge muß vereinbarungsgemäß der betrachteten Transferstraße zugerechnet werden. Der Gesamtverlust bei Betrieb der Anlage, hochgerechnet auf 1 Jahr, setzt sich aus dem Verlust an Kühlschmierstoff, der sich durch konkrete Angaben oder Abschätzungen beziffern läßt, und einem Fehlbetrag zusammen, deren Summe die nachgesetzte Emulsionsmenge ergeben soll:

$$\dot{V}_{\text{nachsetzen}} = \dot{V}_{\text{erfaßbar}} + \dot{V}_{\text{fehl}} \tag{6.1}$$

Ein Teil des Kühlschmierstoffes vernebelt während der Bearbeitung. Die Bearbeitungsstationen sind z. T. gekapselt und an eine Absauganlage angeschlossen. Ein Teil dieses Nebels kann somit am Austritt in die Halle gehindert werden. Bei bekannter Absaugleistung lassen sich über die Wechselzyklen der Vor- und Hauptfilter mit der Annahme, daß die Filterrückstände 80 % Öl enthalten und der Wasseranteil in den Rohren der Absauganlage kondensiert, die Verluste abschätzen.

Auf dem Getriebegehäuse lagert sich ein KSS-Film ab, der in der Waschmaschine entfernt wird. Die Gehäuse werden mit Transportketten durch die Transferstraße zur Waschmaschine gefördert. Eine Abschätzung ergab eine Verschleppung von 40 ml Emulsion pro Gehäuse. Durch den Transport wird ebenso wie beim Werkzeugwechsel Kühlschmierstoff verschleppt. Zur Abschätzung der KSS-Verluste wurde die Annahme getroffen, daß die Verschleppung über Transportkette und Werkzeug doppelt so groß ist wie durch das Gehäuse selbst.

An den durch die Bearbeitung anfallenden Spänen bleibt ebenfalls Kühlschmierstoff haften. Nachdem die Späne mittels der Kratzer aus dem Kreislauf entfernt worden sind, werden sie in entsprechende Transportbehälter gefüllt. Während der Lagerung und des Transportes läßt man den Kühlschmierstoff abtropfen. Der davon aufgefangene Teil geht erst in die Ultrafiltration, dann in die Kläranlage und ist insofern für den Kreislauf verloren. Messungen ergaben dabei einen Verlust von ca. 176 ml Emulsion pro kg feuchte Späne bzw. ca. 214 ml Emulsion pro Getriebegehäuse.

In der betrachteten KSS-Anlage erfolgt die Reinigung des Kühlschmierstoffes mit einem Einweg-Bandfilter. Das Vlies wird von einer Rolle abgerollt, auf dem Boden des Beckens entlanggezogen und dann der Entsorgung zugeführt. Bei bekanntem Verbrauch des Filtervlieses läßt sich unter Annahme, daß sich das Vliesgewicht durch die Emulsion verzehnfacht, dieser Verlust abschätzen.

Der erfaßbare Verlustmengenstrom in der betrachteten KSS-Anlage setzt sich damit zusammen aus:

$$\dot{V}_{\text{erfaßbar}} = \dot{V}_{\text{Absauganlage}} + \dot{V}_{\text{Gehäuse}} + \dot{V}_{\text{Transportkette}} + \dot{V}_{\text{Späne}} + \dot{V}_{\text{Vlies}} \qquad (6.2)$$

$$= 5{,}7\frac{\text{m}^3}{\text{Jahr}} + 9{,}3\frac{\text{m}^3}{\text{Jahr}} + 18{,}7\frac{\text{m}^3}{\text{Jahr}} + 49{,}8\frac{\text{m}^3}{\text{Jahr}} + 6{,}8\frac{\text{m}^3}{\text{Jahr}}$$

$$= 90{,}3\frac{\text{m}^3}{\text{Jahr}}$$

Der Fehlbetrag pro Jahr ergibt sich durch die Differenz des Gesamtverlustes, d. h. der Menge an Kühlschmierstoff, die pro Jahr nachgesetzt werden muß, und des erfaßbaren Verlustmengenstromes:

$$\dot{V}_{\text{fehl}} = \dot{V}_{\text{nachsetzen}} - \dot{V}_{\text{erfaßbar}} \qquad (6.3)$$

$$= 920\frac{\text{m}^3}{\text{Jahr}} - 90{,}3\frac{\text{m}^3}{\text{Jahr}}$$

$$= 829{,}7\frac{\text{m}^3}{\text{Jahr}}$$

Dabei müssen zwei weitere Annahmen getroffen werden: Der Fehlbetrag verdunstet überwiegend und kondensiert in der gesamten Werkhalle. Getriebe- und Hydraulikölzuströme durch Leckage sind vernachlässigt worden, da genaue Angaben oder eine Schätzung nicht möglich sind.

Damit ergibt sich der in Abb. 6.14 dargestellte Verbleib der Emulsion an der Transferstraße zur Getriebegehäusefertigung.

Entsorgungskosten

Die Entsorgungskosten setzen sich zusammen aus der Entsorgung der Altemulsion bei der halbjährlichen Reinigung der Kühlschmierstoffanlage und der Entsorgung der kontinuierlich anfallenden Hilfsmittel wie Filtervliese und Waschlösung. Durch die werkseigene Ultrafiltrationsanlage und Deponierung der Rückstände können die Entsorgungskosten gering gehalten werden.

Wartungs- und Reparaturkosten

Für die regelmäßige Wartung und das Reinigen der KSS-Anlage und Waschmaschine sowie für das Reinigen und Wechseln der Filterelemente der Absauganlage sind Lohnkosten anzusetzen. Dabei wird mit einem theoretischen Wert von 0,3 Werksangehörigen für alle Anlagenkomponenten gerechnet. Reparaturen an den Pumpen sowie das Austauschen der durch KSS-Rückstände verklebten Nockenpakete verursachen zusätzlich Lohnkosten.

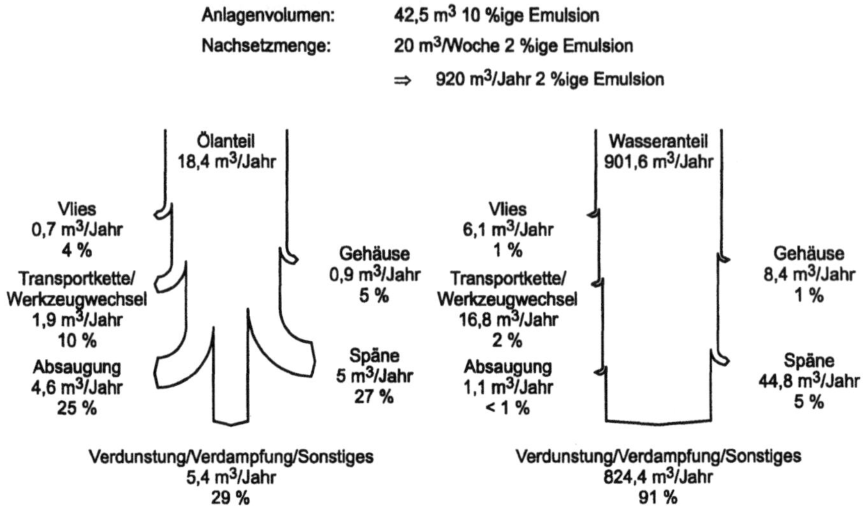

Abb. 6.14. Emulsionsverluste an einer Transferstraße zur Getriebegehäusefertigung

Kühlschmierstoffkosten der Emulsionsanlage

Aus der Untersuchung des Kostenanteils der KSS-Technik an den Fertigungskosten am Fallbeispiel Getriebegehäusebearbeitung wird deutlich, daß eine Vielzahl von Angaben, Informationen und Abschätzungen einfließen. Obwohl sie nicht alle erfaßt werden können, zeigt sich, daß es durchaus lohnenswert ist, den Kühlschmierstoffeinsatz zu recherchieren und zu optimieren. Das Ergebnis der Untersuchungen ist in der nachfolgenden Tabelle 6.1 und – weiter zusammengefaßt – in Abb. 6.15 aufgeschlüsselt:

Der Anteil der KSS-Technik an den Fertigungskosten liegt mit 11,8 % im Bereich der in der Literatur gefundenen Angaben und ist wesentlich größer als die Werkzeugkosten, die nur mit 2,4 % in die Fertigungskosten eingehen. Zu diesem Ergebnis tragen vor allem Abschreibungen für Investitionen bei, die mit 64,6 % den größten Teil der KSS-Kosten darstellen. Unerwartet klein ist dagegen der Anteil von 1,6 % für die Entsorgung. Dies liegt an der internen Entsorgung der Kühlschmierstoffe durch Aufspaltung in der Ultrafiltration, die wesentlich preiswerter als eine externe Entsorgung ist, sowie an der internen Entsorgung der Filtervliese. Die Bedeutung der Entsorgung wird in Zukunft jedoch deutlich ansteigen. Wegen der zunehmenden Zahl umwelttechnischer und gesundheitlicher Vorschriften sowie fehlender Entsorgungskapazitäten ist ein weiterer Anstieg auf diesem Sektor zu erwarten [1].

Tabelle 6.1. Aufschlüsselung der Kosten für den Einsatz von Emulsion bei der Getriebegehäusefertigung

Abschreibungen	KSS-Versorgung	37,4 %
	Zusatzeinrichtungen (hier: Waschmaschine)	27,2 %
Bereitstellung	KSS-Versorgung	12,2 %
	Zusatzeinrichtungen (hier: Waschmaschine)	0,9 %
Energie	KSS-Versorgung	7,6 %
	Zusatzeinrichtungen (hier: Waschmaschine)	4,3 %
Entsorgung	KSS-Versorgung	0,7 %
	Zusatzeinrichtungen (hier: Waschmaschine)	0,9 %
Wartung		3,9 %
Reparatur		5,0 %

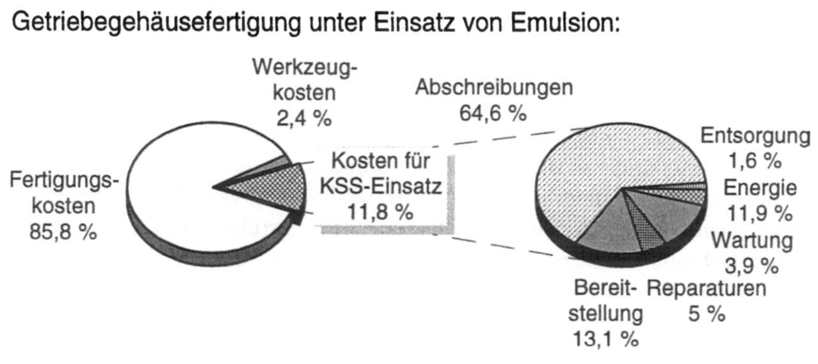

Abb. 6.15. Anteil des KSS-Einsatzes an den Fertigungskosten bei der Getriebegehäusefertigung unter Einsatz von Emulsion

6.4.2 Ölanlage

Die hier betrachtete KSS-Versorgung gehört zu einer modernen Fertigungsstraße für Getriebegehäuse. Erfahrungen bei der Bearbeitung unter Einsatz von Emulsion konnten bei der Auslegung berücksichtigt werden, was sich insbesondere in der Reduzierung der KSS-Verluste niederschlägt.

Als Berechnungsgrundlage wird ein Zeitraum von einem Jahr festgelegt. Da den einzelnen Angaben zum Teil unterschiedliche Intervalle zugrunde liegen (Stunden, Tage, Wochen, Monate) wird folgender zeitlicher Rahmen festgesetzt:

- Es wird an 230 Arbeitstagen bzw. in 46 Arbeitswochen im Zwei-Schichtbetrieb (16 h) gearbeitet. Dies entspricht einer jährlichen Arbeitszeit von 3.680 Stunden.
- Kosten, die hingegen immer anfallen, wie zum Beispiel die Personalkosten, oder Kosten, die in feststehenden Zeitabständen anfallen, werden mit 52 Wochen bzw. 12 Monaten gerechnet.

Investitionen für die Ölanlage

Die Transferstraße besteht aus einer Justiermaschine und vier Bearbeitungsstraßen. Als Zusatzeinrichtungen sind eine Schleuder und eine Waschmaschine für die Gehäuse sowie eine Spänezentrifuge installiert. Die gesamten Bearbeitungsstationen der Transferstraße sind gekapselt und mit einer Abluftanlage versehen. Diese Abluftanlage saugt das vernebelte und verdampfte Öl aus dem Bearbeitungsraum ab und sorgt dafür, daß sich keine gefährliche Ölnebelkonzentration bilden kann. Zudem ist eine Feuerlöscheinrichtung installiert worden. Das abgesaugte Öl wird, bis auf einen Reststoffanteil von max. 5 mg/m³ in der Abluft, durch elektrostatische Filter ausgefiltert und dem Kreislauf wieder zugeführt. Sämtliche Transporteinrichtungen wie Ketten, Spanntische, Greif- und Fördersysteme, sind von Öl-Auffangeinrichtungen umgeben, so daß auf diesem Weg nahezu keine Verluste von Kühlschmierstoff auftreten.

Die Ölanlage umfaßt ein Füllvolumen von ca. 100 m³ und erreicht eine Umlaufmenge von ca. 11.000 l/min. Das verschmutzte Öl gelangt über Spülkanäle von der Transferstraße in die sogenannte Schmutzkammer der Zentralanlage. Da die Anlage im Keller unterhalb der Transferstraße steht, werden dazu keine Spülpumpen eingesetzt, sondern das Gefälle der Zuleitungsrohre ausgenutzt.

In der Schmutzkammer kommt es zu einem ersten Absetzen der im Öl mitgeführten Späne, die dann über einen Kratzer herausbefördert werden. Diese noch sehr stark mit Kühlschmierstoff behafteten Späne werden einer Zentrifuge zugeführt, aus der sie, größtenteils vom Öl befreit, als „trockene“ Späne entsorgt werden. Das rückgewonnene Öl wird der Anlage wieder zugeführt. Ein im Schmutztank angebrachtes Spaltsieb, das die größeren Späne zurückhält, unterstützt diese erste Reinigungsstufe.

Das so vorgereinigte Öl wird danach neun elektrostatischen Filtersystemen zugepumpt, die die Filterung der feinen Späne und Schwebteile gewährleisten sollen. Gereinigt gelangt es durch einen Wärmetauscher, der das Öl auf eine durchschnittliche Temperatur von 26,5 °C kühlt, zur Transferstraße. Für die innere KSS-Zufuhr wird ein Teil zudem noch einer Hochdruckanlage zugeführt.

Die ausgefilterten Feinstspäne werden in einen Sedimentkratzertank geleitet, dort von einem Kratzer herausgefördert und ebenfalls der Zentrifuge zugeführt. Über Pumpen gelangt das Öl in die Schmutzkammer der Zentralanlage.

Eine als Bypass geschalteten Anschwemmanlage unterstützt die Zentralanlage. Diese Anlage gewährleistet, daß der Reststoffgehalt im Schneidöl (Partikelgröße < 1 µm) von 150–200 mg/l eingehalten wird. Die Umlaufmenge in dieser Anlage beträgt ca. 200 l/min bei einem Anlagenvolumen von ca. 20 m³.

Das vorgereinigte Öl aus der Zentralanlage wird in den Schmutztank der Anschwemmanlage gepumpt. Die noch enthaltenen Späne lagern sich dort ab und werden über einen Kratzer entsorgt.

Dem aus dem Absetzbehälter in einen Filterdom gepumpten Öl wird Kieselgur[1] als Filterstoff zugesetzt, der sich über sogenannte Filterkerzen legt und die Schwebteilchen im Öl bindet. Das Öl wird durch das Kieselgur und die Filterkerzen hindurch gesogen, dadurch gereinigt und dann in die Reinkammer der Anschwemmanlage gepumpt. Von dort aus gelangt es zur Transferstraße.

Mindestens einmal am Tag, bei übermäßiger Verschmutzung auch häufiger, entschlammt der Filterdom automatisch, das heißt das verschmutzte Kieselgur wird abgelassen und gelangt in ein Absetzbecken. Hier wird der größte Teil des im Kieselgur enthaltenen Restöls durch ein Filtertuch hindurch abgesaugt und dem Kreislauf wieder zugeführt. Das verbrauchte Kieselgur kommt mit dem Filtertuch zur Entsorgung.

Betriebskosten bei der Ölanlage

Bei der Untersuchung der KSS-Kosten wurden Betriebskosten für Energie, Bereitstellung und Entsorgung sowie für Lohnkosten für Wartung und Reparatur erfaßt. Auch bei der Ölanlage wurde der Verbleib des Kühlschmierstoffes recherchiert.

Energiekosten

Neben Heiz- und Beleuchtungskosten fallen Energiekosten für den Betrieb der Zentralanlage mit Pumpenaggregaten, Wärmetauscher, Innenkühlung und Zwangsbelüftung unter Flur sowie den Zusatzeinrichtungen Gehäuseschleuder und Spänezentrifuge an.

Darüber hinaus können die Energiekosten für Waschmaschine und Abluftanlage ermittelt werden. Im Sommer wird die gereinigte Abluft nach außen geleitet. Im Winter jedoch wird der 30–40 °C warme Abluftstrom in die Halle umgelenkt, um somit Heizkosten zu sparen.

Die Leistungsaufnahme der Anschwemmanlage setzt sich aus verschiedenen Anlagenkomponenten zusammen. Der zusätzliche Strombedarf für das Abschwemmen der Anlage wird nicht berücksichtigt, da er nur einmal am Tag für kurze Zeit anfällt.

Bereitstellungskosten

Die KSS-Versorgung umfaßt ein Füllvolumen von ca. 100 m^3. Jedes Jahr müssen 42 m^3 Öl nachgesetzt werden. Für die Anschwemmanlage fallen Kosten für die Bereitstellung von Kieselgur und Filtertuch an. Bereitstellungskosten für die Abluftanlage entfallen, da die eingesetzten Filter auf elektrostatischer Basis arbeiten und somit keine Hilfsstoffe benötigt werden.

[1] Kieselgur (Diatomeenerde) ist eine lockere oder leicht verfestigte, stark poröse, saugfähige Binnenseeablagerung, die hauptsächlich im Tertiär aus den Kieselsäuregerüsten der Kieselalgen (Diatomeen) entstanden ist. Sie besteht aus 79–90 % amorpher Kieselsäure (Siliciumdioxid), 2–12 % Wasser und wird (nach Trocknung) u. a. als Filter- und Adsorptionsmaterial und Füllstoff, früher auch zur Herstellung von Dynamit verwendet.

In der Waschmaschine wird eine 1 %ige Waschlösung eingesetzt, die wöchentlich erneuert wird. Hier fallen Kosten für die Bereitstellung von Konzentrat und Ansetzwasser an.

Bestimmung der Verlustmengenströme

Die gesamten Anlagenteile sind wesentlich besser gegen Verluste abgesichert als das bei der 8 Jahre alten emulsionsversorgten Transferstraße der Fall ist. Außerdem sind bei der Konzeption die Erfahrungen, die bei der alten Transferstraße gemacht worden sind, eingeflossen:

So sind zum Beispiel die Umlaufpaletten von den Spannpaletten getrennt, die Gehäuse werden durch ein Greifersystem jeweils umgepackt. Alle Transportteile sind mit Auffangrinnen versehen, die das abtropfende Öl ins System zurückführen. Die Gehäuse und die Späne werden nach der Bearbeitung geschleudert und somit von den größten anhaftenden Ölmengen befreit. Diese sowie weitere Maßnahmen, wie zum Beispiel der Einsatz von elektrostatischen Filtersystemen, die nur minimale zu entsorgende Reststoffe nach sich ziehen, führen insgesamt zu einer relativ geringen Verlustmenge an Kühlschmierstoff.
Bei einem Füllvolumen von ca. 100 m³ werden jährlich 42 m^3 Öl nachgesetzt. Der Gesamtverlustmengenstrom an Kühlschmierstoff bei Betrieb der Anlage setzt sich aus dem Verlust, der sich durch konkrete Zahlen oder Abschätzungen beziffern läßt, und einem Fehlbetrag zusammen, deren Summe die nachgesetzte Ölmenge ergeben soll:

$$\dot{V}_{nachsetzen} = \dot{V}_{erfaßbar} + \dot{V}_{fehl} \tag{6.4}$$

Ein wichtiger Faktor, der einen direkten Einfluß auf die Verlustmengenbestimmung hat und beachtet werden sollte, sind die Leckageverluste von Hydraulik-, Getriebe- und Bettbahnöl. Diese Ölmengen gelangen in den Kühlschmierstoff und sind somit Bestandteil der Verlustmenge. Kritisch ist bei starker Verunreinigung, daß aufgrund der höheren Viskosität der Fremdöle der Kühlschmierstoff ausgetauscht werden muß, da er seine Aufgabe nicht mehr erfüllen kann. Die Folgen sind sinkende Qualität und erhöhter Werkzeugverschleiß. Die zugegebenen Fremdölmengen lassen sich für die Ölanlage ermitteln, damit ergibt sich der Gesamtverlustmengenstrom:

$$\dot{V}_{nachsetzen} = \dot{V}_{nachsetzenÖl} + \dot{V}_{Fremdöl} \tag{6.5}$$

$$= 42\frac{m^3}{Jahr} + 17{,}7\frac{m^3}{Jahr}$$

$$= 59{,}7\frac{m^3}{Jahr}$$

Obwohl die Späne zentrifugiert werden, ist eine Abschätzung der Verlustmenge über die Späne notwendig, um die Verlustmengenströme korrekt zu bestimmen.

Messungen des Restöls an den Spänen ergab einen Verlust von 50,6 ml pro kg feuchter Späne bzw. 52,9 ml Öl pro zerspantem Getriebegehäuse.

Die Gehäuse werden nach der letzten Bearbeitungsstation zentrifugiert, dennoch bleibt ein Ölfilm auf der Oberfläche des Gehäuses zurück. Da eine Messung dieser Menge nicht möglich war, wurde der Verlust mit Hilfe der bekannten Größen aus den Untersuchung für Emulsion abgeleitet. Die Verlustmenge wird durch Gleichsetzen zu den dort ermittelten Mengen bestimmt.

Die einzelnen Bearbeitungsstationen der Transferstraße sind, mit Ausnahme der Zuführwege der Greifersysteme, fast vollständig gekapselt und mit einer Ablufteinrichtung versehen. Der bei der Bearbeitung entstehende Ölnebel wird abgesaugt und durch elektrostatische Filter hindurch abgeführt. In den Filtern wird die Abluft bei einem Durchsatz von 55.000 m^3/h auf einen Reststoffgehalt von 5 mg/m^3 gereinigt. Mit der Annahme, daß die gesamten Reststoffe aus dem abgesaugten Öl bestehen, erfolgt eine Abschätzung der Verluste für diesen ungünstigsten Fall.

Im Absetzbehälter der Anschwemmanlage wird der Hauptanteil des Restöls, das sich nach dem Abschwemmen aus dem Filterdom im Kieselgur befindet, getrennt. Dazu wird das Öl durch ein Einwegfiltertuch hindurch gesogen und dem Kreislauf wieder zugeführt. Dieses Filtertuch wird zusammen mit dem verbliebenen Kieselgur entsorgt, was zu einem Ölverlust führt. Bei bekanntem Verbrauch an Filtertuch wird die Verlustmenge mit Annahme, daß sich das Filtergewicht verzehnfacht, wovon 9/10 auf das Öl entfallen, wiederum nach oben abgeschätzt.

Wie oben beschrieben wird neben dem Filtertuch auch das Kieselgur entsorgt. Zudem werden in der Anschwemmanlage auch Späne und Schlämme mit einem Kratzer aus dem Schmutztank herausgefördert. Beide Abfallstoffe sind mit Öl benetzt, das dem Kreislauf entzogen wird.

Die Verlustmenge durch die elektrostatischen Filter in der Zentralanlage bzw. in der Abluftanlage lassen sich nicht erfassen. Zum einen fällt nur bei den Reinigungs- und Wartungsarbeiten ein Verlust an und zum anderen sind die dabei anfallenden Mengen vernachlässigbar gering.

Der gesamte Verlust pro Jahr ergibt sich aus der Summe der einzeln berechneten Anteile:

$$\dot{V}_{\text{erfaßbar}} = \dot{V}_{\text{Späne}} + \dot{V}_{\text{Gehäuse}} + \dot{V}_{\text{Abluft}} + \dot{V}_{\text{Filtertuch}} + \dot{V}_{\text{Reststoffe}} \tag{6.6}$$

$$= 9{,}2\frac{m^3}{\text{Jahr}} + 2\frac{m^3}{\text{Jahr}} + 1{,}2\frac{m^3}{\text{Jahr}} + 1{,}7\frac{m^3}{\text{Jahr}} + 24{,}2\frac{m^3}{\text{Jahr}}$$

$$= 38{,}37\frac{m^3}{\text{Jahr}}$$

Der Fehlbetrag ergibt sich aus der Differenz des gesamt erfaßbaren Verluststromes zum Gesamtverlustmengenstrom:

$$\dot{V}_{\text{fehl}} = \dot{V}_{\text{nachsetzen}} - \dot{V}_{\text{erfaßbar}} \tag{6.7}$$

$$= 59{,}72 \frac{\text{m}^3}{\text{Jahr}} - 38{,}37 \frac{\text{m}^3}{\text{Jahr}}$$

$$= 21{,}35 \frac{\text{m}^3}{\text{Jahr}}$$

Damit ergibt sich der in Abb. 6.16 dargestellte Verbleib des Kühlschmierstoffes an der Transferstraße zur Getriebegehäusefertigung. Die Verlustmengenströme entstehen durch Leckagen, durch den Werkzeugwechsel und über das Personal bei Wartungs- und Reinigungsarbeiten. Weiterhin geht Öl verloren, wenn an der Transferstraße zwischenzeitlich Magnesiumteile gefertigt werden. Da die Magnesiumspäne aus Sicherheitsgründen (Brandgefahr) nicht mit den Aluminiumspänen zusammenkommen dürfen, werden sie separat aufgefangen. Jedoch sind sie dann nicht zentrifugiert, so daß hier eine relativ große Menge an Öl verloren geht.

Entsorgungskosten

Entsorgungskosten fallen für die Zentralanlage nicht an, da die Filtersysteme nur die Späne aus dem Kreislauf herausfiltern und somit keine Abfallstoffe entstehen. Die Verluste an Öl bei der Reinigung der Filter sind vernachlässigbar gering.

Die Anschwemmanlage hingegen erzeugt eine Vielzahl zu entsorgender Abfallprodukte: Verbrauchtes Filtertuch und Kieselgur können derzeit noch auf der werksinternen Deponie entsorgt werden. Diese Deponierung ist nur noch kurze Zeit möglich, die zukünftige außerbetriebliche Entsorgung wird die Kosten mehr als verzehnfachen. Schlämme und feine Späne werden durch ein externes Unternehmen entsorgt.

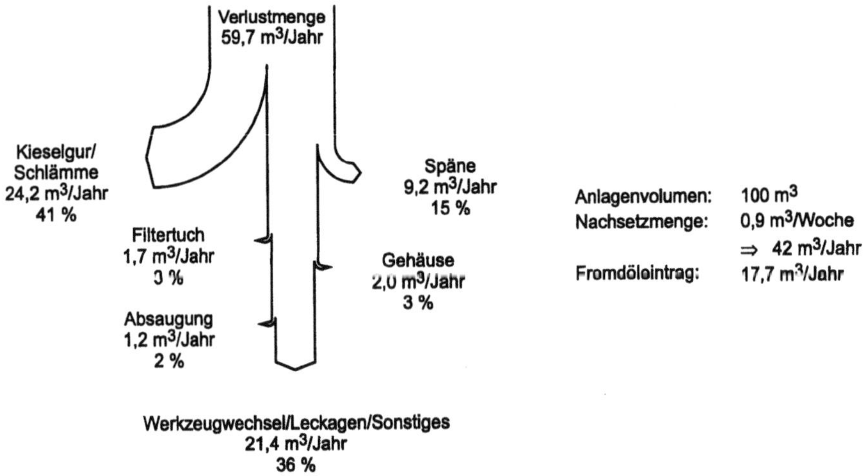

Abb. 6.16. Ölverluste an einer Transferstraße zur Getriebegehäusefertigung

An der Transferstraße selbst müssen das eingesetzte Ölbindemittel sowie Putzlappen entsorgt werden. Da das von den E-Filtern herausgefilterte Öl dem Kreislauf wieder zugeführt wird und die bei der Reinigung der Filter entstehenden Abfallmengen vergleichsweise gering sind, fallen für die Abluftanlage keine Entsorgungskosten an.

Die Waschmaschine verursacht Entsorgungskosten beim wöchentlichen Ansetzen der Waschlösung. Hier stehen die verbrauchte Waschlösung sowie der abgewaschene Kühlschmierstoff zur Entsorgung an. Durch Ultrafiltration abgespaltenes Öl läßt sich jedoch als Altöl verkaufen.

Wartungs- und Reparaturkosten

Lohnkosten fallen für Wartung und Reparaturen sowie die alle 2 Monate stattfindende Prüfung der Feuerlöscheinrichtung an. Darüber hinaus entstehen Personalkosten bei der Reinigung und Wartung der elektrostatischen Filter durch eine Fremdfirma.

Da die Anlage erst seit einer relativ kurzen Zeit in Betrieb ist, lassen sich keine sicheren Aussagen zu den Reparaturkosten machen. Daher wird folgende Annahme getroffen: Die Reparaturkosten werden durch eine Vergleichsgröße bestimmt, die sich aus den gesamten anfallenden Reparaturen im Werk ergibt: Dazu werden die Reparaturkosten ins Verhältnis zum gesamten Bruttobuchwert der Anlagen gesetzt. Dadurch läßt sich ableiten, daß etwa 0,5 % der Anschaffungskosten einer Anlage im Jahr an Reparaturkosten anfallen.

Kühlschmierstoffkosten der Ölanlage

Es ergibt sich folgende in der Tabelle 6.2 sowie Abb. 6.17 dargestellte Kostenstruktur für die KSS-Technologie an der Ölstraße. Den erwartungsgemäß größten Anteil stellen die Abschreibungskosten mit 65,3 %. Auffällig ist aber der große Kostenanteil an den Entsorgungskosten mit 11,6 %. Die hohen Entsorgungskosten dieser Anlage sind in erster Linie durch die vergleichsweise alte Technologie der Anschwemmanlage bedingt, die zur Unterstützung der Ölanlage im Bypass zugeschaltet worden ist. Die Energiekosten betragen 8,1 %, während sich die anderen Kostenträger zusammen auf 15 % addieren.

Für die Fertigungskosten des Getriebegehäuses liegen die Gesamtkosten für das komplette Gehäuse inklusive Deckel und Flanschfertigung als Mischsumme aus der Fertigung des Gehäuses auf der Emulsions- und der Öl-Transferstraße vor. Somit ist ein Trennen der Fertigungskosten nur für die Bearbeitung unter Einsatz von Öl nicht korrekt möglich. Die tatsächlichen Kosten können lediglich abgeschätzt werden. Von den derzeitigen Gesamtkosten für das komplette Getriebegehäuse wird die Hälfte für die Gehäusefertigung zugrunde gelegt. Damit ergibt sich ein Anteil von 7,5 % der Fertigungskosten durch das Öl.

Allerdings ist auch diese Aussage theoretischer Natur, da sich die meisten Kosten nicht auf die untersuchte, sondern auf andere Kostenstellen verteilen. Im Grunde werden nur die Investitionskosten für die Anlagen, die Energiekosten und Bereitstellungskosten für das Schneidöl von der untersuchten Kostenstelle direkt aufgebracht. Alle anderen Kostenbeträge entfallen auf andere Abteilungen wie zum Beispiel die Überwachung und Pflege des Kühlschmierstoffes und der Anlagen, die Entsorgung usw. Natürlich werden die Kosten dieser nicht produzierenden Abteilungen auch auf die untersuchte Kostenstelle umgelegt, aber dies geschieht nicht nach den tatsächlichen Kosten sondern über einen globalen Schlüssel, der sich auf das ganze Werk bezieht.

Bei der Planung der Ölanlage wurden die Filter nur dahingehend ausgelegt, Späne aus dem Öl herauszufiltern. Man ging davon aus, daß sich keine anderen Stoffe im Kühlschmierstoff befinden. Die Erfahrung hat jedoch gezeigt, daß verschiedene Stoffe in das Öl eingeschleppt werden, wie zum Beispiel Silizium, das sich bei der Bearbeitung des Aluminiums löst, oder Staub und Verunreinigungen aus der Umgebung. Dadurch sammeln sich immer mehr Schwebstoffe im Öl an, die nicht ausgefiltert werden, bis es zu einer Unterbrechung der Fertigung kommt.

Tabelle 6.2. Aufschlüsselung der Kosten für den Einsatz von Öl bei der Getriebegehäusefertigung

Abschreibungen	KSS-Versorgung	52,2 %
	Zusatzeinrichtungen (hier: Gehäuseschleuder, Waschmaschine, Spänezentrifuge)	13,1 %
Bereitstellung	KSS-Versorgung	12,2 %
	Zusatzeinrichtungen	0,9 %
Energie	KSS-Versorgung	6,8 %
	Zusatzeinrichtungen	1,3 %
Entsorgung	KSS-Versorgung	10,5 %
	Zusatzeinrichtungen	1,0 %
Wartung		5,1 %
Reparatur		1,9 %

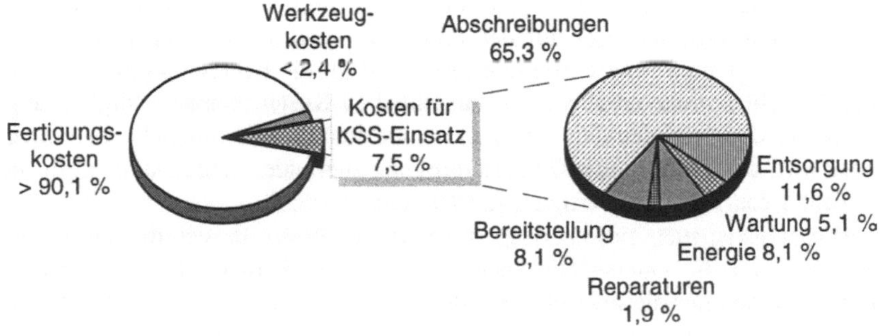

Abb. 6.17. Anteil des KSS-Einsatzes an den Fertigungskosten bei der Getriebegehäusefertigung unter Einsatz von Öl

6.4.3 Zusätzliche Kosten

Für eine objektive Betrachtung der Kosten – bedingt durch Kühlschmierstoff – müssen alle Kostenträger erfaßt werden. Es gibt allerdings für beide betrachteten konventionellen KSS-Konzepte Kosten, die nicht ermittelt werden können oder sich nicht einem bestimmten Kostenträger zuordnen lassen.

Ein wichtiger, aber zugleich nur sehr schwer abzuschätzender Bereich ist die allgemeine Pflege und Überwachung der Anlage. So wird mit einem theoretischen Wert von 0,3 Werksangehörigen für alle Anlagenkomponenten gerechnet. In diesem Wert sind aber nicht nur die Reinigung und Pflege enthalten, sondern auch die Kosten für die Bereitstellung und Überwachung der Anlagen, sowohl durch den ausführenden Werker vor Ort als auch die Ingenieurarbeit, zum Beispiel bei der Arbeitsvorbereitung.

Ein großer, direkt durch den KSS-Einsatz bedingter Kostenfaktor, sind die Auswirkungen auf die elektrischen und mechanischen Systeme der Anlage. Dabei besteht die Problematik, daß durch den KSS-Niederschlag Schütze oder Endschalter verkleben, wodurch es zu Bränden in den Schaltschränken kommen kann oder die Maschine über Endschalter oder gegen Anschläge fährt. Dadurch hervorgerufene Produktionsausfälle, Stillstandszeiten oder Kosten für die Neubeschaffung der defekten oder beschädigten Teile sind in ihrer Gesamtheit nicht greifbar. Welche Reparaturkosten an den KSS-Anlagen im Durchschnitt pro Jahr anfallen oder wie sich die durch Kühlschmierstoff beeinflußten Kosten an der Transferstraße erfassen lassen, läßt sich im Grunde nicht beantworten. Es ergibt sich zudem das Problem, wie man Reparaturen, die häufig auch Verbesserungen bringen, bei einer Kostenanalyse bewertet. Bestimmte Probleme entstehen nur einmal, weil die Ursache dafür durch eine Verbesserung beseitigt wird. Auch die Einteilung in durch Kühlschmierstoff bedingte und nicht bedingte Reparaturen ist, da es darüber keine Aufzeichnungen gibt, nur äußerst schwer möglich.

Es ist nicht bestimmbar, inwieweit die Kosten für die Wegereinigung und die jährliche Komplettreinigung durch ein Reinigungsunternehmen in den Werksferien auf Kühlschmierstoff zurückzuführen sind. Da auch der Maschinenbediener diese Reinigungsaufgaben übernimmt, läßt sich ein direkter Kostenbetrag nicht einrechnen. Dabei ist es nicht möglich, den Verbrauch von Reinigungsmitteln wie z. B. Putzlappen o. ä. zu bestimmen, obwohl sie mit zu den am meisten benutzten Hilfsstoffen zählen. Hierbei ist das Augenmerk insbesondere auf die Entsorgung der Abfälle zu richten, die durch die Vermischung mit den Kühlschmierstoffen als Sonderabfälle zu betrachten sind.

Für Teile der Anlagen lassen sich keine Betriebskosten ermitteln, da es keine gesicherten Daten über Energiebedarf, Wartungs-, Ausfall- und Reparaturkosten gibt. Die Kostenbilanz bei der Entsorgung wird durch die einfließenden Fremdöle (Hydraulik-, Bettbahn- und Schmieröle) beeinflußt. Die Entsorgungskosten für diese Öle fließen direkt in die KSS-Kosten mit ein, da eine Trennung zwischen den verschiedenen Ölmengen nur sehr eingeschränkt möglich ist.

Ein zu beachtender Bereich ist zudem die Entsorgungsproblematik bei den Spänen und Schlämmen aus der Anschwemmanlage. Sollten diese Reststoffe einer

Wiederverwertung zugeführt werden, sind sie aus der Kostenrechnung herauszurechnen, da die Spanverwertung kein direkter Bestandteil der KSS-Kosten ist. Beachtet werden sollte dann, wie das dadurch verschleppte Öl entsorgt wird bzw. einen Einfluß auf die erzielten Einnahmen durch den Reststoffverkauf hat. Inwiefern sich nämlich der Verkauf relativ trockener gegenüber feuchten Spänen auswirkt, ist auch bei den Spänen, die direkt von der Transferstraße kommen, nicht berücksichtigt.

Da es sich um keine Neueinrichtung einer Anlage handelt, ist der zusätzliche Flächenbedarf für das KSS-Equipment nicht in die o. a. Kostenrechnung eingeflossen. Diese Kosten würden sich in der Abschreibung wiederfinden. Nicht berücksichtigt werden kann, daß in den Wintermonaten die ca. 30–40 °C warme gereinigte Abluft zur Heizung der Werkhalle genutzt wird, was zu einer Reduzierung der Heizkosten führt.

Ein sehr schwieriger und sensibler Bereich ist die Gesundheitsproblematik. Die hier anfallenden Daten sind statistisch, aber nicht an einer einzelnen Produktionsanlage zu erfassen. Der allgemeine Bereich der Gesundheitsförderung durch die interne BKK oder den Betriebsarzt sowie eine Kostenstudie über Medikamentenzahlen, Krankheitstage, Kuren und Arztkosten können erfaßt werden, wobei eine Zuordnung auf eine einzelne Fertigungseinrichtung jedoch unmöglich ist. Obwohl gerade in den letzten Jahren im Bereich des Hautschutzes viel geschehen ist, gibt es immer wieder Probleme mit Hautreizungen, allergischen Reaktionen und anderen durch Kühlschmierstoff bedingte Krankheitsbildern. Lungenerkrankungen sind dagegen erstaunlicherweise sehr selten.

Die nichtwassergemischten Kühlschmierstoffen scheinen im Vergleich zu den wassermischbaren Kühlschmierstoffen weniger gesundheitsgefährdend zu sein: Aufgrund des fehlenden Wassers kommt es nicht zu einer Zerstörung des natürlichen Säuremantels der Haut. Die Haut wird durch das Schneidöl relativ wenig entfettet. Es gibt nur eine vergleichsweise geringe mikrobiologische Kontamination durch Hefen, Pilze und Bakterien und keine N-Nitroso-Verbindungen im Öl. Dem stehen jedoch eine aggressivere Hautreinigung durch häufiges Bürsten der Haut und dem Einsatz scharfer Reiniger sowie eine höhere Gefährdung der Lungensysteme als bei Einsatz von Emulsion gegenüber. Während der Dampfanteil bei wassergemischten Kühlschmierstoffen wegen deren Wassergehalt von über 90 % überwiegend aus Wasserdampf besteht, dominiert beim Einsatz nichtwassermischbarer Kühlschmierstoffe eine deutlich höhere Belastung durch leichtflüchtige (niedrigsiedende) Anteile des Kohlenwasserstoffgemischs in Dampfform. Obwohl toxikologische Untersuchungen nicht vorliegen, kann aus Erfahrungen mit anderen Aerosolen, aber auch aus Tierversuchen, geschlossen werden, daß der lungengängige Anteil des KSS-Aerosols die bronchiale Clerance belastet, während über den Verbleib bei Raumtemperatur dampfförmiger KSS-Anteile im Bronchialsystem keine Untersuchungsergebnisse vorliegen [12].

Eine große gesundheitliche Gefährdung liegt dann vor, wenn das Öl, zum Beispiel durch hohen Druck beim Bersten einer Ölleitung, in die Haut injiziert wird. Selbst kleinste Verletzungen können hier schwerwiegende Gewebeerkrankungen zur Folge haben. Ein weiterer wichtiger Aspekt sind die erhöhten Unfallgefahren bedingt durch den Ölniederschlag auf dem Boden oder den Treppen (Rutschgefahr).

6.4.4 Vergleich der KSS-Konzepte Emulsion vs. Öl

Um den Nutzungsunterschied der beiden Anlagen bei den Reparaturen zu egalisieren, wird bei dieser Berechnung einheitlich die Annahme getroffen, daß 0,5 % der Beschaffungskosten als jährliche Reparaturkosten auftreten. Zusätzlich bleiben aber die Kosten, die durch den Kühlschmierstoff an der Transferstraße entstehen (Nockenpakete), berücksichtigt.

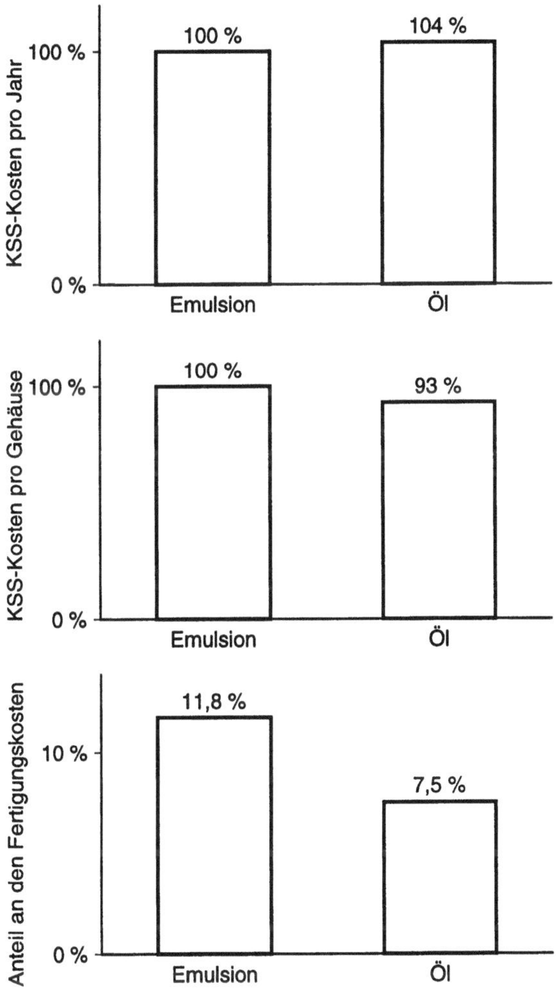

Abb. 6.18. Vergleich der KSS-Konzepte Emulsion und Öl

Das pauschale Abrechnen der Wartungskosten mit 0,3 Werksangehörigen für beide KSS-Anlagen bzw. KSS-Konzepte wird dem höheren Überwachungs- und Pflegeaufwand beim Einsatz der Emulsion nicht gerecht. Eine weitere Unsicherheit liegt in der Angabe der Gehäusefertigungskosten, da sich eine Zuordnung der Gesamtkosten auf die betrachtete Fertigungslinie als schwierig erwies. Des weiteren ist es eigentlich inkonsequent, die KSS-Kosten für den Fall einer Neuanschaffung zu betrachten und sie anschließend auf Fertigungskosten zu beziehen, in denen die tatsächlichen Abschreibungen enthalten sind. Daraus folgt, daß die Fertigungskosten zu einem früheren Zeitpunkt höher gewesen sein müssen, weil zusätzliche Abschreibungsbeträge eingeflossen sind. Die Anteile der KSS-Technologie waren dann kleiner.

Setzt man die KSS-Kosten der Emulsionsanlage jeweils zu 100 %, ist die Ölanlage pro Jahr zunächst einmal etwa 4 % teurer (Abb. 6.18). Vergleicht man hingegen die Kosten pro gefertigtes Gehäuse, so sieht das Ergebnis aus Sicht der Ölanlage mit 7 % geringeren Stückkosten günstiger aus. Betrachtet man die Bereitstellungskosten, ergibt sich ein Kostenvorteil für den Öl-Einsatz von ca. 12 % aufgrund der geringeren Verdunstungs- und Verschleppungsverluste. Auffällig bei der Ölanlage ist der Kostenbereich der Entsorgung, der gegenüber der Emulsionsanlage relativ hoch ist. Begründet ist dies in dem bereits oben beschriebenen Zuschalten der Anschwemmanlage auf der Ölseite und die werkseigene Ultrafiltration und Deponierung auf der Emulsionsseite.

Beachtet werden muß zudem, ob die Schlämme und Späne, die in dieser Rechnung ebenfalls zu den zu entsorgenden Stoffen gezählt worden sind, wirklich entsorgt oder, wie die in der Zentralanlage ausgesonderten Späne, wiederverwertet werden.

Es zeigt sich also, daß ein exemplarischer Vergleich der beiden KSS-Technologien nicht so ohne weiteres möglich ist. Dennoch besitzt die Öl-Technologie Vorteile gegenüber der Emulsionsanlage. Sie ist in den Gesamtkosten pro Jahr in etwa gleich einzuordnen, bezogen auf die Stückzahlen und Fertigungskosten ist sie kostengünstiger. Die gesundheitlichen Aspekte sind gegenüber der Emulsion etwas weniger problematisch und der Maschinennutzungsgrad soll nach vorsichtigen Schätzungen von seiten der Fertigung um 2–3 %, nach optimistischeren Schätzungen der Planung um 10 % gesteigert werden können. Die Werkzeugstandzeiten haben sich laut Maschinenbedienung im Durchschnitt um den Faktor 2 verlängert, was jedoch nicht mit einer Halbierung der Werkzeugkosten gleichgesetzt werden darf. Häufig ist das Auswechseln der Werkzeuge nicht nur durch Verschleiß, sondern durch die Arbeitsgewohnheiten der Maschinenbediener begründet.

6.5
Literatur zu Kapitel 6

[1] Autorenkollektiv: Kühlschmierstoff – Eine ökologische Herausforderung an die Fertigungstechnik. In: Pfeifer, T. (Hrsg.): Aachener Werkzeugmaschinen-Kolloquium '93: Wettbewerbsfaktor Produktionstechnik, Düsseldorf: VDI-Verlag, S. 5-3–5-48

[2] Hübner, J.: Führen neue Vorschriften stets zu mehr Arbeits- und Umweltschutz? – Einige unzeitgemäße Anmerkungen am Beispiel der Kühlschmierstoffe. In: Bartz, W. J. (Hrsg.): „11th International Colloquium Industrial and Automotive Lubrication", 13.–15. Januar 1998, Ostfildern: Technische Akademie Esslingen, 1998, Band II, S. 1153–1166

[3] Kiechle, A.: Kostenanalyse beim Einsatz von Kühlschmierstoffen In: Bartz, W. J. (Hrsg.): „11th International Colloquium Industrial and Automotive Lubrication", 13.–15. Januar 1998, Ostfildern: Technische Akademie Esslingen, 1998, Band I, S. 1255–1264

[4] Kiechle, A.: Kostenbetrachtungen beim Einsatz von Kühlschmierstoffen. Schriftenreihe „Praxis-Forum", Umwelttechnik: „Kühlschmierstoffe: Gefahrstoffminimierung und Kostenoptimierung haben Priorität!", Bad Nauheim 1993

[5] Kißler, H.: Mobile Anlagen zur Aufbereitung wassergemischter Kühlschmierstoffe In: Bartz, W. J. (Hrsg.): „11th International Colloquium Industrial and Automotive Lubrication", 13.–15. Januar 1998, Ostfildern: Technische Akademie Esslingen, 1998, Band II, S. 1243–1254

[6] Klocke, F.; Gerschwiler, K.: Trockenbearbeitung – Grundlagen, Grenzen, Perspektiven. In: VDI-Bericht 1240 „Auf dem Weg zur Trockenbearbeitung – Herausforderung an die Fertigungstechnik". Düsseldorf, 13. Februar 1996, Düsseldorf: VDI-Verlag 1996, S. 1–43

[7] Kwanka, W.: VDI-Seminar 33-07-09 „Optimaler Einsatz von neuen Fertigungstechnologien in der spanenden Bearbeitung", Düsseldorf 1995

[8] Mang, T.: Die Schmierung in der Metallbearbeitung. Würzburg: Vogel-Buchverlag 1983

[9] Müller, J.: Arbeits- und umweltverträgliche wassermischbare Kühlschmierstoffe – ein Beitrag zur Ökologie und Ökonomie. In: Bartz, W. J. (Hrsg.): „11th International Colloquium Industrial and Automotive Lubrication", 13.–15. Januar 1998, Ostfildern: Technische Akademie Esslingen, 1998, Band II, S. 1121–1135

[10] N.N.: Von der Naß- zur Trockenbearbeitung, VDI Nachrichten (1996) 9, S. 23

[11] Schirsch, R.; Thamke, D.: Ist die Trockenbearbeitung wirtschaftlich? In: „Trockenbearbeitung prismatischer Teile – Teilprojekt Trockentiefbohren", 4.–5. November 1997, Daimler-Benz AG, Mercedes-Benz Verfahrensentwicklung Zerspanen, Stuttgart 1997

[12] Stork, J.: Inhalative Belastung durch Kühlschmierstoffaerosole – arbeitsmedizinische Aspekte. Zentralblatt für Arbeitsmedizin, Arbeitsschutz und Ergonomie 45 (1995) 6, S. 228–236

[13] TA Luft: Technische Anleitung zur Reinhaltung der Luft vom 27.02.1986

[14] Thamke, D.: Internes Manuskript zur Dissertation, Universität Dortmund 1998

[15] Zielasko, W.: Trockenbearbeitung – ein alternatives Verfahren zur Ablösung von Kühlschmierstoffen in der Großserienfertigung. Handbuch des Deutschen Industrieforums für Technologie zum Thema Industrieabfälle, Juni 1993

[16] Zielasko, W.; Schirsch, R.; Thamke, D.: Das Kostenbewertungsmodell unter besonderer Berücksichtigung des Tieflochbohrens. In: „Trockenzerspanung von Alu-Knetlegierungen – Teilprojekte Fräsen, Bohren und Reiben", 16.–17. Juni 1997, Ulm: Daimler-Benz Forschungszentrum, S. 189–197

[17] Zielasko, W.; Schirsch, R.; Thamke, D.: Wirtschaftlichkeit der Trockenbearbeitung. In: VDI-Bericht 1375 „Trockenbearbeitung prismatischer Teile". Aachen, 30.–31. März 1998, Düsseldorf: Springer-VDI-Verlag 1998, S. 371–397

Sachwortverzeichnis

Druck: Mercedesdruck, Berlin
Verarbeitung: Buchbinderei Lüderitz & Bauer, Berlin

MIX
Papier aus verantwortungsvollen Quellen
Paper from responsible sources
FSC® C105338

If you have any concerns about our products,
you can contact us on
ProductSafety@springernature.com

In case Publisher is established outside the EU,
the EU authorized representative is:
Springer Nature Customer Service Center GmbH
Europaplatz 3, 69115 Heidelberg, Germany

Printed by Libri Plureos GmbH
in Hamburg, Germany